普通高等教育"十三五"规划教材
电工电子基础课程规划教材

电工电子技术简明教程

杜欣慧　陈惠英　主编

电子工业出版社
Publishing House of Electronics Industry
北京·BEIJING

内 容 简 介

本书是依据教育部颁布的高等理工科院校"电工电子技术"课程教学基本要求，结合山西省教育厅教改项目"独立学院电工电子技术教学改革研究"而编写的。

本书共13章，内容包括电路分析基础、变压器和异步电动机、常用电器及异步电动机控制、数字电子技术、模拟电子技术、实验等。本书内容精炼先进，弱化理论公式推导，强化工程实践应用，有利于宽口径人才创新能力的培养。

本书可作为高等院校理工科非电类专业和计算机专业的教材，也可作为各职业技术学院及成人教育相关专业的教材，还可作为相关专业工程技术人员的参考书。

未经许可，不得以任何方式复制或抄袭本书之部分或全部内容。
版权所有，侵权必究。

图书在版编目(CIP)数据

电工电子技术简明教程 / 杜欣慧,陈惠英主编. —北京：电子工业出版社,2019.6
电工电子基础课程规划教材
ISBN 978-7-121-36669-7

Ⅰ. ①电… Ⅱ. ①杜… ②陈… Ⅲ. ①电工技术－高等学校－教材②电子技术－高等学校－教材 Ⅳ. ①TM ②TN

中国版本图书馆 CIP 数据核字(2019)第 100414 号

责任编辑：凌　毅
印　　刷：北京京师印务有限公司
装　　订：北京京师印务有限公司
出版发行：电子工业出版社
　　　　　北京市海淀区万寿路173信箱　邮编100036
开　　本：787×1 092　1/16　印张：17　字数：435千字
版　　次：2019年6月第1版
印　　次：2019年6月第1次印刷
定　　价：45.00元

凡所购买电子工业出版社图书有缺损问题，请向购买书店调换。若书店售缺，请与本社发行部联系。联系及邮购电话：(010)88254888,88258888。
质量投诉请发邮件至 zlts@phei.com.cn,盗版侵权举报请发邮件至 dbqq@phei.com.cn。
本书咨询联系方式：(010)88254528,lingyi@phei.com.cn。

前　言

"电工电子技术"是高等院校非电类专业本科学生的一门重要的技术基础课，其目的是培养学生掌握、运用电工技术和电子技术的基本理论、基本知识及基本技能。要求学生在学完本课程后，具备一定的分析和处理电工、电子及控制等相关技术的实际能力，了解这些技术的最新发展和应用情况。

本教材是依据教育部颁布的高等理工科院校"电工电子技术"课程教学基本要求，结合我们主持的山西省教育厅教改项目"独立学院电工电子技术教学改革研究"，在我校已经使用数年的"电工电子技术"讲义的基础上，经过反复修改而成的。本教材共 13 章，内容包括电路分析基础、变压器和异步电动机、常用电器及异步电动机控制、数字电子技术、模拟电子技术、实验等。

本教材的基本特点是：内容精炼先进，弱化理论公式推导，强化工程实践应用，有利于宽口径人才创新能力的培养。本教材突出了电路常用元器件，大大精简了分立元件电子电路内容，大大加强了集成模拟电路与集成数字电子技术部分内容；突出电气技能与素质培养方面的内容，列举了大量在工业企业中的应用范例。本教材的参考学时为 80～112 学时。

本教材由太原理工大学组织编写，杜欣慧、陈惠英担任主编。其中，陈惠英编写第 1、2、3、10、11 章，田慕琴编写第 4 章，杜欣慧编写第 5、6、7 章，杨斌编写第 8、9 章，魏红霞编写第 12、13 章，全书由杜欣慧、陈惠英统稿。在教材的编写过程中，作者参考了大量的优秀教材，受益匪浅，同时电子工业出版社的有关编辑为此书的顺利出版付出了积极的努力。在此，一并致以诚挚的谢意。

本教材提供免费的电子课件，请到华信教育资源网 www.hxedu.com.cn 注册下载。

最后，感谢使用本书的各高校教师和读者，虽然我们精心组织，认真编写，但书中难免有不妥和疏漏之处，恳请读者给予批评指正。

编者
2019 年 6 月

目 录

第1章 电路分析基础 ··· 1
1.1 电路的基本概念 ·· 1
1.1.1 实际电路的分类和组成 ·· 1
1.1.2 电路模型 ·· 1
1.1.3 电路的基本物理量 ··· 2
1.1.4 电路的基本工作状态 ·· 4
1.2 电路中的常用元件 ··· 5
1.2.1 无源电路元件 ··· 5
1.2.2 有源电路元件 ··· 7
1.3 基尔霍夫定律 ··· 8
1.3.1 基尔霍夫电流定律(KCL) ·· 9
1.3.2 基尔霍夫电压定律(KVL) ·· 10
1.3.3 电阻的串并联 ··· 10
1.3.4 电路中的电位 ··· 11
1.4 电路分析方法 ··· 12
1.4.1 电压源与电流源的等效变换 ·· 12
1.4.2 支路电流法 ·· 13
1.4.3 节点电压法 ·· 14
1.4.4 叠加定理 ·· 15
1.4.5 等效电源定理 ··· 16
习题 ··· 19

第2章 电路暂态分析 ·· 23
2.1 换路定则与电压、电流初始值的确定 ·· 23
2.1.1 换路定则 ·· 23
2.1.2 初始值的计算 ··· 23
2.2 RC 电路的暂态过程 ··· 24
2.2.1 RC 电路的零输入响应 ·· 24
2.2.2 RC 电路的零状态响应 ·· 25
2.2.3 RC 电路的全响应 ·· 26
2.2.4 一阶线性电路暂态分析的三要素法 ··· 28
2.3 RL 电路的暂态过程 ··· 30
2.4 暂态电路的应用 ·· 32
习题 ··· 33

第3章 正弦交流电路 ·· 36
3.1 正弦量的基本概念 ··· 36
3.2 正弦量的相量表示 ··· 39
3.2.1 正弦量的相量表示法 ·· 39

3.2.2　KCL、KVL 的相量形式 ························ 41
　3.3　单一参数的正弦交流电路 ································ 42
　　　3.3.1　线性电阻元件的交流电路 ························ 42
　　　3.3.2　线性电感元件的交流电路 ························ 43
　　　3.3.3　线性电容元件的交流电路 ························ 44
　3.4　电阻、电感与电容元件的串并联交流电路 ················ 46
　　　3.4.1　电阻、电感与电容元件的串联交流电路 ·········· 46
　　　3.4.2　电阻、电感与电容元件的并联交流电路 ·········· 48
　3.5　复阻抗电路 ·· 49
　　　3.5.1　复阻抗的串联电路 ······························ 49
　　　3.5.2　复阻抗的并联电路 ······························ 50
　　　3.5.3　复阻抗的混联电路 ······························ 51
　3.6　交流电路的功率 ·· 52
　　　3.6.1　电路的功率 ···································· 52
　　　3.6.2　功率因数的提高 ································ 53
　习题 ·· 54

第 4 章　三相电路 ·· 58
　4.1　三相电源 ·· 58
　　　4.1.1　对称三相正弦量 ································ 58
　　　4.1.2　三相电源的连接 ································ 59
　4.2　三相负载的 Y 连接 ····································· 60
　　　4.2.1　三相四线制 Y 连接 ····························· 60
　　　4.2.2　三相三线制 Y 连接 ····························· 62
　4.3　三相负载的△连接 ······································ 63
　4.4　三相功率 ·· 64
　习题 ·· 65

第 5 章　变压器及异步电动机 ···································· 68
　5.1　变压器 ·· 68
　　　5.1.1　概述 ·· 68
　　　5.1.2　变压器的结构及原理 ···························· 68
　5.2　异步电动机 ·· 72
　　　5.2.1　概述 ·· 72
　　　5.2.2　三相异步电动机的基本结构 ······················ 72
　　　5.2.3　三相异步电动机的工作原理 ······················ 74
　　　5.2.4　三相异步电动机的特性曲线 ······················ 74
　　　5.2.5　三相异步电动机的启动、制动与调速 ·············· 77
　习题 ·· 82

第 6 章　常用电器及异步电动机控制 ······························ 84
　6.1　常用电器 ·· 84
　　　6.1.1　高、低压开关电器 ······························ 84
　　　6.1.2　互感器 ·· 87
　　　6.1.3　电磁式交流接触器 ······························ 88

  6.1.4 继电器 ·· 89
  6.1.5 漏电保护器 ··· 90
  6.1.6 熔断器与按钮 ·· 91
 6.2 电气主接线 ··· 92
  6.2.1 概述 ·· 92
  6.2.2 常见接线形式 ·· 93
  6.2.3 10kV 单母线接线形式 ·· 94
 6.3 异步电动机的控制电路 ·· 95
  6.3.1 三相异步电动机点动和自锁控制电路 ··· 95
  6.3.2 三相异步电动机的正、反转控制电路 ··· 96
  6.3.3 联锁控制电路 ·· 97
习题 ·· 98

第7章 电子技术基础知识 ··· 100
 7.1 半导体基础知识及 PN 结 ··· 100
  7.1.1 本征半导体 ··· 100
  7.1.2 杂质半导体 ··· 100
  7.1.3 PN 结的形成 ··· 101
  7.1.4 PN 结的单向导电性 ·· 102
 7.2 二极管 ··· 102
  7.2.1 二极管的结构和特性 ··· 102
  7.2.2 二极管的应用 ·· 104
  7.2.3 特殊二极管 ··· 105
 7.3 晶体三极管 ··· 107
  7.3.1 晶体管基本结构和电流放大作用 ·· 107
  7.3.2 晶体管特性曲线和主要参数 ·· 108
  7.3.3 晶体管开关应用 ··· 111
 7.4 绝缘栅型场效应管 ··· 112
  7.4.1 绝缘栅型场效应管工作原理及特性 ·· 112
  7.4.2 绝缘栅型场效应管的主要参数 ··· 115
  7.4.3 场效应管与晶体管的比较 ·· 115
 7.5 晶闸管 ··· 116
  7.5.1 晶闸管的结构与符号 ··· 116
  7.5.2 晶闸管的工作原理 ·· 117
  7.5.3 晶闸管的伏安特性 ·· 118
  7.5.4 晶闸管的主要参数 ·· 118
 7.6 数制与编码 ··· 119
  7.6.1 常用数制 ·· 119
  7.6.2 不同数制间的转换 ·· 120
  7.6.3 编码 ·· 123
 7.7 基本逻辑 ·· 124
习题 ·· 128

第8章 数字电路基础 … 131

8.1 基本分立元件门电路 … 131
8.1.1 二极管门电路 … 131
8.1.2 三极管非门电路 … 131

8.2 集成门电路 … 132
8.2.1 CMOS门电路 … 132
8.2.2 TTL门电路 … 134

8.3 布尔代数及其化简 … 136
8.3.1 逻辑代数的定律与公式 … 137
8.3.2 逻辑代数化简 … 138

8.4 触发器 … 143
8.4.1 基本RS触发器 … 143
8.4.2 电平触发的触发器 … 145
8.4.3 脉冲触发的触发器 … 147
8.4.4 边沿触发的JK触发器 … 149
8.4.5 T触发器 … 149

习题 … 150

第9章 数字逻辑电路 … 153

9.1 组合逻辑电路 … 153
9.1.1 组合逻辑电路概述 … 153
9.1.2 组合逻辑电路分析 … 153

9.2 组合逻辑电路的设计 … 155

9.3 组合电路的应用电路 … 156
9.3.1 编码器 … 156
9.3.2 译码器 … 158
9.3.3 数据选择器 … 160
9.3.4 数据分配器 … 162
9.3.5 数值比较器 … 162
9.3.6 加法器 … 163

9.4 时序逻辑电路的分析 … 164
9.4.1 概述 … 164
9.4.2 同步时序逻辑电路的分析方法 … 165

9.5 时序电路的应用电路 … 166
9.5.1 寄存器和移位寄存器 … 166
9.5.2 计数器 … 167

习题 … 173

第10章 放大电路基础 … 176

10.1 放大电路概述 … 176
10.1.1 放大电路的基本组成 … 176
10.1.2 放大电路的主要技术指标 … 176

10.2 单级放大电路 … 178
10.2.1 共发射极放大电路 … 179

  10.2.2 静态工作点的稳定电路 ·················· 184
  10.2.3 共集电极放大电路 ························ 186
  10.2.4 3种基本放大电路的比较 ·············· 188
 10.3 多级放大电路 ·· 188
  10.3.1 多级放大电路的耦合方式 ············ 188
  10.3.2 多级放大电路的分析 ···················· 189
 10.4 差分放大电路 ·· 191
 10.5 功率放大电路 ·· 192
  10.5.1 功率放大电路的种类 ···················· 192
  10.5.2 互补对称功率放大电路 ················ 193
 习题 ·· 195

第11章 集成运算放大器 198

 11.1 简介 ·· 198
  11.1.1 集成运放的结构与符号 ················ 198
  11.1.2 集成运放的主要技术指标 ············ 199
  11.1.3 集成运放的电压传输特性与理想化模型 ·············· 200
 11.2 放大电路中的反馈 ···································· 201
  11.2.1 反馈的基本概念 ···························· 201
  11.2.2 反馈的基本类型及判断方法 ········ 202
  11.2.3 负反馈的4种组态 ························ 204
  11.2.4 负反馈对放大电路性能的影响 ···· 205
 11.3 集成运放的线性应用 ································ 206
  11.3.1 比例运算电路 ································ 206
  11.3.2 加法与减法运算电路 ···················· 207
  11.3.3 微分与积分运算电路 ···················· 208
 11.4 集成运放的非线性应用 ···························· 209
  11.4.1 电压比较器 ···································· 209
  11.4.2 方波发生器 ···································· 211
 11.5 正弦波振荡器 ·· 213
  11.5.1 自激振荡 ·· 213
  11.5.2 文氏电桥振荡器 ···························· 214
 习题 ·· 214

第12章 直流稳压电源 218

 12.1 直流稳压电源的组成 ································ 218
 12.2 整流电路 ·· 218
  12.2.1 单相半波整流电路 ························ 219
  12.2.2 单相桥式整流电路 ························ 220
  12.2.3 单相半波可控整流电路 ················ 222
  12.2.4 单相桥式半控整流电路 ················ 223
 12.3 滤波电路 ·· 224
  12.3.1 电容滤波电路 ································ 224
  12.3.2 其他形式的滤波电路 ···················· 226

12.4　稳压电路 … 227
　　　　12.4.1　并联型稳压电路 … 227
　　　　12.4.2　串联型稳压电路 … 230
　　　　12.4.3　线性集成稳压电源 … 231
　　习题 … 232
第13章　实验 … 234
　　13.1　常用电工电子仪器 … 234
　　13.2　叠加定理和基尔霍夫定律 … 241
　　13.3　戴维南定理 … 242
　　13.4　RC一阶电路响应 … 244
　　13.5　三相交流电路测量 … 245
　　13.6　三相异步电动机直接启动和正、反转 … 247
　　13.7　TTL集成逻辑门的逻辑功能 … 248
　　13.8　组合逻辑电路的设计与测试 … 251
　　13.9　触发器功能测试及其应用 … 252
　　13.10　单级放大电路 … 255
　　13.11　比例、求和运算电路 … 258
　　13.12　整流滤波与并联稳压电路 … 260
参考文献 … 262

第 1 章　电路分析基础

电路分析基础知识是学习和掌握电技术的基础。本章首先介绍电路的基本概念、基本元件和基本定律，随后介绍直流电路的几种常用分析方法，为后续研究暂态电路、交流电路和电子电路打下必要的基础。

1.1　电路的基本概念

1.1.1　实际电路的分类和组成

实际电路是由各种元器件为实现某种应用目的，按照一定方式连接而成的整体，是电流的流通通路。由于电的应用极其广泛，因此电路的形式多种多样，用途各异。根据实际电路的基本功能，可把电路分为两大类：第一类实现电能的传输和转换。这类电路由于电压较高，电流和功率较大，习惯上称为"强电"电路，如电力系统。第二类实现对信号的传递与处理。这类电路由于电压较低，电流和功率较小，习惯上称为"弱电"电路，如语音、文字、音乐、图像的接收和处理。

虽然电路的形式多种多样，但从电路的本质来说，一般由电源、负载和中间环节三个部分组成。比如我们熟悉的手电筒电路，由电池、灯泡、外壳组成。电池把化学能转换成电能供给灯泡，灯泡把电能转换成光能作照明之用。将化学能、机械能等非电能转换成电能的供电设备称为电源，如干电池、蓄电池和发电机等；将电能转换成热能、光能、机械能等非电能的用电设备称为负载，如电热炉、白炽灯和电动机等；连接电源和负载的部分，称为中间环节，如导线、开关等。

1.1.2　电路模型

实际电路由各种作用不同的电路元器件或设备组成，而电路元器件种类繁多，且电磁特性较为复杂，很难用简单的数学表达式来描述。为了研究电路的一般规律，常常需要将实际的电路元器件理想化，忽略其次要的因素，用反映它们主要物理性质的理想元器件来代替。这种由理想元器件组成的电路称为电路模型，它是对实际电路物理性质的高度抽象和概括。

从能量转换角度看，电路元器件有电能的产生、电能的消耗以及电场能量和磁场能量的储存。用来表征上述物理性质的理想电路元器件有理想电压源 U_S、理想电流源 I_S、电阻元件 R、电感元件 L、电容元件 C。图 1.1.1 是它们的图形符号。

前面提到的手电筒电路的电路模型如图 1.1.2 所示。

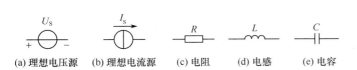

(a) 理想电压源　(b) 理想电流源　(c) 电阻　(d) 电感　(e) 电容

图 1.1.1　理想电路元器件符号

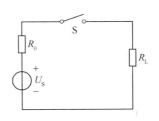

图 1.1.2　手电筒电路模型

灯泡看成电阻元件 R_L，电池看成理想电压源 U_S 和电阻元件 R_0 的串联。采用电路模型来分析电路，不仅使计算过程大为简化，而且能更清晰地反映电路的物理实质。

1.1.3 电路的基本物理量

在分析各种电路之前，首先来介绍电路中的基本物理量，包括电流、电压和功率及其相关的概念。

1. 电流

带电粒子有秩序的移动形成电流，衡量电流大小的物理量是电流强度，简称电流。电流在数值上等于单位时间内通过导体横截面的电量，电流用 i 或 I 表示，单位为安培(A)。

$$i = dq/dt \tag{1-1}$$

电流的实际方向规定为正电荷移动的方向。大小和方向都不随时间变化的电流称为恒定电流(直流电流)，简称直流(简写为 DC)。大小或方向随时间变化的电流称为交变电流，简称交流(简写为 AC)。电路中一般用小写字母广义地表示电路的物理量，而大写字母则只表示直流量。

电流的方向是客观存在的，但在分析较复杂的直流电路时，事先往往难以确定某支路上电流的实际方向。在分析交流电路时，电流是随时间变化的，分析之前无法确定实际方向，所以在分析计算电路时需任意选定某一方向作为电流的参考方向(假设方向)。将参考方向用带方向的箭头标在电路图中，在参考方向之下计算电流，若电流的计算结果为正值，则表明电流的实际方向与参考方向一致；若电流的计算结果为负值，则表明电流的实际方向与参考方向相反。由参考方向与电流的正、负号相结合可以表明电流的实际方向。在没有假设参考方向的前提下，直接计算得出的电流值的正、负没有意义。

如图 1.1.3(a)是电路的一部分，方框用来泛指元件。计算流过元件的电流时，先假设参考方向由 a→b(见图 1.1.3(b))，若在该参考方向之下计算的电流值为 1A，则表明实际方向与参考方向一致，即电流的实际方向由 a 流向 b；若计算的电流值为 −1A，则表明实际方向与参考方向相反，即电流的实际方向由 b 流向 a。若参考方向选为由 b→a，如图 1.1.3(c)所示，计算结果正好与图 1.1.3(b)的值相差一个负号。

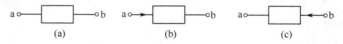

图 1.1.3 电流的计算

2. 电压

电路中任意(a、b)两端之间的电压为电场力移动单位正电荷由高电位端 a 到低电位端 b 时所做的功，用 u 或 U 表示，单位为伏特(V)。

$$u = dW/dq \tag{1-2}$$

在电路中也可以用电位 v_a 和 v_b 之差表示，故又称为电位差，即

$$u_{ab} = v_a - v_b \tag{1-3}$$

电压的实际方向规定为电位降低的方向，即由高电位端("＋"极性)指向低电位端("－"极性)。与电流的参考方向类似，对电路中两端之间的电压也可以假定参考方向(参考极性)。计算之前，在参考极性的高电位端标"＋"号，在低电位端标"－"号，如图 1.1.4 所示。在参考极性的前提下计算，若计算值为正值，则说明实际极性与参考极性相同；若计算值为负值，则说明

实际极性与参考极性相反。另外,有时为了画图方便,可用一个箭头表示电压的参考极性,如图中由 A 指向 B 的箭头,箭头方向表示电压降的参考方向。

电压和电流的参考方向可以独立地任意假定,当电流的参考方向从标以电压参考极性的"+"端流入而从"-"端流出时,称电流与电压为关联参考方向,如图 1.1.5(a)所示;而当电流的参考方向从标以电压参考极性的"-"端流入,从"+"端流出时,称为非关联参考方向,如图 1.1.5(b)所示。

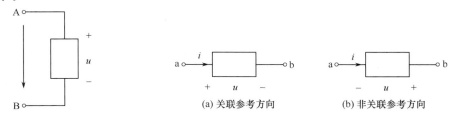

图 1.1.4　电压参考极性的表示方法　　图 1.1.5　两种参考方向示意图

3. 功率

在电路中,单位时间内电路元件的能量变化用功率表示,功率的单位为瓦特(W)。
在分析电路时,对功率计算公式做如下规定:
(1) 当电流、电压取关联参考方向时,如图 1.1.5(a)所示,有

$$p = ui \tag{1-4}$$

(2) 当电流、电压取非关联参考方向时,如图 1.1.5(b)所示,有

$$p = -ui \tag{1-5}$$

把电流 i 和电压 u 代入式(1-4)、式(1-5),当计算结果 $p>0$ 时,表示元件吸收功率,该元件为负载性;反之,当 $p<0$ 时,表示元件发出功率,该元件为电源性。

在实际应用中,电路基本变量的单位常使用其国际单位制(SI)的主单位。但有时感到这些单位太小或太大,不大方便,因此常在这些单位前面加上词头,用来表示这些单位乘以 10^n(见表 1-1)后所得到的辅助单位。

表 1-1　SI 词头

因数	10^{-12}	10^{-9}	10^{-6}	10^{-3}	10^3	10^6	10^9	10^{12}
符号	p	n	μ	m	k	M	G	T
读法	皮	纳	微	毫	千	兆	吉	太

例 1-1　在图 1.1.6 所示的电路中,已知 $U_1=25\text{V}$,$I_1=2\text{A}$,$U_2=10\text{V}$,$U_3=15\text{V}$,$I_3=-3\text{A}$,$I_4=-1\text{A}$,试求各元件的功率。

解: $P_1 = -U_1 I_1 = -25 \times 2 = -50\text{W}$(发出 50W)
$P_2 = U_2 I_1 = 10 \times 2 = 20\text{W}$(吸收 20W)
$P_3 = -U_3 I_3 = -15 \times (-3) = 45\text{W}$(吸收 45W)
$P_4 = U_3 I_4 = 15 \times (-1) = -15\text{W}$(发出 15W)

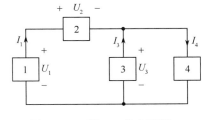

图 1.1.6　例 1-1 的电路图

可以看出,50W+15W=20W+45W,元件发出的功率之和等于元件吸收的功率之和。

1.1.4 电路的基本工作状态

一个实际电路有有载、开路和短路 3 种基本工作状态。现以图 1.1.7 所示电路为例,分别讨论每一种状态的特点。

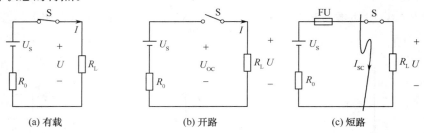

(a) 有载　　　　　(b) 开路　　　　　(c) 短路

图 1.1.7　电路的 3 种工作状态

1. 有载状态

当电源与负载接通时,如图 1.1.7(a)所示,其中 R_L 为负载电阻,R_0 为电源的内阻,U_S 为电源开路时的端电压,该电路称为有载状态。负载两端的电压为

$$U = U_S - IR_0 \tag{1-6}$$

2. 开路状态

开关 S 打开的电路称为开路状态,如图 1.1.7(b)所示。特征为电路中电流 $I=0$,$U=0$,开路状态下电源两端的电压称为开路电压,用 U_{OC} 表示,即

$$U_{OC} = U_S \tag{1-7}$$

3. 短路状态

若将电源两端直接连在一起,如图 1.1.7(c)所示,造成电源短路,称电路处于短路状态。电源短路时外电路的电阻为零,特征为负载两端的电压 $U=0$。这时电源的电压全部加在电源内阻上,形成短路电流 I_{SC},即

$$I_{SC} = U_S/R_0 \tag{1-8}$$

一般实际电源的内阻都很小,因此短路时电流很大,将大大地超过电源的额定电流,所以电源短路是一种严重事故,可能使电源遭受机械的与热的损伤或毁坏。为了预防短路事故发生,通常在电路中接入熔断器(FU)或自动断路器,以使短路时能迅速地把故障电路自动切断,使电源、开关等设备得到保护。

4. 电气设备的额定值

电源和负载等电气设备在一定工作条件下,其工作能力是一定的。为表示电气设备的正常工作条件和工作能力所规定的数据称为电气设备的额定值。电气设备的额定值主要有额定电压 U_N、额定电流 I_N 和额定功率 P_N 等。如果超过或低于这些额定值,都有可能引起电气设备的损坏或降低使用寿命,或不能发挥正常的效能。

例 1-2　有一电源设备,额定输出功率为 400W,额定电压为 110V,电源内阻 $R_0=1.38\Omega$,当负载电阻分别为 50Ω、10Ω 和发生短路时,求 U_S 及各种情况下电源输出的功率。

解:电源向外电路供给的额定电流为

$$I_N = \frac{P_N}{U_N} = \frac{400}{110} \approx 3.64\text{A}$$

所以　　　　　　　　　　$U_S = U + I_N R_0 = 110 + 3.64 \times 1.38 = 115\text{V}$

(1) 当负载电阻为 50Ω 时，$I=\dfrac{U_S}{R_0+R_L}=\dfrac{115}{1.38+50}\approx 2.24\text{A}<I_N$，电源轻载。

电源输出的功率
$$P_{R_L}=I^2R_L=2.24^2\times 50=250.88\text{W}<P_N$$

(2) 当负载电阻为 10Ω 时，$I=\dfrac{U_S}{R_0+R_L}=\dfrac{115}{1.38+10}\approx 10.11\text{A}>I_N$，电源过载，应避免！

此时电源输出的功率
$$P_{R_L}=I^2R_L=10.11^2\times 10=1022.12\text{W}>P_N$$

(3) 当电源发生短路时，$I_{SC}=\dfrac{U_S}{R_0}=\dfrac{115}{1.38}\approx 83.33\text{A}\approx 23I_N$，此时电源输出的功率为 0。

1.2 电路中的常用元件

电路中有两类元件：有源电路元件和无源电路元件，有源电路元件能产生电能，而无源电路元件则不能。电阻元件、电感元件和电容元件均为无源电路元件。本节有源电路元件只介绍电压源和电流源，又可分为独立源和非独立源，后者也称为受控源。元件有线性和非线性之分，本书只讨论线性元件。

1.2.1 无源电路元件

电阻 R、电感 L 和电容 C 是三种具有不同物理性质的电路参数，一般实际元件这三种参数都有。只考虑其主要参数的电阻器、电感器、电容器称为单一参数的理想化电路元件，其电路模型分别如图 1.2.1(a)、(b)、(c)所示。

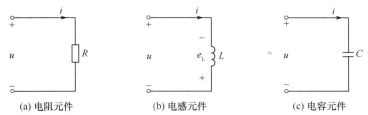

图 1.2.1 理想电阻、电感、电容元件的电路模型

1. 电阻元件

电阻元件是反映物体把电能转换成热能的理想电路元件。当 u 与 i 的参考方向为图 1.2.1(a) 所示关联参考方向时，则瞬时值关系为

$$u=iR \tag{1-9}$$

若其电压与电流伏安特性曲线是一条通过坐标原点的直线，则称为线性电阻元件。伏安特性曲线不是直线的称为非线性电阻元件。线性电阻元件的特点是其电阻值为一个常数，与通过它的电流或其两端电压的大小无关。非线性电阻元件的电阻值不是常数，与通过它的电流或其两端的电压的大小有关。

电阻元件要消耗电能，是一个耗能元件。电阻吸收的功率为

$$p=ui=i^2R=\dfrac{u^2}{R} \tag{1-10}$$

从 t_1 到 t_2 的时间内，电阻元件吸收的能量为

$$W = \int_{t_1}^{t_2} i^2 R \mathrm{d}t \tag{1-11}$$

单位为焦耳(J)。

对于电阻元件的选用,主要考虑两个参数:一是电阻元件的阻值,二是电阻元件的额定功率。电路中所有的元件均是线性电阻元件的电路称为线性电阻电路。含非线性电阻元件的电路称为非线性电阻电路。

2. 电感元件

电感元件是用来反映物体存储磁场能量的理想电路元件。电感元件的符号如图 1.2.1(b)所示。电感元件通过电流 i 后,磁通链 Ψ 与电流 i 的比值称为电感元件的电感,即

$$L = \frac{\Psi}{i} \tag{1-12}$$

式中,L 为电感元件的电感,单位为亨利(H)。L 为常数的,称为线性电感元件,L 不为常数的称为非线性电感元件。

当通过电感元件的电流 i 随时间变化时,会产生自感电动势 e_L,电感元件两端就有电压 u。若电感元件 i、e_L、u 的参考方向为图 1.2.1(b)所示,则瞬时值关系为

$$\begin{cases} e_L = -\dfrac{\mathrm{d}\Psi}{\mathrm{d}t} = -\dfrac{\mathrm{d}\Psi}{\mathrm{d}i}\dfrac{\mathrm{d}i}{\mathrm{d}t} = -L\dfrac{\mathrm{d}i}{\mathrm{d}t} \\ u = -e_L = L\dfrac{\mathrm{d}i}{\mathrm{d}t} \end{cases} \tag{1-13}$$

上式表明,线性电感两端电压在任意瞬间与 $\mathrm{d}i/\mathrm{d}t$ 成正比。在直流电路中,由于电流不随时间变化,电感元件的端电压为零,所以电感元件相当于短路。

电感元件本身并不消耗能量,是一个储能元件。当通过电感元件的电流为 i 时,它所储存的磁场能量为

$$W_L = \frac{1}{2}Li^2 \tag{1-14}$$

由此可见,电感元件在某一时刻的储能只取决于该时刻的电流值,而与电流过去的变化进程无关。

3. 电容元件

电容元件是用来反映物体储存电荷能力的理想电路元件。电容元件的符号如图 1.2.1(c)所示。电容元件极板上的电荷量 q 与极板间电压 u 之比称为电容元件的电容,即

$$C = \frac{q}{u} \tag{1-15}$$

式中,C 为电容元件的电容,单位为法拉(F)。线性电容元件的 C 是常数,非线性电容元件的 C 不是常数,与极板上存储电荷量的多少有关。

当电容元件两端的电压 u 随时间变化时,极板上储存的电荷量就随之变化,和极板相接的导线中就有电流 i。如果 u、i 的参考方向为图 1.2.1(c)所示的关联参考方向,则

$$i = \frac{\mathrm{d}q}{\mathrm{d}t} = C\frac{\mathrm{d}u}{\mathrm{d}t} \tag{1-16}$$

上式表明,线性电容元件的电流 i 在任意瞬间与 $\mathrm{d}u/\mathrm{d}t$ 成正比。在直流电路中,由于电压不随时间变化,电容元件的电流为零,故电容元件相当于开路。

和电感元件类似,电容元件也是一个储能元件。当电容元件两端的电压为 u 时,它所储存的电场能量为

$$W_C = \frac{1}{2}Cu^2 \tag{1-17}$$

由此可见,电容元件在某一时刻的储能只取决于该时刻的电压值,而与电压的过去变化进程无关。

1.2.2 有源电路元件

1. 实际电源的两种模型

能向电路独立地提供电压、电流的装置称为独立电源。在对电路进行分析时,实际电源通常可以用两种不同的模型来表示,这两种模型分别称为电压源模型(简称电压源)和电流源模型(简称电流源),它们用理想电源元件和理想电阻元件的组合来表征。电压源模型的外特性及模型如图 1.2.2(a)、(b)所示,电流源模型的外特性及模型如图 1.2.3(a)、(b)所示。

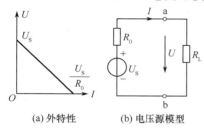

图 1.2.2 电压源外特性和模型

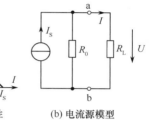

图 1.2.3 电流源外特性和模型

电压源输出电压与电流之间的关系式为

$$U = U_S - IR_0 \tag{1-18}$$

式中,U 为电压源的输出电压,U_S 为理想电压源的电压,I 为负载电流,R_0 为电压源的内阻。电压源的内阻愈小,输出电压就愈接近理想电压源的电压 U_S。内阻 $R_0=0$ 时的电压源就是理想电压源。

若将式(1-18)两端除以 R_0,则得 $\dfrac{U}{R_0} = \dfrac{U_S}{R_0} - I = I_S - I$,即

$$I_S = U/R_0 + I \tag{1-19}$$

式中,I 为负载电流,U 为电流源的输出电压,R_0 为电流源的内阻,$I_S = U_S/R_0$ 为电流源的短路电流,具有并联特征。所以可用一个理想电流源和内阻 R_0 并联来代替。电流源的内阻愈大,输出电流就愈接近理想电流源的电流 I_S,内阻 $R_0=\infty$ 时的电流源就是理想电流源。

2. 理想电压源和理想电流源

理想电压源和理想电流源都是理想的电源元件,它们的外特性 $U=f(I)$ 和模型分别如图 1.2.4(a)、(b)和图 1.2.5(a)、(b)所示。

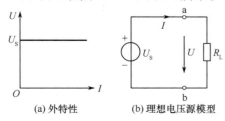

图 1.2.4 理想电压源外特性与模型

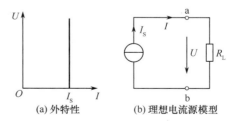

图 1.2.5 理想电流源外特性与模型

理想电压源可以向外电路提供一个恒定值的电压 U_S，与流经电压源的电流大小、方向无关。电压源输出的电流由它与外接电路的情况共同决定。当电压源的电压值等于零时，电压源相当于短路。

理想电流源可以向外电路提供一个恒定值的电流 I_S，与流经电流源的端电压的大小、方向无关。电流源两端的电压由它与外接电路的情况共同决定。当电流源的电流值等于零时，电流源相当于开路。

3. 受控源及其类型

前面讲到的电压源和电流源，是指本身能够产生电能的电源，称为独立电源。这里介绍另一类电源，它们本身不能产生电能，而是在电路中另一个电压或电流的控制下，才具有电源性质，这种电源称为受控电源，如电子技术中的晶体管和场效应管等。当控制它们的电压或电流消失或等于零时，它们就不再具有电源性质。

受控源有两对端钮。一对为输入端(控制端)，用以输入电压或电流控制量；另一对端钮为输出端(受控端)，用以输出受控电压或受控电流。为与独立电源相区别，受控源用菱形图形表示。根据控制量是电压或电流，受控源是电压源或电流源，受控源可分为图1.2.6所示的4种类型，其中系数 μ、r、g、β 是常数，称为线性受控源。

(1) 电压控制的电压源(VCVS)，如图1.2.6(a)所示，输出电压 $u_2=\mu u_1$，其中 μ 是电压放大系数，u_1 为输入电压。

(2) 电流控制的电压源(CCVS)，如图1.2.6(b)所示，输出电压 $u_2=r i_1$，其中 r 是转移电阻，单位是欧姆(Ω)，i_1 为输入电流。

(3) 电压控制的电流源(VCCS)，如图1.2.6(c)所示，输出电流 $i_2=g u_1$，其中 g 是转移电导，单位是西门子(S)，u_1 为输入电压。

(4) 电流控制的电流源(CCCS)，如图1.2.6(d)所示，输出电流 $i_2=\beta i_1$，其中 β 是电流放大系数，i_1 为输入电流。

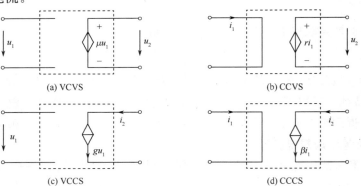

图1.2.6 理想受控源模型

1.3 基尔霍夫定律

由若干电路元件按一定的连接方式构成电路后，电路中各部分的电压或电流必然受到两类约束，其中一类约束来自元件本身性质，即元件的电压、电流关系；另一类约束来自元件的相互连接方式，即基尔霍夫定律。基尔霍夫定律包括基尔霍夫电流定律(KCL)和基尔霍夫电压定律(KVL)，它们是分析计算电路的基础。结合图1.3.1所示电路，先介绍几个常用术语。

节点:两个或多个元件的电气连接点。可分为普通节点和特殊节点,普通节点仅连接两个元件,而特殊节点连接三个或三个以上元件。图 1.3.1 中共有 7 个节点,其中 e、f、g 为普通节点,a、b、c、d 为特殊节点。为简便起见,本书主要分析特殊节点。

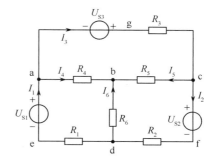

支路:一条支路包含一个元件,图 1.3.1 中共有 9 个元件,因此应含有 9 条支路。由于串联的元件流过同一电流,为了方便起见,可将若干条串联的支路当作一条支路处理。图 1.3.1 中的两条支路 ag 和 gc 就可以看成是一条支路 agc。

图 1.3.1　电路常用术语解释电路

路径:任何连续的一系列支路,通过这些支路不会遇到某个节点一次以上。如图 1.3.1 中节点 a、c 之间的路径有 agc、abc、aedbc、abdfc、aedfc。

回路:电路中的任一闭合路径称为回路。图 1.3.1 中共有 7 个回路,分别为 agcba、abdea、bcfdb、agcbdea、agcfdba、abcfdea、agcfdea。

网孔:未被其他支路分割的单孔回路称为网孔(不包含其他回路的回路),图 1.3.1 中共有 3 个网孔,分别为 agcba、abdea、bcfdb。

1.3.1　基尔霍夫电流定律(KCL)

基尔霍夫电流定律应用于节点,它是用来确定连接在同一节点上各支路电流之间关系的。基尔霍夫电流定律可以表述为:流入某节点一定量的电荷,必须同时从该节点流出等量的电荷,这一结论称为电流的连续性原理。

对电路中任何一个节点,在任一瞬时,流入某一节点的电流之和等于流出该节点的电流之和,即 $\sum I_{流入} = \sum I_{流出}$。图 1.3.1 电路中,对节点 a 可写出 $I_1 = I_3 + I_4$,移项后可得 $I_1 - I_3 - I_4 = 0$ 或 $-I_1 + I_3 + I_4 = 0$,即

$$\sum I = 0 \tag{1-20}$$

式(1-20)表明:在任一瞬时,任一节点上电流的代数和恒等于零。若电流流入节点取正号,则流出节点取负号;反之,若电流流出节点取正号,则流入节点取负号。

练习:图 1.3.1 电路中,有 4 个节点,请同学们对节点 b、c、d 写出 KCL 方程。

基尔霍夫电流定律不仅适用于电路中的任一节点,也可推广应用于电路中任一假设的闭合面,也称为广义节点。例如在图 1.3.2 所示的电路中,对虚线所示的闭合面来说,应用 KCL 可得 $I_a + I_b + I_c = 0$。

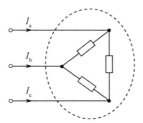

图 1.3.2　KCL 的推广应用

1.3.2 基尔霍夫电压定律(KVL)

基尔霍夫电压定律应用于回路,它是用来确定连接在同一回路中各支路电压之间关系的。基尔霍夫电压定律可以表述为:在任一瞬时,沿任一闭合回路绕行一周,则在这个方向上电压升之和恒等于电压降之和,即

$$\sum U_{电压升} = \sum U_{电压降}$$

如图 1.3.3 所示电路,在回路 3(即回路 agcba)的方向上,可写出 $U_{S3}+U_5+U_4=U_3$,移项后可得 $U_{S3}+U_5+U_4-U_3=0$ 或 $-U_{S3}-U_5-U_4+U_3=0$,即

$$\sum U = 0 \tag{1-21}$$

式(1-21)表明:在任一瞬间,任一闭合回路中各段电压的代数和恒等于零。若电压升取正号,则电压降取负号;反之,若电压降取正号,则电压升取负号。

练习:图 1.3.3 电路中,有 7 个回路,可以写出 7 个 KVL 方程,请同学们自己分析。

基尔霍夫电压定律不仅适用于闭合电路,也可以推广应用于任一假想闭合的一段电路。电路如图 1.3.4 所示,若求 U_{ab},可以将 adba 假想成一个闭合回路,由此写出

$$U_{ab} = U_2 + U_{S2} = IR_2 + U_{S2}$$

也可以将 acba 假想成一个闭合回路,由此写出

$$U_{ab} = U_1 - U_{S1} = -IR_1 - U_{S1}$$

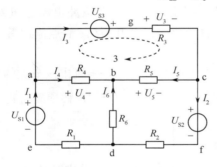

图 1.3.3 KVL 电路举例

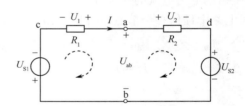

图 1.3.4 KVL 的推广应用

基尔霍夫定律是一个普遍适用的定律,既适用于线性电路也适用于非线性电路,它仅与电路的结构有关,而与电路中的元件性质无关。

1.3.3 电阻的串并联

1. 电阻的串联

如果电路中两个或两个以上的电阻一个接一个地顺序相连,且流过同一个电流,则称这些电阻是串联的。图 1.3.5(a)所示电路中,两个电阻 R_1、R_2 串联组成的电路可用图 1.3.5(b)所示电路中的等效电阻 R 来代替,等效的条件是在同一电压 U 的作用下电流 I 保持不变。

图 1.3.5(a)所示电路中,由 KVL 可知:$U=U_1+U_2=IR_1+IR_2=I(R_1+R_2)$,图 1.3.5(b)所示电路中,$U=IR$,则等效关系为 $R=R_1+R_2$,两个串联电阻上的电压分别为

$$U_1 = \frac{R_1}{R_1+R_2}U, \quad U_2 = \frac{R_2}{R_1+R_2}U \tag{1-22}$$

式(1-22)称为两个串联电阻的分压公式。电阻串联是电路中的常用形式。例如,电源电

压高于负载电压时,可选择一个适当的电阻与负载串联,以降低部分电压。为了限制负载中过大的电流,常将负载与一个限流电阻串联。

2. 电阻的并联

如果电路中两个或两个以上的电阻连接在两个公共节点之间,且电压相等,则称这些电阻是并联的。图 1.3.6(a)所示电路中,两个电阻 R_1、R_2 并联组成的电路可用图 1.3.6(b)所示电路中的等效电阻 R 来代替。

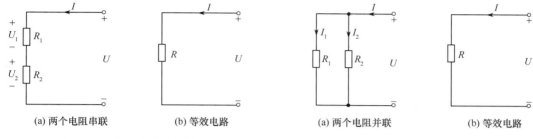

(a) 两个电阻串联　　(b) 等效电路

图 1.3.5　串联电路的等效

(a) 两个电阻并联　　(b) 等效电路

图 1.3.6　并联电路的等效

图 1.3.6(a)所示电路中,由 KCL 可知:$I=I_1+I_2=\dfrac{U}{R_1}+\dfrac{U}{R_2}=U\left(\dfrac{1}{R_1}+\dfrac{1}{R_2}\right)$,图 1.3.6(b)所示电路中,$I=\dfrac{U}{R}$,则等效关系为 $\dfrac{1}{R}=\dfrac{1}{R_1}+\dfrac{1}{R_2}$,两个并联电阻上的电流分别为

$$I_1=\frac{R_2}{R_1+R_2}I,\qquad I_2=\frac{R_1}{R_1+R_2}I \tag{1-23}$$

式(1-23)称为两个并联电阻的分流公式。并联电路也有广泛的应用。工厂里的动力负载、照明电路和家用电器等都以并联的方式连接在电网上,以保证负载在额定电压下正常工作。

例 1-3　电路如图 1.3.7 所示,计算电流 I、I_1、I_2、I_3。

解:电路中的总电流

$$I=\frac{50}{\dfrac{70\times30}{70+30}+\dfrac{20\times5}{20+5}}=2\text{A}$$

根据分流公式,有 $\quad I_2=\dfrac{30}{70+30}\times2=0.6\text{A}$

$$I_3=-\frac{5}{20+5}\times2=-0.4\text{A}$$

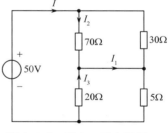

图 1.3.7　例 1-3 的电路图

根据 KCL,有 $I_1=I_2+I_3=0.6+(-0.4)=0.2\text{A}$。显然,电流 I_1 不等于 I。

1.3.4　电路中的电位

在分析和计算电路时,特别是在电子技术中,常常将电路中的某一点选作参考点,并将参考点的电位规定为零。于是电路中任何一点与参考点之间的电压便是该点的电位。在电力工程中规定大地为零电位的参考点。在电子电路中,通常以与机壳连接的输入或输出的公共导线为参考点,称之为"地",在电路图中用符号"⊥"表示。

电路中电位的大小、极性和参考点的选择有关,而两点之间的电压大小、极性则和参考点的选择无关。不指定参考点谈论各点的电位值是没有意义的。两点之间的电压总是等于这两点间的电位之差,如 $U_{ab}=V_a-V_b$。

在电子电路中,电源的一端通常都是接"地"的。为了作图简便和图面清晰,习惯上常常不画出电源来,而在电源的非接地的一端注明其电位的数值。例如,图 1.3.8(b)就是图 1.3.8(a)的习惯画法。

例 1-4 试求图 1.3.9 电路中,当开关 S 断开和闭合两种情况下 A 端的电位 V_A。

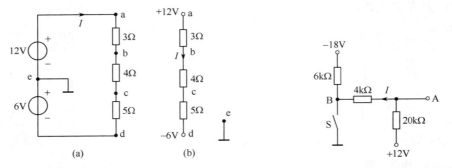

图 1.3.8 电路的电位   图 1.3.9 例 1-4 的电路图

解:(1) 当开关 S 断开时,有

$$I=\frac{12-(-18)}{(20+4+6)\times 10^3}=1\text{mA}$$

$V_A=12-20\times 10^3\times 1\times 10^{-3}=-8\text{V}$ 或 $V_A=-18+(6+4)\times 10^3\times 1\times 10^{-3}=-8\text{V}$

(2) 开关 S 闭合时,有

$$I=\frac{12}{(20+4)\times 10^3}=0.5\text{mA}$$

$V_A=12-20\times 10^3\times 0.5\times 10^{-3}=2\text{V}$ 或 $V_A=4\times 10^3\times 0.5\times 10^{-3}=2\text{V}$

1.4 电路分析方法

前面讨论了电路的基本概念和基本定律,运用所掌握的基本理论,可以对一些简单电路进行分析和计算。本节将进一步介绍几种常用的计算复杂电路的分析方法。

1.4.1 电压源与电流源的等效变换

电压源、电流源都是实际电源的电路模型,无论采用哪一种模型,在外接负载相同的情况下,其输出电压、电流均和实际电源输出的电压、电流相等(外特性相同)。即两种电源对负载(或外电路)而言,可以等效变换,如图 1.4.1 所示。

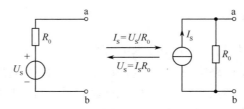

图 1.4.1 电压源和电流源等效变换示意图

等效变换时应注意：

（1）两种电源的等效关系仅对外电路有效，对于电源内部，一般是不等效的；

（2）等效变换时电源的极性要对应，I_S 的流出端要对应 U_S 的"+"极；

（3）理想电压源和理想电流源之间没有等效关系，因为其外特性截然不同。

采用两种电源等效变换的方法，可将较复杂电路简化为简单电路，给电路分析带来方便。

例 1-5　试用电压源与电流源等效变换的方法计算图 1.4.2(a)所示电路中 9Ω 电阻上的电流 I。

解：在图 1.4.2(a)所示电路中，将与 15V 理想电压源并联的 4Ω 电阻断开，并不影响该并联电路两端的电压；将与 3A 理想电流源串联的 6Ω 电阻短接，并不影响该支路中的电流，这样简化后得出图 1.4.2(b)所示电路。然后通过等效变换，图 1.4.2(b)所示电路依次等效为图 1.4.2(c)、(d)、(e)所示电路，于是根据图 1.4.2(e)所示电路，得 $I=\dfrac{24-10}{3+2+9}=1\text{A}$。

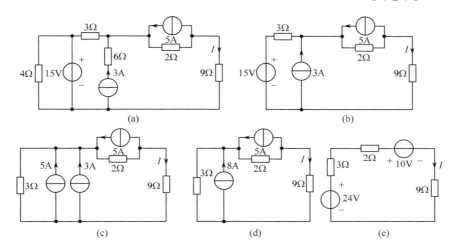

图 1.4.2　例 1-5 的电路图

1.4.2　支路电流法

支路电流法是直接利用 KCL 和 KVL 求解任意复杂电路的基本方法。支路电流法是以支路电流为未知量，应用基尔霍夫定律列出方程，而后求解各支路电流的方法。支路电流求出后，各元件电压和功率便很容易得到。下面以图 1.4.3 为例介绍支路电流法的解题步骤。

（1）确定支路数目，标出各支路电流的参考方向。若有 b 个支路电流，则需列出 b 个独立方程。图 1.4.3 所示电路中 $b=3$。

（2）若有 n 个节点，则可列出 $(n-1)$ 个独立 KCL 方程。图 1.4.3 所示电路中 $n=2$，可列出 1 个独立 KCL 方程。

（3）若有 m 个网孔，则可建立 m 个独立 KVL 方程。图 1.4.3 所示电路中，$m=2$，可列出 2 个独立 KVL 方程。

（4）联立方程，求出 b 个支路电流。

由上可见，支路数=网孔数+独立节点方程数。可以证明，对于任意平面电路，$b=m+(n-1)$。

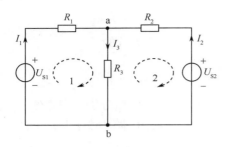

图 1.4.3 支路电流法举例电路

例 1-6 电路如图 1.4.3 所示,已知 $U_{S1}=32V, U_{S2}=20V, R_1=2\Omega, R_2=4\Omega, R_3=8\Omega$。试用支路电流法求各支路电流。

解:为求 3 个支路电流,应列出 3 个独立的方程,即

节点 a 的 KCL 方程:$I_1+I_2-I_3=0$

回路 1 的 KVL 方程:$I_1R_1+I_3R_3-U_{S1}=0$

回路 2 的 KVL 方程:$-I_2R_2-I_3R_3+U_{S2}=0$

代入数值联立求解,可得 $I_1=4A, I_2=-1A, I_3=3A$。

1.4.3 节点电压法

节点电压法是以节点电压为未知量,通过列出节点电压方程并求解各节点电压,进而求解电路各支路电流、各元件电压和功率的方法。解题步骤为:

(1) 选取电路中某一节点为参考节点,并确定其他各节点与此参考节点之间的节点电压。

(2) 在每一节点处(除参考节点)应用 KCL 列出节点电流方程。

(3) 写出各支路电流与节点电压的关系,而后求解各节点电压。一旦节点电压确定后,所有支路电流、元件电压和功率都可以求解出来。

节点电压法适用于支路数较多,但节点数较少的电路。下面以图 1.4.4 所示电路为例介绍节点电压法。该电路可以看作是只有两个广义节点 a、b 的电路。设 b 为参考点,节点电压为 U_{ab},对节点 a 应用 KCL 可列出电流方程

$$I_1+I_2=I_3+I_4 \tag{1-24}$$

各支路电流用 U_{ab} 表示为

$$I_1=\frac{U_{S1}-U_{ab}}{R_1}, I_2=-\frac{U_{ab}}{R_2}, I_3=\frac{U_{ab}}{R_3}, I_4=\frac{U_{S4}+U_{ab}}{R_4} \tag{1-25}$$

将式(1-25)代入式(1-24),经整理后可得两个节点的节点电压公式

$$U_{ab}=\frac{\dfrac{U_{S1}}{R_1}-\dfrac{U_{S4}}{R_4}}{\dfrac{1}{R_1}+\dfrac{1}{R_2}+\dfrac{1}{R_3}+\dfrac{1}{R_4}}=\frac{\sum\dfrac{U_{Si}}{R_i}}{\sum\dfrac{1}{R_i}} \tag{1-26}$$

对于两节点或可化为两节点的电路,式(1-26)又称为弥尔曼定理。式(1-26)中分母为两节点之间各支路的理想电压源为零(短路)后电阻的倒数和,均为正值;分子为各支路理想电压源端电压与本支路电阻相除后(或短路电流)的代数和。当理想电压源端电压与节点电压的参考方向一致时取正号,相反时取负号。

例 1-7 试用节点电压法求解图 1.4.5 所示电路中的各支路电流。

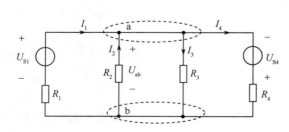

图 1.4.4 可化为两节点的电路

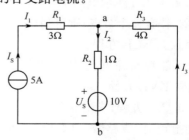

图 1.4.5 例 1-7 的电路图

解:图 1.4.5 所示电路中有理想电流源支路,式(1-26)还可以写成 $U_{ab} = \dfrac{\sum I_{Si}}{\sum \dfrac{1}{R_i}}$ 的形式。

当理想电流源与节点电压的参考方向一致时取负号,相反时取正号。在分母中,理想电流源支路的电阻(无论有还是没有)都为无穷大。设节点电压为 U_{ab},则

$$U_{ab} = \dfrac{\dfrac{U_S}{R_2} + I_S}{\dfrac{1}{\infty} + \dfrac{1}{R_2} + \dfrac{1}{R_3}} = \dfrac{\dfrac{10}{1} + 5}{\dfrac{1}{1} + \dfrac{1}{4}} = 12\text{V}$$

所以 $I_1 = 5\text{A}, I_2 = \dfrac{-U_S + U_{ab}}{R_2} = \dfrac{-10 + 12}{1} = 2\text{A}, I_3 = -\dfrac{U_{ab}}{R_3} = -\dfrac{12}{4} = -3\text{A}$。

例 1-8 试用节点电压法求图 1.4.6(a)所示电路中的电流 I。

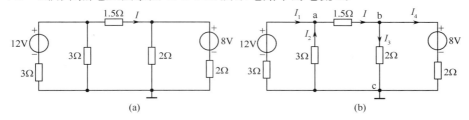

图 1.4.6 例 1-8 的电路图

解:假设 c 为参考节点,则 a、b 两节点的节点电压分别为 U_a、U_b,电路如图 1.4.6(b)所示。对节点 a 应用 KCL 可列出 $I_1 + I_2 - I = 0$,对节点 b 应用 KCL 可列出 $I - I_3 - I_4 = 0$,用节点电压 U_a、U_b 表示各支路电流,从而得到节点电压方程为

$$\dfrac{12 - U_a}{3} + \left(-\dfrac{U_a}{3}\right) - \dfrac{U_a - U_b}{1.5} = 0, \quad \dfrac{U_a - U_b}{1.5} - \dfrac{U_b}{2} - \dfrac{U_b - 8}{2} = 0$$

整理得

$$\left(\dfrac{1}{3} + \dfrac{1}{3} + \dfrac{1}{1.5}\right)U_a - \dfrac{1}{1.5}U_b = \dfrac{12}{3} \quad (\text{节点 a})$$

$$-\dfrac{1}{1.5}U_a + \left(\dfrac{1}{2} + \dfrac{1}{2} + \dfrac{1}{1.5}\right)U_b = \dfrac{8}{2} \quad (\text{节点 b})$$

解得 $U_a = 5.25\text{V}, U_b = 4.5\text{V}$,则 $I = \dfrac{U_a - U_b}{1.5} = \dfrac{5.25 - 4.5}{1.5} = 0.5\text{A}$。

1.4.4 叠加定理

叠加定理是反映线性电路基本性质的一个重要定理。叠加定理可描述为:在线性电路中,如果有多个独立电源同时作用,它们在任一支路中产生的电流(或电压)等于各个独立电源分别单独作用时在该支路中产生电流(或电压)的代数和。

应用叠加定理时,需注意以下几点。

(1) 叠加定理只适用于线性电路中电流和电压的计算,不能用来计算功率。因为功率与电流和电压不是线性关系。

(2) 某独立电源单独作用时,其余各独立电源均应去掉。去掉其他电源也称为置零,即将理想电压源短路,理想电流源开路。(若为电压源或电流源,内阻应保留,为什么?)

(3) 叠加(求代数和)时以原电路中电流(或电压)的参考方向为准。若某个独立电源单独作用时电流(或电压)的参考方向与原电路中电流(或电压)的参考方向不一致,则该量取负号。

例 1-9 电路如图 1.4.7(a)所示,已知 $U_S=18V, I_S=12A, R_1=6\Omega, R_2=4\Omega, R_3=3\Omega$。试用叠加定理求各支路电流。如果 $U_S=27V, I_S$ 不变,重新求各支路中的电流。

解:(1) 当理想电流源 I_S 单独作用时,电路如图 1.4.7(b)所示。

$$I_2'=I_S=12A, \quad I_1'=\frac{R_3}{R_1+R_3}I_S=\frac{3}{6+3}\times 12=4A, \quad I_3'=I_S-I_1'=12-4=8A$$

(2) 当理想电压源 U_S 单独作用时,电路如图 1.4.7(c)所示。

$$I_2''=0, \quad I_1''=I_3''=\frac{U_S}{R_1+R_3}=\frac{18}{6+3}=2A$$

(3) 两电源共同作用时

$$I_1=I_1'+I_1''=4+2=6A, \quad I_2=I_2'+I_2''=12+0=12A, \quad I_3=-I_3'+I_3''=-8+2=-6A$$

(4) 当 $U_S=27V$ 时

$$I_2''=0, \quad I_1''=I_3''=\frac{U_S}{R_1+R_3}=\frac{27}{6+3}=3A$$

$$I_1=I_1'+I_1''=4+3=7A, \quad I_2=I_2'+I_2''=12+0=12A, \quad I_3=-I_3'+I_3''=-8+3=-5A$$

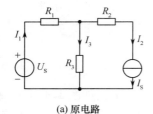
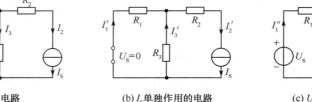
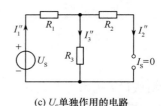

(a) 原电路　　　　　　(b) I_S 单独作用的电路　　　　　　(c) U_S 单独作用的电路

图 1.4.7　例 1-9 的电路图

1.4.5　等效电源定理

在电路的分析和计算中,有时仅需计算电路中某一支路的电流或电压,应用等效电源定理求解最为简便。此方法是将待求支路从电路中取出,电路的其余部分就是一个具有两个出线端的含源电路,称为有源二端网络。把其用一个等效电源来代替,这样就可以把复杂电路化为简单电路。

等效电源有等效电压源和等效电流源两种。用电压源来等效代替有源二端网络的分析方法称为戴维南定理;用电流源来代替有源二端网络的分析方法称为诺顿定理。

1. 戴维南定理

戴维南定理可以描述为:任何一个线性有源二端网络 N_A 对外电路的作用可以用一个理想电压源 U_{OC} 与电阻 R_0 串联的电压源代替。其中,U_{OC} 等于该有源二端网络端口的开路电压,R_0 等于该有源二端网络中所有独立电源不作用时无源二端网络 N_P 的等效电阻。独立电源不作用指电源置零,即理想电压源短路、理想电流源开路。图 1.4.8 为戴维南定理的图解表示。

采用戴维南定理解题的步骤是:

(1) 将待求支路从电路中取出,得到有源二端网络;

(2) 根据有源二端网络的具体结构,计算有源二端网络端口的开路电压 U_{OC};

(3) 将有源二端网络中所有独立电源置零,计算对应的无源二端网络的等效电阻 R_0;

(4) 画出戴维南等效电路图,计算待求的电压或电流。

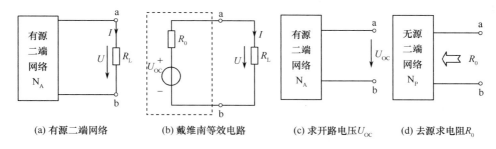

(a) 有源二端网络　　(b) 戴维南等效电路　　(c) 求开路电压 U_{OC}　　(d) 去源求电阻 R_0

图 1.4.8　戴维南定理的图解表示

例 1-10　用戴维南定理求图 1.4.9(a)所示电路中的电流 I。

解：(1) 求开路电压 U_{OC}

将图 1.4.9(a)所示的待求支路从 a、b 两端取出，得到求开路电压 U_{OC} 的电路，如图 1.4.9(b)所示，则

$$U_{OC}=U_S-I_S R_2=10-2\times 2=6\text{V}$$

(2) 求等效电阻 R_0

将图 1.4.9(b)电路中的理想电压源 U_S 短接、理想电流源 I_S 断开，得到求等效电阻 R_0 的电路，如图 1.4.9(c)所示，即无源二端网络，从 a、b 两端求得 $R_0=R_2=2\Omega$。

(3) 求电流 I

戴维南等效电路如图 1.4.9(d)所示，在 a、b 两端接入待求支路，用全电路欧姆定律可得

$$I=\frac{U_{OC}}{R_0+R_1}=\frac{6}{2+1}=2\text{A}$$

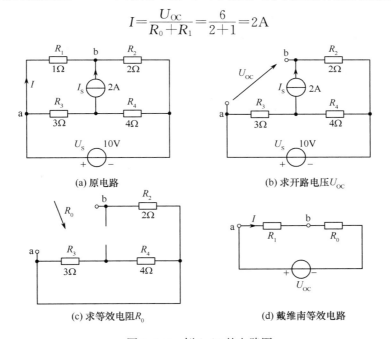

图 1.4.9　例 1-10 的电路图

例 1-11　用戴维南定理求图 1.4.10(a)所示电路中的电流 I。

解：(1) 求开路电压 U_{OC}

求开路电压 U_{OC} 的电路如图 1.4.10(b)所示，则

$$U_{OC}=\frac{3}{6+3}\times 24-\frac{6}{6+6}\times 24=-4\text{V}$$

(2) 求等效电阻 R_0

求等效电阻 R_0 的电路如图 1.4.10(c)所示,则

$$R_0 = \frac{6 \times 3}{6+3} + \frac{6 \times 6}{6+6} = 5\Omega$$

(3) 求电流 I

戴维南等效电路如图 1.4.10(d)所示,可得

$$I = -\frac{4}{5+3} = -0.5\text{A}$$

在没有学习戴维南定理之前,此题只能用支路电流法(需列 6 个方程)或节点电压法(需列 3 个方程)求解,求解过程均较复杂。

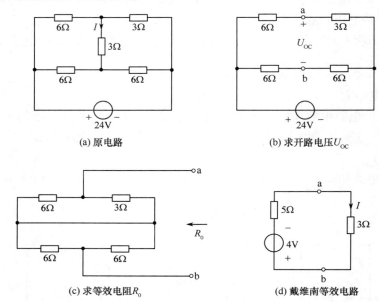

图 1.4.10 例 1-11 的电路图

2. 诺顿定理

诺顿定理可以描述为:任何一个线性有源二端网络对外电路而言,都可以用一个理想电流源 I_{SC} 和 R_0 并联的电流源代替。其中,I_{SC} 等于该有源二端网络端口的短路电流,R_0 等于该有源二端网络中所有独立电源不作用时无源二端网络的等效电阻。独立电源不作用即理想电压源短路、理想电流源开路。图 1.4.11 为诺顿定理的图解表示。

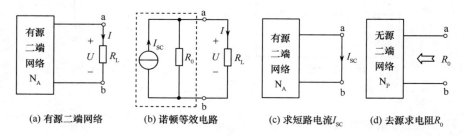

图 1.4.11 诺顿定理的图解表示

例 1-12 用诺顿定理求图 1.4.12(a)所示电路中的电流 I。

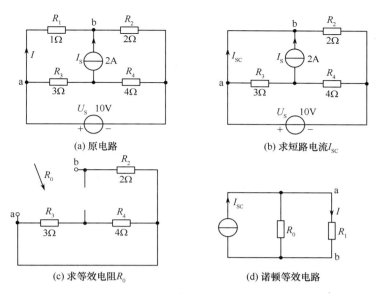

图 1.4.12 例 1-12 的电路图

解：(1) 求短路电流 I_{SC}

画出求短路电流 I_{SC} 的电路如图 1.4.12(b) 所示，则

$$I_{SC} = \frac{U_S}{R_2} - I_S = \frac{10}{2} - 2 = 3\text{A}$$

(2) 求等效电阻 R_0

画出求等效电阻 R_0 的电路如图 1.4.12(c) 所示，即无源二端网络，从 a、b 两端求得 $R_0 = R_2 = 2\Omega$。

(3) 求电流 I

诺顿等效电路如图 1.4.12(d) 所示，则

$$I = \frac{R_0}{R_0 + R_1} I_{SC} = \frac{2}{2+1} \times 3 = 2\text{A}$$

习　　题

1-1　电路如题 1-1 图所示，求图中的 u, i 或 R。

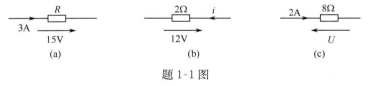

题 1-1 图

1-2　电路如题 1-2 图所示，已知 $I = -4\text{A}$，试指出哪些元件是电源性的？哪些是负载性的？

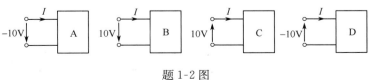

题 1-2 图

1-3 电路如题 1-3 图所示,求各元件的功率。

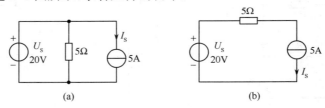

题 1-3 图

1-4 在题 1-4 图所示电路中,已知 $U_1=12V$,$U_{S1}=4V$,$U_{S2}=2V$,$R_1=6\Omega$,$R_2=2\Omega$,$R_3=5\Omega$,试问开路电压 U_2 等于多少?

1-5 试问题 1-5 图中 A 端的电位等于多少?

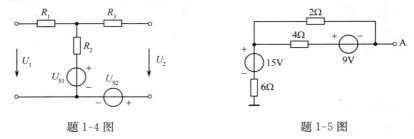

题 1-4 图　　　　　　　　题 1-5 图

1-6 如题 1-6 图所示电路由 4 个固定电阻串联而成。设 4 个电阻都是 1Ω,试求在下列两种情况下 a、b 两端之间的电阻值。

(1) 开关 S_1 和 S_2 闭合,其他断开;(2) 开关 S_2、S_3 和 S_5 闭合,其他断开。

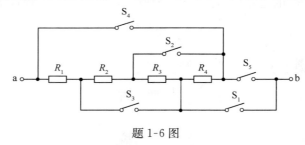

题 1-6 图

1-7 电路如题 1-7 图所示,试求:(1)电流 I_1、I_2;(2)电流源的端电压 U,并说明电流源是吸收功率还是发出功率。

1-8 试用电压源与电流源等效变换的方法计算题 1-8 图中 4Ω 电阻上的电流 I。

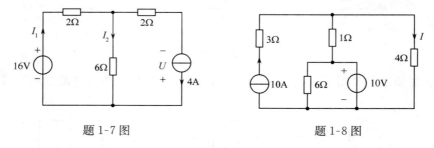

题 1-7 图　　　　　　　　题 1-8 图

1-9 试用电压源与电流源等效变换的方法计算题 1-9 图中 8Ω 电阻上的电流 I。

1-10 在题 1-10 图所示的电路中,有多少条支路?请在图中标出各支路电流及参考方向,并列出求解各支路电流所需的方程。

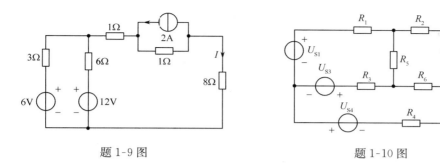

题 1-9 图　　　　　　　　　　题 1-10 图

1-11　试用支路电流法和节点电压法计算题 1-11 图电路中的电流 I。

1-12　试用节点电压法求题 1-12 图所示电路中 6Ω 的电压 U。

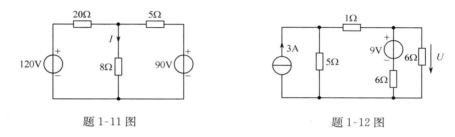

题 1-11 图　　　　　　　　　　题 1-12 图

1-13　试用叠加定理求题 1-8 图所示电路中 4Ω 电阻的电流 I。

1-14　电路如题 1-14 图所示,试用叠加定理求电流 I。

1-15　如题 1-15 图所示电路中,$I_S=3A$,$U_{S2}=2U_{S1}$,$R_1=2R_3$,当开关 S 接 a 端时,$I_1=3A$,求当开关 S 接 b 端时 I_1 等于多少?

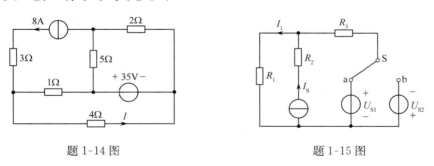

题 1-14 图　　　　　　　　　　题 1-15 图

1-16　试用戴维南定理求题 1-16 图所示电路中的电流 I。

1-17　在题 1-17 图所示电路中,当 $R_L=5\Omega$ 时,$I_L=1A$,若将 R_L 增加为 15Ω,$I_L=?$

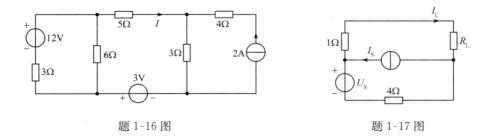

题 1-16 图　　　　　　　　　　题 1-17 图

1-18 试用戴维南定理和诺顿定理求题 1-11 图所示电路中的电流 I。

1-19 在题 1-19 图所示电路中,求电路中的电流 I 及电流源 I_S 的功率。

1-20 电路如题 1-20 图所示,求电压 U_{AB} 及各支路电流 I_1、I_2 和 I_3。

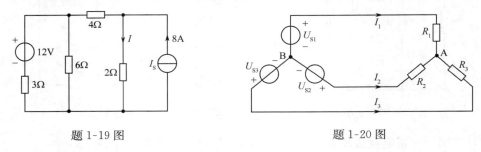

题 1-19 图　　　　　　题 1-20 图

第 2 章　电路暂态分析

含有储能元件即电容、电感的电路,在达到稳定状态之前也经历了一个过渡过程。电路中的过渡过程一般都是短暂的,因此把这一过程又称为电路的暂态过程。研究电路过渡过程中电压或电流随时间的变化规律及过渡过程时间的长短称为暂态分析。一方面,电路在暂态过程中会出现过电压或过电流现象,从而导致电气元件或设备的损坏。另一方面,在电子技术中常利用 RC 电路的暂态过程来产生振荡信号、实现信号波形的变换或产生延时做成电子继电器等。为简化分析,本章主要讨论电路从一个直流激励状态到另一个直流激励状态的暂态过程。

2.1　换路定则与电压、电流初始值的确定

2.1.1　换路定则

电路的接通、断开、短路或电路中参数的突然改变称为换路。换路时电容储存的能量 $\frac{1}{2}Cu_C^2$ 和电感储存的能量 $\frac{1}{2}Li_L^2$ 不能突变,电容电压 u_C 和电感电流 i_L 只能连续变化,不能突变。设 $t=0$ 为换路瞬间,则 $t=0_-$ 为换路前的终了瞬间,$t=0_+$ 为换路后的初始瞬间。从 $t=0_-$ 到 $t=0_+$ 的换路瞬间,电容元件的电压和电感元件的电流不能突变,用数学表达式表示为

$$u_C(0_+)=u_C(0_-),\quad i_L(0_+)=i_L(0_-) \tag{2-1}$$

这就是换路定则。它适用的前提条件分别是在换路瞬间,电容中的电流 i_C 或电感中的电压 u_L 有限,而这一条件在一般实际情况下都是满足的。

2.1.2　初始值的计算

只含有一个储能元件(电容或电感)或可等效为一个储能元件的电路,称为一阶(线性)电路。描述这类电路的数学方程称为一阶线性常系数微分方程,求解这样的微分方程,必须应用初始条件来确定积分常数,换路定则就是确定初始条件的基本原则。必须指出的是,换路定则只能确定换路瞬间 $t=0_+$ 时不能突变的 u_C 和 i_L 初始值,而电路中其他电压和电流的初始值可按以下原则计算确定:

(1) 由换路前 $t=0_-$ 电路求出 $u_C(0_-)$、$i_L(0_-)$ 值。
(2) 作出换路后 $t=0_+$ 瞬间的等效电路。
根据换路前瞬间的值 $u_C(0_-)$ 和 $i_L(0_-)$ 确定初始值 $u_C(0_+)$ 和 $i_L(0_+)$。在 $t=0_+$ 的电路中,电容元件视为理想电压源,其电压为 $u_C(0_+)$;电感元件视为理想电流源,其电流为 $i_L(0_+)$。
(3) 应用电路的基本定律和基本分析方法,在 $t=0_+$ 电路中计算其他电压和电流的初始值。

例 2-1　图 2.1.1(a)所示电路,在 $t=0$ 时刻,开关 S 由 a 端扳向 b 端,换路前电路已处于稳态,求换路后 $t=0_+$ 时,电路中各支路电流和电容电压、电感电压的初始值。

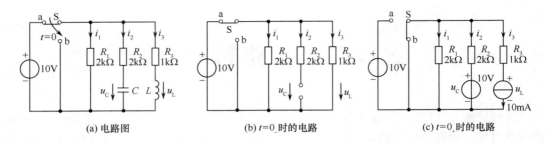

图 2.1.1 例 2-1 的电路图

解：(1) 在 $t=0_-$ 时，电路为换路前稳定状态，电容元件 C 可视为开路，电感元件 L 可视为短路，$t=0_-$ 时的电路如图 2.1.1(b) 所示。有

$$i_1(0_-)=\frac{10}{2\times10^3}=5\text{mA}, i_2(0_-)=0, i_3(0_-)=\frac{10}{1\times10^3}=10\text{mA}$$

$$u_C(0_-)=R_3 i_3(0_-)=1\times10^3\times10\times10^{-3}=10\text{V}, u_L(0_-)=0$$

由换路定则，可得

$$i_3(0_+)=i_3(0_-)=10\text{mA}, u_C(0_+)=u_C(0_-)=10\text{V}$$

(2) 在 $t=0_+$ 电路中，电容元件 C 视为理想电压源，其电压为 $u_C(0_+)$。电感元件 L 视为理想电流源，其电流为 $i_L(0_+)$。$t=0_+$ 时的电路如图 2.1.1(c) 所示。应用电路基本定律计算其他初始值，可得

$$i_1(0_+)=0, i_2(0_+)=-\frac{10}{2\times10^3}=-5\text{mA}, u_L(0_+)=-10\times10^{-3}\times1\times10^3=-10\text{V}$$

由此例可以看出，在换路瞬间，电感电流、电容电压不能突变，但是电感电压、电容电流是可以突变的。

2.2 RC 电路的暂态过程

根据电路中外加激励的情况，将电路暂态过程中的响应分为 3 种。

(1) 零输入响应：换路后电路中无独立电源，仅由储能元件的初始储能产生的响应。

(2) 零状态响应：换路后电路中储能元件无初始储能，仅由独立电源产生的响应。

(3) 全响应：换路后电路中既存在独立电源，储能元件又有初始储能，它们共同产生的响应。

2.2.1 RC 电路的零输入响应

如图 2.2.1 所示，$t<0$ 时电路已处于稳态，$u_C(0_-)=U_S$。在 $t=0$ 时开关 S 将 RC 电路短接，根据换路定则有 $u_C(0_+)=U_S$。$t>0$ 后无外加激励，电路进入电容 C 通过 R 放电的过渡过程，故为 RC 电路的零输入响应。

对换路后的电路，由 KVL 得 $\quad u_R+u_C=0 \quad (t\geqslant 0)$

因为 $i=C\dfrac{du_C}{dt}, u_R=Ri=RC\dfrac{du_C}{dt}$，所以有 $RC\dfrac{du_C}{dt}+u_C=0 (t\geqslant 0)$，即

$$\frac{du_C}{dt}+\frac{1}{RC}u_C=0 \quad (t\geqslant 0) \tag{2-2}$$

式 (2-2) 是一阶常系数线性齐次微分方程，解此微分方程得到 RC 电路的零输入响应

$$\begin{cases} u_C(t) = u_C(0_+)e^{-\frac{t}{RC}} = U_S e^{-\frac{t}{\tau}} \\ i(t) = C\dfrac{du_C}{dt} = -\dfrac{u_C(0_+)}{R}e^{-\frac{t}{RC}} = -\dfrac{U_S}{R}e^{-\frac{t}{\tau}} \\ u_R(t) = iR = -U_S e^{-\frac{t}{\tau}} \end{cases} \quad (2-3)$$

式(2-3)中的负号表示电流及电阻上电压的实际方向与参考方向相反。u_C、u_R 和 i 随时间的变化曲线如图 2.2.2 所示。由上可知,在 $t<0$ 时电路已处于稳态,在 $t=0$ 时开关 S 将 RC 电路短接,随着时间 t 的增加,RC 电路中的电流、电压由初始值开始按指数规律衰减,电路工作在暂态过程中,直到 $t\to\infty$,暂态过程结束,电路达到新的稳态。

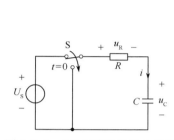

图 2.2.1 RC 电路的零输入响应

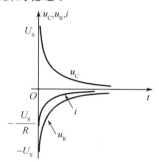

图 2.2.2 u_C、u_R 和 i 随时间的变化曲线

式(2-3)中 $\tau=RC$,具有时间的量纲,是表征 RC 电路放电时间长短的特征量,称为时间常数。当 C 的单位为法拉(F)、R 的单位为欧姆(Ω)时,τ 的单位为秒(s)。从理论上讲,只有当 $t\to\infty$ 时,电容电压才能达到稳态值。但是,指数函数开始变化较快,而后逐渐变慢,见表 2-1。

表 2-1 $e^{-\frac{t}{\tau}}$ 随时间变化的数值

t	τ	2τ	3τ	4τ	5τ	6τ
$e^{-\frac{t}{\tau}}$	0.368	0.135	0.050	0.018	0.007	0.002

当 $t=(3\sim 5)\tau$ 时,u_C 与稳态值仅差 $5\%\sim 0.7\%$。在工程实际中通常认为经过 $(3\sim 5)\tau$ 后电路的过渡过程已经结束,电路已经进入稳定状态了。

例 2-2 某高压电路中有一组 $C=30\mu F$ 的电容器,断开时电容器的电压为 6.05kV,断开后电容器经它本身的漏电阻放电。若电容器的漏电阻 $R=100M\Omega$,试问断开后经多长时间,电容器的电压衰减为 1kV?若电路需要检修,应采取什么安全措施?

解:本题为 RC 电路的零输入响应。电路的时间常数为
$$\tau = RC = 100\times 10^6 \times 30 \times 10^{-6} = 3000s$$
由式(2-3)知 $u_C(t) = 6.05e^{-\frac{t}{3000}}$ kV,把 $u_C=1$ kV 代入 $1=6.05e^{-\frac{t}{3000}}$ 中,解得
$$t = 3000\ln 6.05 = 5400s = 1.5 \text{ 小时}$$

由于 R 和 C 的数值较大,所以电容器从电路断开后,经过 1.5 小时后仍然有 1kV 的高电压。为安全起见,须待电容器充分放电后才能进行线路检修。为缩短电容器的放电时间,可以用一个阻值较小的电阻并联于电容器两端以加速放电过程。

2.2.2 RC 电路的零状态响应

如图 2.2.3 所示 RC 电路,开关 S 闭合前电容未充电,即 $u_C(0_-)=0$。在 $t=0$ 时合上开关 S,$t>0$ 后电路初始条件为零,有外加直流激励 U_S,故为 RC 电路的零状态响应。

对换路后的电路,由 KVL 得

$$u_R + u_C = U_S \quad (t \geq 0)$$

因为 $i = C\dfrac{du_C}{dt}$,$u_R = Ri = RC\dfrac{du_C}{dt}$,所以有 $RC\dfrac{du_C}{dt} + u_C = U_S (t \geq 0)$,即

$$\dfrac{du_C}{dt} + \dfrac{1}{RC} u_C = \dfrac{U_S}{RC} \quad (t \geq 0) \tag{2-4}$$

式(2-4)是一阶常系数非齐次线性微分方程,解此微分方程得到电容电压 u_C 的表达式

$$u_C(t) = U_S(1 - e^{-\frac{t}{RC}}) = U_S(1 - e^{-\frac{t}{\tau}}) \quad (t \geq 0) \tag{2-5}$$

电容电流 i、电阻电压 u_R 分别为

$$\begin{cases} i(t) = C\dfrac{du_C}{dt} = \dfrac{U_S}{R} e^{-\frac{t}{RC}} \quad (t \geq 0) \\ u_R(t) = iR = U_S e^{-\frac{t}{RC}} \quad (t \geq 0) \end{cases} \tag{2-6}$$

u_C、i 和 u_R 的变化曲线如图 2.2.4 所示,它们是按指数规律上升或衰减的。

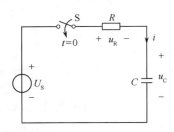

图 2.2.3 RC 电路的零状态响应　　图 2.2.4 u_C、u_R 和 i 随时间的变化曲线

例 2-3　在图 2.2.3 电路中,电容原先未充电。已知 $U_S = 200\text{V}$,$R = 500\Omega$,$C = 10\mu\text{F}$,在 $t = 0$ 时将开关 S 闭合,求:(1) u_C 和 i 随时间变化的规律。(2) 当充电时间为 8.05ms 时,u_C 达到多少伏?

解:(1) 电容原先未充电,根据换路定则有

$$u_C(0_+) = u_C(0_-) = 0$$

换路后时间常数

$$\tau = RC = 500 \times 10 \times 10^{-6} = 5 \times 10^{-3} \text{s}$$

由式(2-5)、式(2-6)可得

$$u_C(t) = 200(1 - e^{-200t}) \text{V}$$

$$i(t) = C\dfrac{du_C}{dt} = 0.4 e^{-200t} \text{A}$$

(2) 当充电时间为 8.05ms 时,电容电压为

$$u_C(t) = 200 \times (1 - e^{-200 \times 8.05 \times 10^{-3}}) = 200 \times (1 - e^{-1.61}) = 160\text{V} \quad (t \geq 0)$$

2.2.3　RC 电路的全响应

若电路中既有外加激励且初始条件也不为零,则电路中产生的响应称为全响应。

如图 2.2.5 所示 RC 电路,开关 S 闭合前电容已充电,即 $u_C(0_-) = U_0 \neq 0$。在 $t = 0$ 时合上开关 S,对换路后的电路,由 KVL 得

$$\dfrac{du_C}{dt} + \dfrac{1}{RC} u_C = \dfrac{U_S}{RC} \quad (t \geq 0) \tag{2-7}$$

式(2-7)是一阶常系数非齐次线性微分方程,解此微分方程得到电容电压 u_C 的表达式

$$u_C(t) = U_S + (U_0 - U_S)e^{-\frac{t}{RC}} \quad (t \geq 0) \tag{2-8}$$

电容电流 i、电阻电压 u_R 分别为

$$\begin{cases} u_R(t) = (U_S - U_0)e^{-\frac{t}{RC}} & (t \geq 0) \\ i(t) = \dfrac{(U_S - U_0)}{R}e^{-\frac{t}{RC}} & (t \geq 0) \end{cases} \tag{2-9}$$

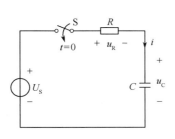

图 2.2.5　RC 电路的全响应

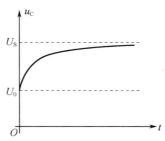

图 2.2.6　RC 电路的全响应 u_C 波形

图 2.2.6 所示为 $0 < U_0 < U_S$ 时 u_C 的变化曲线,u_C 以 U_0 为初始值逐渐上升,最终达到 U_S。

练习:如果 $U_0 > U_S > 0$,或者一个为正、一个为负,则过渡过程中电容是充电还是放电?读者可自行分析。

式(2-8)右边第一项是稳态分量,它只与外加激励有关,且变化规律与外加激励相同。第二项是暂态分量,它与外加激励无关,按确定的指数规律衰减到零,衰减速度取决于电路的时间常数。所以全响应可表示为

全响应 = 稳态分量 + 暂态分量

把式(2-8)改写成 $u_C(t) = U_0 e^{-\frac{t}{RC}} + U_S(1 - e^{-\frac{t}{RC}})$,其中右边第一项是 RC 电路的零输入响应,右边第二项则是 RC 电路的零状态响应。这说明一阶电路中,全响应等于零输入响应和零状态响应的叠加,这是线性电路叠加性质的体现。所以一阶电路的全响应可以表示为

全响应 = 零输入响应 + 零状态响应

把全响应分解为稳态分量和暂态分量,能明显地反映电路从暂态向稳态过渡的工作状态,便于分析过渡过程的特点。把全响应分解为零输入响应和零状态响应,明显地反映了响应的因果关系,并且便于分析计算。这两种分解的概念都是重要的。

例 2-4　图 2.2.7(a)所示电路原处于稳态,在 $t = 0$ 时将开关 S 闭合,试求换路后电路中所示的电压和电流,并画出其变化曲线。

解:本题为 RC 电路的全响应。

(1) 求 $u_C(t)$ 的全响应

$t > 0$ 时开关 S 闭合,如图 2.2.7(b)所示。应用戴维南定理将换路后储能元件以外的电路进行等效,等效电路如图 2.2.7(c)所示,其中

$$U_{OC} = \frac{R_2}{R_1 + R_2} U_S = \frac{6}{3+6} \times 12 = 8\text{V}, \quad R_0 = R_3 + \frac{R_1 R_2}{R_1 + R_2} = \left(2 + \frac{3 \times 6}{3+6}\right) \times 10^3 = 4\text{k}\Omega$$

时间常数

$$\tau = R_0 C = 4 \times 10^3 \times 5 \times 10^{-6} = 2 \times 10^{-2}\text{s}$$

$t=0_-$时电路处于稳态，C 用开路代替，便可得 $t=0_-$ 的等效电路，如图 2.2.7(d)所示。$u_C(0_-)=U_S=12\text{V}$，根据换路定则有 $u_C(0_+)=u_C(0_-)=12\text{V}$。所以

$u_C(t)$ 的零输入响应为 $u_{C1}(t)=u_C(0_+)\text{e}^{-\frac{t}{\tau}}=12\text{e}^{-50t}\text{V}$

$u_C(t)$ 的零状态响应为 $u_{C2}(t)=U_{OC}(1-\text{e}^{-\frac{t}{\tau}})=8(1-\text{e}^{-50t})\text{V}$

$u_C(t)$ 的全响应为 $u_C(t)=u_{C1}(t)+u_{C2}(t)=12\text{e}^{-50t}+8(1-\text{e}^{-50t})=(8+4\text{e}^{-50t})\text{V}$

$u_C(t)$ 的稳态分量为 $u_{C3}(t)=8\text{V}$

$u_C(t)$ 的暂态分量为 $u_{C4}(t)=4\text{e}^{-50t}\text{V}$

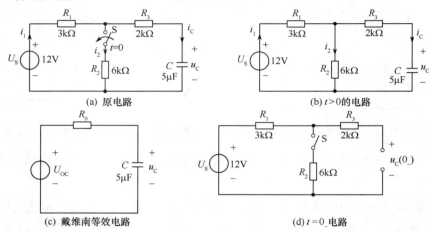

图 2.2.7 例 2-4 的电路图

(2) 求 $i_C(t)$，$i_1(t)$，$i_2(t)$ 的全响应

根据图 2.2.7(b)所示电路各元件电压、电流的关系，依据 KCL，KVL 可得

$$i_C(t)=C\frac{\text{d}u_C}{\text{d}t}=5\times10^{-6}\times4\text{e}^{-50t}\times(-50)=-\text{e}^{-50t}\text{mA}$$

$$i_2(t)=\frac{i_C R_3+u_C}{R_2}=\frac{-\text{e}^{-50t}\times10^{-3}\times2\times10^3+8+4\text{e}^{-50t}}{6\times10^3}=\left(\frac{4}{3}+\frac{1}{3}\text{e}^{-50t}\right)\text{mA}$$

$$i_1(t)=i_C(t)+i_2(t)=-\text{e}^{-50t}+\frac{4}{3}+\frac{1}{3}\text{e}^{-50t}=\left(\frac{4}{3}-\frac{2}{3}\text{e}^{-50t}\right)\text{mA}$$

(3) u_C，i_C，i_1 和 i_2 的变化曲线如图 2.2.8 所示。

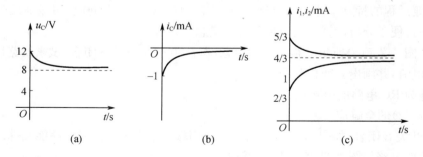

图 2.2.8 例 2-4 的电压、电流变化曲线

2.2.4 一阶线性电路暂态分析的三要素法

由上述 RC 电路可见，只要求出初始值、稳态值和时间常数这 3 个参数，就能写出 u_C 的解

析表达式。事实上,任何一个满足下面微分方程的函数 $f(t)$,即

$$\tau \frac{df(t)}{dt} + f(t) = f(\infty) = 常数 \tag{2-10}$$

都有解

$$f(t) = f(\infty) + [f(0_+) - f(\infty)]e^{-\frac{t}{\tau}} \tag{2-11}$$

满足式(2-10)的电路便为一阶(最高导数)线性(常系数)电路;式(2-11)中的 $f(t)$ 既可以代表电压,也可以代表电流,$f(0_+)$ 代表电压或电流的初始值,$f(\infty)$ 代表电压或电流的稳态值,τ 为一阶线性电路的时间常数。套用式(2-11)求解一阶线性电路的方法便是三要素法。

例 2-5 试用三要素法求例 2-4。

解:为了方便分析,图 2.2.7(a)所示电路重画为图 2.2.9(a)所示电路。

(1) 求 $u_C(0_+), i_C(0_+), i_1(0_+), i_2(0_+)$

$t=0_-$ 时电路处于稳态,C 用开路代替,便可得 $t=0_-$ 的等效电路,如图 2.2.9(b)所示。$u_C(0_-) = U_S = 12\text{V}$,根据换路定则有 $u_C(0_+) = u_C(0_-) = 12\text{V}$。

$t=0_+$ 的等效电路如图 2.2.9(c)所示。此时电容元件视为理想电压源,其电压值 $u_C(0_+) = 12\text{V}$。应用电路的分析方法求得

$$i_C(0_+) = -1\text{mA}, \quad i_1(0_+) = \frac{2}{3}\text{mA}, \quad i_2(0_+) = \frac{5}{3}\text{mA}$$

(2) 求 $u_C(\infty), i_C(\infty), i_1(\infty), i_2(\infty)$

$t=\infty$ 时电路处于一个新的稳态,C 用开路代替,$t=\infty$ 的等效电路如图 2.2.9(d)所示。

$$u_C(\infty) = \frac{R_2}{R_1+R_2} U_S = \frac{6}{3+6} \times 12 = 8\text{V}$$

$$i_C(\infty) = 0\text{mA}, \quad i_1(\infty) = i_2(\infty) = \frac{12}{(3+6)\times 10^3} = \frac{4}{3}\text{mA}$$

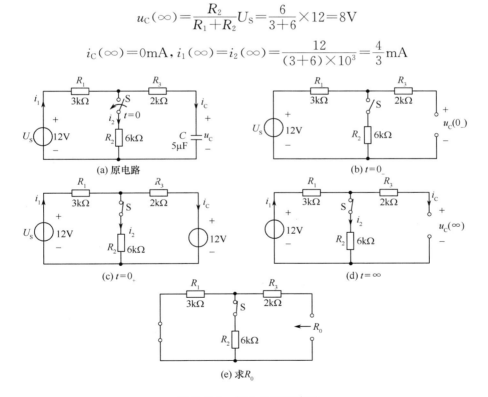

图 2.2.9 例 2-5 的电路图

(3) 求 τ

R_0 应为换路后电容两端的无源网络的等效电阻,如图 2.2.9(e)所示。

$$R_0 = R_1 // R_2 + R_3 = \left(\frac{3 \times 6}{3+6} + 2\right) \times 10^3 = 4 \text{k}\Omega$$

$$\tau = R_0 C = 4 \times 10^3 \times 5 \times 10^{-6} = 2 \times 10^{-2} \text{s}$$

(4) 求 $u_C(t), i_C(t), i_1(t), i_2(t)$

$$u_C(t) = u_C(\infty) + [u_C(0_+) - u_C(\infty)] e^{-\frac{t}{\tau}} = (8 + 4e^{-50t}) \text{V}$$

$$i_C(t) = i_C(\infty) + [i_C(0_+) - i_C(\infty)] e^{-\frac{t}{\tau}} = -e^{-50t} \text{mA}$$

$$i_1(t) = i_1(\infty) + [i_1(0_+) - i_1(\infty)] e^{-\frac{t}{\tau}} = \left(\frac{4}{3} - \frac{2}{3} e^{-50t}\right) \text{mA}$$

$$i_2(t) = i_2(\infty) + [i_2(0_+) - i_2(\infty)] e^{-\frac{t}{\tau}} = \left(\frac{4}{3} + \frac{1}{3} e^{-50t}\right) \text{mA}$$

$u_C(t), i_C(t), i_1(t)$ 和 $i_2(t)$ 的变化曲线如图 2.2.8 所示。

2.3 RL 电路的暂态过程

图 2.3.1(a)所示为一个 RL 电路。设 $t=0$ 时开关 S 闭合,对换路后的电路,由 KCL 得 $i_R + i_L = I_S$,因为 $i_R = \frac{u_L}{R}, u_L = L\frac{di_L}{dt}$,所以有 $\frac{L}{R}\frac{di_L}{dt} + i_L = I_S$,即

$$\frac{di_L}{dt} + \frac{1}{L/R} i_L = \frac{I_S}{L/R} \quad (t \geqslant 0) \tag{2-12}$$

式(2-12)是以电感电流 i_L 为变量的一阶常系数非齐次线性微分方程,仿照式(2-7)的求解,可以得到一阶 RL 电路三要素公式为

$$i_L(t) = i_L(\infty) + [i_L(0_+) - i_L(\infty)] e^{-\frac{t}{\tau}} \tag{2-13}$$

式中,稳态值 $i_L(\infty)$,即换路后稳态时电感两端的短路电流;初始值 $i_L(0_+) = i_L(0_-)$,即换路前终了瞬间电感中的电流 $i_L(0_-)$ 值;时间常数 $\tau = \frac{L}{R_0}$,其中 R_0 应是换路后电感两端除源网络的等效电阻(即戴维南等效电阻)。当 R_0 的单位是欧姆(Ω)、L 的单位是亨利(H)时,τ 的单位也是秒(s)。

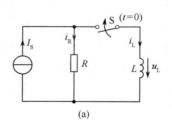
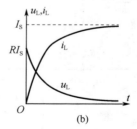

图 2.3.1 RL 电路及 i_L 和 u_L 的变化曲线

对于图 2.3.1(a)电路,若电感无初始储能,则电感电流初始值 $i_L(0_+) = i_L(0_-) = 0$;当开关 S 闭合,电路达到稳态时,电感对直流相当于短路,因此电感电流稳态值 $i_L(\infty) = I_S$;电路的时间常数 $\tau = \frac{L}{R}$。所以电感电流及电压的表达式为

$$i_L(t)=I_S(1-e^{-\frac{R}{L}t}), \quad u_L(t)=L\frac{di_L}{dt}=RI_Se^{-\frac{R}{L}t} \qquad (2-14)$$

i_L 和 u_L 的变化曲线如图 2.3.1(b)所示。

例 2-6 如图 2.3.2(a)所示电路,已知 $U_S=20\text{V}$,$L=1\text{H}$,$R=1\text{k}\Omega$,电压表的内阻 $R_V=500\text{k}\Omega$,在 $t=0$ 时开关 S 断开,断开前电路已处于稳态。试求开关 S 断开后电压表两端电压的变化规律。

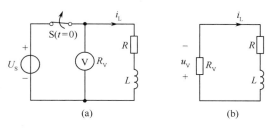

图 2.3.2 例 2-6 的电路图

解:换路后电路如图 2.3.2(b)所示,故为 RL 电路的零输入响应。

换路前 $i_L(0_-)=\dfrac{U_S}{R}=\dfrac{20}{1\times 10^3}=0.02\text{A}$,根据换路定则有

$$i_L(0_+)=i_L(0_-)=0.02\text{A}$$

电路的时间常数为

$$\tau=\frac{L}{R+R_V}=\frac{1}{(1+500)\times 10^3}=\frac{1}{5.01\times 10^5}\text{s}$$

换路后电感电流为

$$i_L(t)=i_L(0_+)e^{-\frac{t}{\tau}}=0.02e^{-5.01\times 10^5 t}\text{A}$$

所以 $\quad u_V(t)=i_L(t)R_V=0.02e^{-5.01\times 10^5 t}\times 500\times 10^3=10000e^{-5.01\times 10^5 t}\text{V}$

由以上计算可以看出,在换路的瞬间,电压表两端出现了 10000V 的高电压,尽管时间常数很小(微秒级),过渡过程的时间很短,也可能使电压表击穿或把电压表的表针打弯。所以在有电感线圈的电路中,要特别注意过电压现象出现,以免损坏电气设备。就测量电压而言,一般应该先拿开电压表以后,再断开电源开关。

例 2-7 如图 2.3.3 所示,电路已处于稳态,$t=0$ 时将 S 闭合。试求 $t\geqslant 0$ 时的 i_L、i_1 及 i_2,并画出变化曲线。

解:(1) 先用三要素法求 i_L

初始值 $\quad i_L(0_+)=i_L(0_-)=\dfrac{U_{S1}}{R_1}=\dfrac{12}{6}=2\text{A}$

稳态值 $\quad i_L(\infty)=\dfrac{U_{S1}}{R_1}+\dfrac{U_{S2}}{R_2}=\dfrac{12}{6}+\dfrac{9}{3}=5\text{A}$

等效电阻 $\quad R_0=R_1/\!/R_2=\dfrac{6\times 3}{6+3}=2\Omega$

时间常数 $\quad \tau=\dfrac{L}{R_0}=\dfrac{1}{2}=0.5\text{s}$

所以 $\quad i_L(t)=i_L(\infty)+[i_L(0_+)-i_L(\infty)]e^{-\frac{t}{\tau}}=(5-3e^{-2t})\text{A}$

（2）i_1 和 i_2 可利用 u_L 求出，也可以直接用三要素法求出

$$u_L(t) = L\frac{di_L}{dt} = 1 \times (-3e^{-2t}) \times (-2) = 6e^{-2t} \text{A}$$

$$i_1(t) = \frac{U_{S1} - u_L}{R_1} = \frac{12 - 6e^{-2t}}{6} = (2 - e^{-2t}) \text{A}$$

$$i_2(t) = \frac{U_{S2} - u_L}{R_2} = \frac{9 - 6e^{-2t}}{3} = (3 - 2e^{-2t}) \text{A}$$

i_L、i_1 及 i_2 的变化曲线如图 2.3.4 所示。

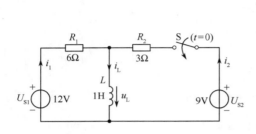
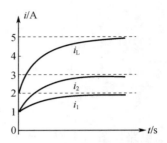

图 2.3.3　例 2-7 的电路图　　　图 2.3.4　例 2-7 的电流曲线

2.4　暂态电路的应用

在电子技术中，一阶暂态电路有着广泛的应用，特别是通过改变时间常数而获得不同波形的波形变换电路，如微分电路、积分电路等。本节将对这些电路进行简单介绍。

1. 微分电路

如图 2.4.1(a)所示电路，设 $u_C(0_-) = 0$。输入信号 u_i 是占空比为 50％ 的脉冲序列。所谓占空比，是指 t_w/T 的比值，其中 t_w 是脉冲持续时间（脉冲宽度），T 是周期。u_i 的脉冲幅度为 U，其输入波形如图 2.4.1(b)所示。

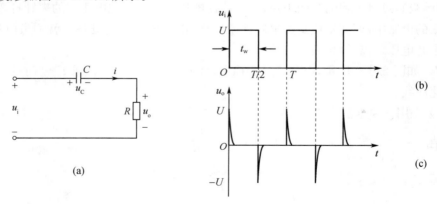

图 2.4.1　RC 微分电路及输入、输出波形

设 $u_C(0_-) = 0$，但 $\tau = RC \ll t_w$。则当 $0 \leq t < t_w$ 时，电容的充电过程很快，其输出电压 $u_o = Ue^{-\frac{t}{\tau}}$ 的衰减速度也很快，因而输出 u_o 是一个峰值为 U 的正尖脉冲，波形如图 2.4.1(c)所示。

在 $t_w \leq t < T$ 时，输入信号 u_i 为零，电路相当于电容初始电压值为 U 的零输入响应，其输出电压为 $u_o = -Ue^{-\frac{t-t_w}{\tau}}$。当时间常数 $\tau = RC \ll t_w$ 时，电容的放电过程也很快完成，输出 u_o

是一个峰值为$-U$的负尖脉冲,波形如图2.4.1(c)所示。

由于$\tau \ll t_w$,电路充放电很快,除电容刚开始充电或放电的一段极短的时间外,有$u_i = u_C + u_o \approx u_C$。因而输出电压$u_o = Ri = RC\dfrac{du_C}{dt} \approx RC\dfrac{du_i}{dt}$,输出电压$u_o$近似为输入电压$u_i$对时间的微分,因此称这种电路为微分电路。在电子技术中,常用微分电路把矩形波变换成尖脉冲,作为触发器的触发信号,或用来触发晶闸管,用途非常广泛。

应该明确的是,在输入周期性矩形脉冲信号作用下,RC微分电路必须满足两个条件:① $\tau \ll t_w$;②从电阻两端取输出电压u_o。

2. 积分电路

如图2.4.2(a)所示电路,且电路的时间常数$\tau = RC \gg t_w$,则该电路在如图2.4.2(b)所示的脉冲序列作用下,电路的输出u_o将是和时间t基本上成直线关系的三角波电压,如图2.4.2(c)所示。

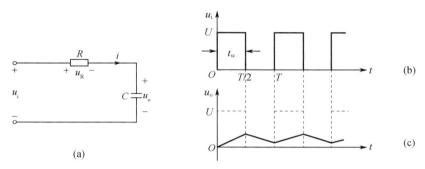

图 2.4.2 RC积分电路及输入、输出波形

由于$\tau \gg t_w$,因此在整个脉冲持续时间内(脉宽t_w时间内),电容两端电压$u_C = u_o$缓慢增加。当u_C还远未增加到稳态值时,脉冲已消失。然后电容缓慢放电,输出电压u_o(即电容电压u_C)缓慢衰减。u_C的增大和衰减虽仍按指数规律变化,由于$\tau \gg t_w$,其变化曲线尚处于指数曲线的初始阶段,近似为直线段,所以输出u_o为三角波电压。

由于电容的充放电过程非常缓慢,所以有

$$u_o = u_C \ll u_R, u_i = u_R + u_o \approx u_R = iR, i = \dfrac{u_R}{R} \approx \dfrac{u_i}{R}$$

$$u_o = u_C = \dfrac{1}{C}\int i\,dt \approx \dfrac{1}{RC}\int u_i\,dt$$

输出电压u_o近似为输入电压u_i对时间的积分,因此称为RC积分电路。积分电路在电子技术中也被广泛应用。当然,在输入周期性矩形脉冲信号作用下,RC积分电路必须满足的两个条件是:①$\tau \gg t_w$;②从电容两端取输出电压u_o。

习　　题

2-1 在题2-1图中,电路原处于稳态。已知$R = 2\Omega$,电压表的内阻$R_V = 2.5\text{k}\Omega$,电源电压$U_S = 4\text{V}$。试求开关S断开瞬间电压表两端的电压。

2-2 在题2-2图所示电路中,已知$U_S = 50\text{V}, R_1 = R_2 = 5\Omega, R_3 = 20\Omega$,电路原已达到稳态。在$t = 0$时断开开关S,试求换路后初始瞬间的$i_L, u_C, u_{R_2}, u_{R_3}, i_C, u_L$。

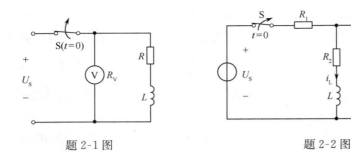

题 2-1 图　　　　　　　　题 2-2 图

2-3　在题 2-3 图所示电路中，开关 S 闭合前电路已处于稳态，在 $t=0$ 时将开关 S 闭合，试求 $t>0$ 时电压 $u_C(t)$ 和电流 $i_C(t)$。

2-4　在题 2-4 图所示电路中，已知 $U_S=20\text{V}$，$R=5\text{k}\Omega$，$C=100\mu\text{F}$，设电容初始储能为零。试求：(1)电路的时间常数 τ；(2)开关 S 闭合后的电流 i、电压 u_C 和 u_R，并作出它们的变化曲线；(3)经过一个时间常数后的电容电压值。

2-5　在题 2-5 图所示电路中，开关 S 闭合前电路已处于稳态，求开关 S 闭合后的响应 u_C。

2-6　如题 2-6 图所示，$t<0$ 时电路处于稳态，在 $t=0$ 时将开关 S_1 打开，S_2 闭合，求 $t>0$ 时电容电压 $u_C(t)$ 和电流 $i(t)$。

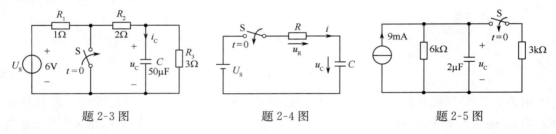

题 2-3 图　　　　　　　题 2-4 图　　　　　　　题 2-5 图

2-7　试用三要素法写出题 2-7 图所示指数曲线的表达式，并指出 $u_C(t)$ 的零输入响应、零状态响应、稳态分量和暂态分量。

2-8　题 2-8 图所示电路原处于稳态。在 $t=0$ 时将开关 S 闭合，已知 $L=2\text{H}$，$C=0.125\text{F}$，试求开关 S 闭合后电路所示的各电流和电压，并画出其变化曲线。

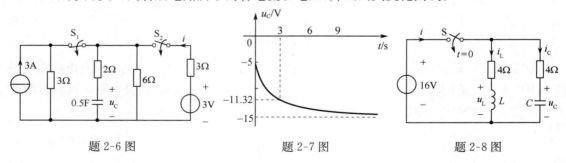

题 2-6 图　　　　　　　题 2-7 图　　　　　　　题 2-8 图

2-9　如题 2-9 图所示，电路原处于稳态。在 $t=0$ 时将开关 S 由位置 1 扳向位置 2，求 $t>0$ 时 $i_L(t)$ 和 $i(t)$，并画出它们随时间变化的曲线。

2-10　有一台直流电动机，其励磁线圈的电阻为 50Ω，当加上额定励磁电压经过 0.1s 后，励磁电流增大到稳态值的 63.2%。求线圈的电感 L。

2-11　如题 2-11 图所示，电路原处于稳态，已知 $U_S=100\text{V}$，$R_1=R_2=4\Omega$，$L=0.4\text{H}$，在

$t=0$ 时将开关 S 断开,求 S 断开后:(1)电路中的电流 i_L;(2)电感的电压 u_L;(3)绘出电流 i_L、电压 u_L 的变化曲线。

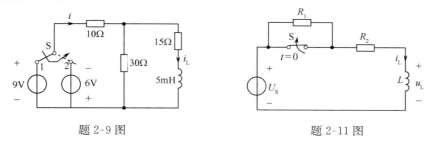

题 2-9 图   题 2-11 图

2-12 如题 2-12 图所示,电路原处于稳态。在 $t=0$ 时将开关 S 闭合,试求 $t>0$ 时 $i_1(t)$、$i_2(t)$ 及流经开关的电流 $i_S(t)$。

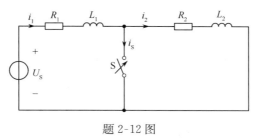

题 2-12 图

第3章 正弦交流电路

直流电源激励下电路的响应,除换路瞬间,电压和电流的大小和方向都是不随时间变化的。但在实际应用中,大量使用的是交变电流电路,即其大小或方向随时间交替变化的电路。按正弦规律变化的电压和电流称为正弦量。在正弦量激励下,达到稳定工作状态的线性电路称为正弦稳态电路或正弦交流电路。正弦交流电路在电力和信息处理领域都有广泛的应用,其基本概念和基本分析方法是学习交流电动机及电子技术的重要基础,应很好掌握。

3.1 正弦量的基本概念

正弦交流电压和电流的数学表达式为

$$u = U_m \sin(\omega t + \psi_u), \quad i = I_m \sin(\omega t + \psi_i) \tag{3-1}$$

式(3-1)是正弦电压和电流的瞬时值表达式,其中 U_m、I_m 为正弦量的最大值或幅值;ω 为角频率;ψ_u、ψ_i 为初相位;幅值、角频率、初相位称为正弦交流量的三要素,即反映数值大小、变化快慢和确定初始状态的三个特征量。

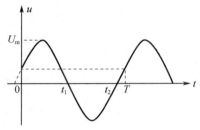

图 3.1.1 正弦电压的波形

以 u 为例,正弦电压的波形如图 3.1.1 所示。在 $0 \sim t_1$ 时间内,$u > 0$,其电压实际方向与参考方向相同;在 $t_1 \sim t_2$ 时间内,$u < 0$,其电压实际方向与参考方向相反。

1. 瞬时值、幅值和有效值

正弦量在任一瞬间的数值称为瞬时值,规定用小写字母表示,如 u、i。正弦量瞬时值中的最大值称为幅值,规定用大写字母加下标 m 表示,如 U_m、I_m。对周期量来说,一个周期内的平均值为零,因此常用有效值来表示其做功能力并度量其"大小"。有效值定义为:当交流电流 i 通过电阻 R 在一个周期 T 内产生的热量与直流电流 I 通过 R 在时间 T 内产生的热量相等时,这个直流电流 I 的数值称为交流电流的有效值,即 $I^2 RT = \int_0^T i^2 R \mathrm{d}t$,则有效值表达式为

$$I = \sqrt{\frac{1}{T} \int_0^T i^2 \mathrm{d}t} \tag{3-2}$$

即交流电流的有效值在大小上等于电流瞬时值的平方在一个周期内的平均值的开方,也称为方均根值。将式(3-1)的正弦电流代入式(3-2)可得

$$I = \sqrt{\frac{1}{T} \int_0^T [I_m \sin(\omega t + \psi_i)]^2 \mathrm{d}t} = \sqrt{\frac{1}{T} \int_0^T \frac{1}{2} I_m^2 [1 - \cos 2(\omega t + \psi_i)] \mathrm{d}t} = \frac{I_m}{\sqrt{2}} = 0.707 I_m$$

同理

$$U = \sqrt{\frac{1}{T} \int_0^T u^2 \mathrm{d}t} = \frac{1}{\sqrt{2}} U_m = 0.707 U_m$$

在工程上,若无特别说明,一般所说的正弦电流或正弦电压都是指有效值。交流电表上指

示的电压、电流,电气设备铭牌上标注的额定值都是有效值。例如,日常生活中交流电压220V是指有效值,其幅值为$\sqrt{2}\times220=311$V。但各种器件和电气设备的耐压值则应按最大值来考虑。

2. 周期、频率和角频率

正弦量变化一周所需的时间称为周期,用 T 表示,单位为秒(s)。正弦量每秒内变化的次数称为频率,用 f 表示,单位为赫兹(Hz)。显然,频率和周期互为倒数关系,即

$$f=\frac{1}{T} \tag{3-3}$$

正弦量在单位时间内变化的弧度称为角频率,用 ω 表示,角频率的单位是弧度/秒(rad/s)。由此可见

$$\omega=\frac{2\pi}{T}=2\pi f \tag{3-4}$$

目前,我国电力系统的工业供电频率为50Hz,这种频率称为工频。对于工频为50Hz的交流电,其周期为0.02s,角频率为314rad/s。美国、日本等少数国家使用60Hz工频。

显然,周期、频率、角频率都是描述正弦量变化快慢的物理量,一般用角频率 ω 描述这一特征(与发电机转动角速度相联系)。

例 3-1 已知交流电压 $u=220\sqrt{2}\sin 314t$ V,(1)求有效值 U 和幅值 U_m;(2)求角频率 ω、频率 f 和周期 T;(3)求第一次出现最大值的时刻 t_1,以及当 $t_2=\frac{1}{300}$s,$t_3=15$ms 时的瞬时值。

解:(1)$U=220$V,$U_m=220\sqrt{2}=311$V

(2) $\omega=314$rad/s,$f=\frac{\omega}{2\pi}=50$Hz,$T=\frac{1}{f}=0.02$s$=20$ms

(3) 当 $\omega t_1=\frac{\pi}{2}$ 时,u 第一次出现最大值,所以 $t_1=\frac{\pi}{2\omega}=0.005s=5$ms

当 $t_2=\frac{1}{300}$s 时,得

$$u=220\sqrt{2}\sin 314\times\frac{1}{300}=269.3\text{V}$$

当 $t_3=15$ms 时,得

$$u=220\sqrt{2}\sin 314\times 15\times 10^{-3}=-311\text{V}$$

3. 相位、初相位和相位差

正弦量任一瞬时的角度($\omega t+\psi$)称为相位角或相位,它与交流量的瞬时值相联系,反映出正弦量变化的进程。

$t=0$ 时的相位角 ψ 称为初相位角或初相位,它是正弦量初始值大小的标志。事实上,初相位的大小与所取的计时起点有关,如果将图 3.1.2 中的计时起点左移到图中虚线处,则初相位 $\psi_u=0$。当然,初相位不同,其起始值也就不同。初相位的单位可以用弧度或度来表示。度与弧度之间的关系为:度$=\frac{180°}{\pi}\times$弧度,规定初相位在 $|\psi|\leqslant\pi$ 的范围内取值。

两个同频率的正弦量在任意瞬时相位的差称为相位差,相位差是区分两个同频率正弦量的重要标志之一。

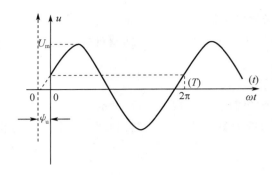

图 3.1.2 角频率与初相位的示意图

例如,$u=U_m\sin(\omega t+\psi_u)$,$i=I_m\sin(\omega t+\psi_i)$,则它们的相位差为

$$\varphi=(\omega t+\psi_u)-(\omega t+\psi_i)=\psi_u-\psi_i \tag{3-5}$$

可见,同频率正弦量的相位差就是其初相位之差。

在分析交流电路时,相位差用来描述两个同频率正弦量在时间上的先后顺序,先经过某一参考值(如正最大值)的称为超前,后经过这一参考值的称为滞后。同频率正弦量的相位差 φ 一般有以下三种情况。

① $\varphi=\psi_u-\psi_i>0$,即 $\psi_u>\psi_i$,这种情况为 u 超前,i 滞后,如图 3.1.3(a)所示。同理,$\varphi=\psi_u-\psi_i<0$ 时,$\psi_u<\psi_i$,i 超前,u 滞后。

② $\varphi=\psi_u-\psi_i=0$,即 $\psi_u=\psi_i$,称为同相位,同相位时两个正弦量同时增,同时减,同时到最大值,同时过零,如图 3.1.3(b)所示。

③ $\varphi=\psi_u-\psi_i=\pm\pi$,称为反相位,如图 3.1.3(c)所示(实际即为方向相反)。

同样,规定相位差 $|\varphi|\leqslant\pi$。

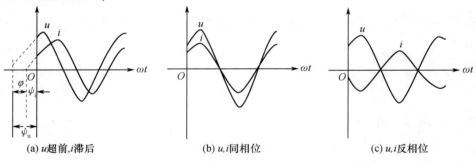

(a) u 超前,i 滞后　　　　　(b) u,i 同相位　　　　　(c) u,i 反相位

图 3.1.3 同频率正弦量的相位关系

需要说明的是,虽然几个同频率正弦量的相位都在随时间不停地变化,但它们之间的相位差不变,且与计时起点的选择无关。

例 3-2 两个同频率的已知交流电流 $i_1=10\sqrt{2}\sin(3140t+60°)$A,$i_2=20\sin(3140t-140°)$A,问哪一个电流超前? 超前角度是多少?

解:因为 $\varphi=60°-(-140°)=200°$,表示 i_1 超前 i_2,超前角度是 $200°$,这个相位差超过 $180°$,所以可采用 i_2 超前 i_1 的说法,超前角度是 $360°-200°=160°$。

3.2 正弦量的相量表示

3.2.1 正弦量的相量表示法

一个正弦量既可以用三角函数的形式来表示,也可以用正弦曲线表示,但是用这两种方法计算正弦交流电路比较麻烦。下面介绍的相量表示法是同频率正弦量运算的简便方法,其基础是复数及其运算。

1. 复数表示形式及其运算

设 A 为一复数,用代数形式表示时,可以写作

$$A = a + jb \tag{3-6}$$

式中,a 是复数的实部,b 是复数的虚部,$j = \sqrt{-1}$ 是虚数的单位(在电工学中,因为 i 已用来表示电流,故用 j 代表虚数的单位)。

在平面上给定的直角坐标系中,用横轴表示复数的实部,纵轴表示复数的虚部,这样的平面称为复平面。横轴称为实轴,记作"+1";纵轴称为虚轴,记作"+j",如图 3.2.1 所示。

用三角形式表示时,复数 A 可以写为

$$A = r\cos\psi + jr\sin\psi = r(\cos\psi + j\sin\psi) \tag{3-7}$$

式中,$a = r\cos\psi$, $b = r\sin\psi$, $r = \sqrt{a^2 + b^2}$, $\tan\psi = b/a$。

利用欧拉公式

$$e^{j\psi} = \cos\psi + j\sin\psi$$

则可以把复数 A 的三角形式表示成指数形式,即

$$A = re^{j\psi} \tag{3-8}$$

在电工学中还常把复数 A 写成极坐标形式

$$A = r\angle\psi \tag{3-9}$$

其中,r 是复数的模,ψ 是复数的辐角。

复数的加、减运算用代数形式进行较为方便。若复数为其他形式,先把它转换成代数形式后,再进行加、减运算。例如,设 $A = a_1 + jb_1$,$B = a_2 + jb_2$,则

$$A \pm B = (a_1 + jb_1) \pm (a_2 + jb_2) = (a_1 \pm a_2) + j(b_1 \pm b_2)$$

复数的加、减运算也可以用平行四边形法则在复平面上用作图法进行,如图 3.2.2 所示,$C = A + B$,$C' = A - B$。

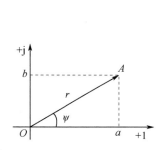

图 3.2.1 复数表示

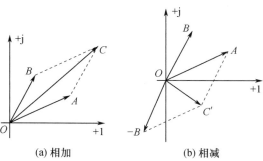

图 3.2.2 复平面上的加减运算

复数的乘、除运算用极坐标形式较为方便。若复数为其他形式,先把它转换成极坐标形式后,再进行乘、除运算。例如,设 $A=r_1\angle\psi_1, B=r_2\angle\psi_2$,则

$$AB=r_1\angle\psi_1 \cdot r_2\angle\psi_2=r_1r_2\angle\psi_1+\psi_2$$

$$\frac{A}{B}=\frac{r_1\angle\psi_1}{r_2\angle\psi_2}=\frac{r_1}{r_2}\angle\psi_1-\psi_2$$

两个代数形式的复数也可以直接相乘,方法如下:

$$A \cdot B=(a_1+jb_1) \cdot (a_2+jb_2)=(a_1a_2-b_1b_2)+j(a_1b_2+a_2b_1)$$

两个代数形式的复数也可以直接相除,方法如下:

$$\frac{A}{B}=\frac{a_1+jb_1}{a_2+jb_2}=\frac{(a_1+jb_1) \cdot (a_2-jb_2)}{(a_2+jb_2) \cdot (a_2-jb_2)}=\frac{a_1a_2+b_1b_2}{a_2^2+b_2^2}+j\frac{a_2b_1-a_1b_2}{a_2^2+b_2^2}$$

例 3-3 已知复数 $A=5\angle 30°, B=7.07-j7.07$,试求 $A+B, A-B, jA \cdot B, -j\frac{A}{B}, A \cdot A^*$。

解:$A+B=5\angle 30°+(7.07-j7.07)=(4.33+j2.5)+(7.07-j7.07)=11.4-j4.57$

$A-B=5\angle 30°-(7.07-j7.07)=(4.33+j2.5)-(7.07-j7.07)=-2.74+j9.57$

$jA \cdot B=j(5\angle 30°) \cdot (7.07-j7.07)=(1\angle 90°) \cdot (5\angle 30°) \cdot (10\angle -45°)=50\angle 75°$

$-j\frac{A}{B}=-j\frac{5\angle 30°}{7.07-j7.07}=1\angle -90° \cdot \frac{5\angle 30°}{10\angle -45°}=0.5\angle -15°$

$A \cdot A^*=(5\angle 30°) \cdot (5\angle -30°)=25\angle 0°=25$

2. 正弦量的相量表示法

由于同频率正弦量的加、减运算和微积分运算后,结果还可以变换为同频率正弦量。因此,同频率正弦量的计算只需考虑有效值或幅值(模)和初相位(辐角)两个要素。用复数表示正弦量后,可以将正弦量的微积分运算转换为复数的乘、除运算,从而使得交流电路的计算大为简化。用复数表示正弦交流量的方法称为相量表示法。

为了与一般的复数相区别,表示正弦量的复数称为相量,并在表示相量的大写字母上方加"·"符号。若

$$u=U_m\sin(\omega t+\psi_u)=\sqrt{2}U\sin(\omega t+\psi_u), i=I_m\sin(\omega t+\psi_i)=\sqrt{2}I\sin(\omega t+\psi_i)$$

其幅值相量可写为

$$\dot{U}_m=U_m e^{j\psi_u}=U_m\angle\psi_u, \dot{I}_m=I_m e^{j\psi_i}=I_m\angle\psi_i \tag{3-10}$$

其有效值相量可写为

$$\dot{U}=Ue^{j\psi_u}=U\angle\psi_u, \dot{I}=Ie^{j\psi_i}=I\angle\psi_i \tag{3-11}$$

注意:相量只是表示正弦量,但并不等于正弦量。正弦量具有幅值、频率和初相位三个特征,正弦量的相量只有模和辐角两个参数,只能表示出正弦量的幅值和初相位,不能将频率表示出来。

按照各个同频率正弦量的大小和相位关系画出的若干个相量的图形,称为相量图。在相量图上能形象地看出各个正弦量的大小和相位关系。借助于相量的复数表示,结合相量图,同频率正弦量的分析与计算可以一步求得其大小与初相位,方便多了。

又因为 $e^{\pm j90°}=\cos 90°\pm j\sin 90°=\pm j$,所以任意一个相量乘以 j 后,即表示逆时针方向旋转 90°,相量若乘以 (-j) 后,即表示顺时针方向旋转 90°,所以将 j 称为旋转 90°的算子。

例 3-4 已知正弦电压和正弦电流的表达式分别为

$$u=300\sqrt{2}\sin\left(314t+\frac{\pi}{3}\right)\text{V},\quad i=10\sin\left(314t-\frac{7\pi}{6}\right)\text{A}$$

试写出正弦电压和正弦电流的有效值相量。

解：正弦电压的有效值相量为 $\quad \dot{U}=300\angle\frac{\pi}{3}\text{V}$

因为 $\quad i=10\sin\left(314t-\frac{7\pi}{6}\right)\text{A}=10\sin\left(314t+\frac{5\pi}{6}\right)\text{A}$

所以正弦电流的有效值相量为

$$\dot{I}=\frac{10}{\sqrt{2}}\angle\frac{5\pi}{6}\text{A}=5\sqrt{2}\angle\frac{5\pi}{6}\text{A}$$

3.2.2 KCL、KVL 的相量形式

KCL 指出：对于电路中的任意节点，在任意时刻，流出或流入该节点的所有支路电流的代数和恒为零。KCL 可以表示为

$$\sum_{k=1}^{n}i_k=\sum_{k=1}^{n}I_{km}\sin(\omega t+\psi_{ik})=0$$

式中，n 为汇于节点的支路数，i_k 为第 k 条支路的电流。

在正弦稳态电路中，各支路电流都是同频率正弦量，只是幅值和初相位不同。根据复数的运算规则，可得 KCL 的相量形式为

$$\sum_{k=1}^{n}\dot{I}_{km}=0 \quad \text{或} \quad \sum_{k=1}^{n}\dot{I}_{k}=0 \tag{3-12}$$

式(3-12)表明，在正弦稳态电路中，连接在电路任一节点的各支路电流相量的代数和为零。但必须注意，各支路电流有效值和幅值一般不满足 KCL。

同理，对于正弦稳态电路中的任意回路，沿任意循行方向绕行一周，所有元件的电压相量的代数和为零。KVL 的相量形式为

$$\sum_{k=1}^{n}\dot{U}_{km}=0 \quad \text{或} \quad \sum_{k=1}^{n}\dot{U}_{k}=0 \tag{3-13}$$

例 3-5 已知 $i_1=16\sqrt{2}\sin(\omega t+60°)\text{A}$，$i_2=12\sqrt{2}\sin(\omega t-30°)\text{A}$，求 $i=i_1+i_2$。

解法一：将其写为有效值相量，用复数进行计算

$$\dot{I}_1=16\angle 60°=16(\cos 60°+\text{j}\sin 60°)=(8+\text{j}8\sqrt{3})\text{A}$$

$$\dot{I}_2=12\angle -30°=12[\cos(-30°)+\text{j}\sin(-30°)]$$

$$=(6\sqrt{3}-\text{j}6)\text{A}$$

则 $\quad \dot{I}=\dot{I}_1+\dot{I}_2=(8+6\sqrt{3})+\text{j}(8\sqrt{3}-6)=20\angle 23.1°\text{A}$

可得 $\quad i=20\sqrt{2}\sin(\omega t+23.1°)\text{A}$

解法二：借助相量图求解

相量图如图 3.2.3 所示。可见

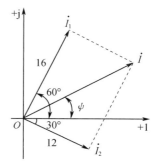

图 3.2.3 例 3-5 的相量图

$$I=\sqrt{I_1^2+I_2^2}=20\text{A},\quad \psi=\arctan\frac{16}{12}-30°=23.1°$$

则 $\quad \dot{I}=20\angle 23.1°\text{A}$

所以 $\quad i=20\sqrt{2}\sin(\omega t+23.1°)\text{A}$

3.3 单一参数的正弦交流电路

电路中的参数一般有电阻 R、电感 L 和电容 C 三种。任何一个实际的电路元件,这三种参数都有。所谓单一参数元件是指忽略其他两种参数的理想化元件,学会分析单一参数元件(电阻 R、电感 L、电容 C)电路后,实际的电路元件就可以看成是单一参数元件的串并联。

3.3.1 线性电阻元件的交流电路

1. 电阻元件的电压与电流的关系

图 3.3.1(a)所示是一个理想的线性电阻电路,其电压、电流的参考方向如图所示。

设电流为 $i=\sqrt{2}I\sin(\omega t+\psi_i)$,根据欧姆定律 $u=iR$,电阻两端的电压为

$$u=iR=\sqrt{2}IR\sin(\omega t+\psi_i)=\sqrt{2}U\sin(\omega t+\psi_u)$$

可以看出,电阻上的电压与电流的关系为:
① 电压、电流是同频率的正弦量;
② 电压、电流的初相位相同,即 $\psi_u=\psi_i$;
③ 电压、电流的有效值关系为 $U=IR$。

若电压与电流均用相量来表示,则

$$\dot{U}=\dot{I}R \tag{3-14}$$

为了分析方便,设 $\psi_i=0$,电阻的电流、电压的波形如图 3.3.1(b)所示,相量图如图 3.3.1(c)所示。

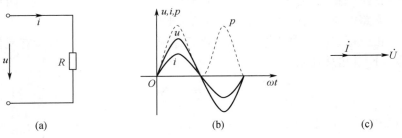

图 3.3.1 线性电阻电路及其波形与相位关系

2. 电阻元件的功率

电阻元件在交流电路中也同样消耗功率。由于电压、电流随时间变化,故各瞬时消耗的功率也不相同。当电压、电流的参考方向一致时,瞬时功率等于电压、电流的瞬时值的乘积,用小写字母 p 表示,单位为瓦特(W)。设 $\psi_i=0$ 时,瞬时功率为

$$p=ui=\sqrt{2}U\sin\omega t \cdot \sqrt{2}I\sin\omega t=2UI\sin^2\omega t$$

电阻元件的功率随时间变化的情况如图 3.3.1(b)中虚线所示,其始终为正值,即始终消耗电能。其在一个周期内的平均值,称为平均功率,又称为有功功率,用大写字母 P 表示,单位为瓦特(W)。即

$$P=\frac{1}{T}\int_0^T p\,dt=\frac{1}{T}\int_0^T 2UI\sin^2\omega t\,dt=UI$$

或

$$P=UI=I^2R=\frac{U^2}{R} \tag{3-15}$$

例如,某灯泡的额定电压是 220V,额定功率是 40W,就是指灯泡接到 220V 电压时,它所消耗的平均功率是 40W。

3.3.2 线性电感元件的交流电路

1. 电感元件的电压与电流的关系

图 3.3.2(a)所示是一个理想的线性电感电路,其电压、电流的参考方向如图所示。

设电流为 $i=\sqrt{2}I\sin(\omega t+\psi_i)$,则由电感元件的伏安特性得

$$u=L\frac{\mathrm{d}i}{\mathrm{d}t}=\sqrt{2}\omega LI\cos(\omega t+\psi_i)=\sqrt{2}\omega LI\sin\left(\omega t+\psi_i+\frac{\pi}{2}\right)=\sqrt{2}U\sin(\omega t+\psi_u) \quad (3\text{-}16)$$

可以看出,电感元件上的电压与电流的关系为:

① 电压、电流是同频率的正弦量;

② 电压在相位上超前电流 90°,即 $\psi_u=\psi_i+\frac{\pi}{2}$;

③ 电压、电流的有效值关系为 $U=IX_L=I\omega L$。

其中,$X_L=\omega L=2\pi fL$,称为电感元件的感抗,单位为欧姆(Ω)。在电感一定的情况下,电感的感抗与频率成正比,只有在一定的频率下,感抗才是一个常量。对于直流,频率为零,感抗为零,电感相当于短路。当 $f\to\infty$ 时,感抗也趋于无限大,电感相当于开路。所以电感元件在电路中具有通直流($f=0$)、阻碍高频交流的作用。电感元件的感抗随频率变化的关系如图 3.3.3 所示。

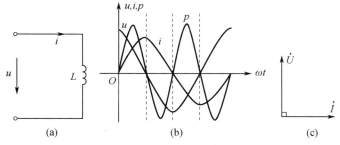
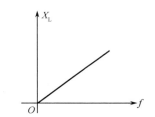

图 3.3.2 线性电感电路及其波形与相位关系　　图 3.3.3 电感元件的频率特性

如果用相量表示电压和电流,则

$$\dot{U}=\mathrm{j}\omega L\dot{I} \quad (3\text{-}17)$$

引入感抗以后,其相量表达式为

$$\dot{U}=\dot{I}\cdot\mathrm{j}X_L \quad (3\text{-}18)$$

其中,$\mathrm{j}X_L=\dfrac{\dot{U}}{\dot{I}}=\dfrac{U\angle 90°}{I\angle 0°}=\dfrac{U}{I}\angle 90°$,称为复感抗。

为了分析方便,设 $\psi_i=0$,电感元件的电流、电压的波形如图 3.3.2(b)所示,相量图如图 3.3.2(c)所示。

2. 电感元件的功率

线性电感元件在交流电路中的瞬时功率为(设 $\psi_i=0$)

$$p=ui=\sqrt{2}U\cos\omega t\cdot\sqrt{2}I\sin\omega t=UI\sin 2\omega t$$

可见,电感元件的瞬时功率是以 2ω 为角频率随时间变化的交变量,其随时间变化的波形

如图 3.3.2(b)所示。$p>0$ 表示电源输出电能给线圈，$p<0$ 说明线圈释放出磁能送回电源。对理想线性电感而言，因为没有内阻，所以不会消耗能量，其有功功率为

$$P = \frac{1}{T}\int_0^T p\,\mathrm{d}t = \frac{1}{T}\int_0^T UI\sin 2\omega t\,\mathrm{d}t = 0$$

电感元件上电压的有效值为 U，电流有效值为 I，但平均功率却为零，这是由于电压与电流在相位上恰好相差 $90°$ 的缘故。为了表达这种电磁互换的规模，将瞬时功率的幅值定义为无功功率，用 Q_L 表示，即

$$Q_L = UI = I^2 X_L = \frac{U^2}{X_L} \tag{3-19}$$

为从概念上与有功功率区别，无功功率的单位用乏(var)表示。

例 3-6 把一个 $L=19.1\mathrm{mH}$ 电感元件接到电压为 $u=220\sqrt{2}\sin(314t-30°)\mathrm{V}$ 的电源上，(1)试求电感元件的电流表达式和无功功率；(2)若电源的频率改为 $100\mathrm{Hz}$，电压有效值不变，电感元件的电流有效值为多少？

解：(1) 电压相量　　　　　$\dot{U} = 220\angle -30°\mathrm{V}$

感抗　　　　　$X_L = \omega L = 314 \times 19.1 \times 10^{-3} = 6\Omega$

电流相量　　　　　$\dot{I} = \dfrac{\dot{U}}{jX_L} = \dfrac{220\angle -30°}{6\angle 90°} = 36.67\angle -120°\mathrm{A}$

电流　　　　　$i = 36.67\sqrt{2}\sin(314t-120°)\mathrm{A}$

无功功率　　　　　$Q_L = UI = 220 \times 36.67 = 8067.4\,\mathrm{var}$

(2) 电感的感抗与频率成正比，电源的频率改为 $100\mathrm{Hz}$，感抗增大为原来的 2 倍，电压有效值不变，电流有效值减小为原来的二分之一，即 $36.67/2 = 18.335\mathrm{A}$。

3.3.3　线性电容元件的交流电路

1. 电容元件的电压与电流的关系

图 3.3.4(a)所示是一个理想的线性电容电路，其电压、电流的参考方向如图所示。设电压为 $u=\sqrt{2}U\sin(\omega t + \psi_u)$，则由电容元件的伏安特性得

$$i = C\frac{\mathrm{d}u}{\mathrm{d}t} = \sqrt{2}\omega CU\cos(\omega t+\psi_u) = \sqrt{2}\omega CU\sin\left(\omega t+\psi_u+\frac{\pi}{2}\right) = \sqrt{2}I\sin(\omega t+\psi_i) \tag{3-20}$$

可以看出，电容元件上的电压与电流的关系为：

① 电压、电流是同频率的正弦量；

② 电流在相位上超前电压 $90°$，即 $\psi_i = \psi_u + \dfrac{\pi}{2}$；

③ 电压、电流的有效值关系为 $I = U\omega C = U/X_C$。

其中，$X_C = \dfrac{1}{\omega C} = \dfrac{1}{2\pi f C}$，称为容抗，单位为欧姆($\Omega$)。在电容一定的情况下，电容的容抗与频率成反比，只有在一定的频率下，容抗才是一个常量。对于直流，频率为零，容抗为无限大，电容相当于开路。当 $f\to\infty$ 时，容抗趋于零，电容相当于短路。电容元件具有通高频交流、隔直流的作用。电容元件的容抗与频率的关系如图 3.3.5 所示。

如果用相量表示电压和电流，则

$$\dot{I} = j\omega C \dot{U} \tag{3-21}$$

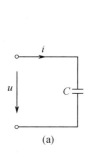 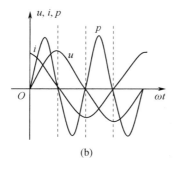  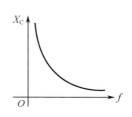

图 3.3.4 线性电容电路及其波形与相位关系　　　图 3.3.5 电容元件的频率特性

引入容抗以后,其相量表达式为

$$\dot{U}=\dot{I}\cdot(-\mathrm{j}X_\mathrm{C}) \tag{3-22}$$

其中,$-\mathrm{j}X_\mathrm{C}=\dfrac{\dot{U}}{\dot{I}}=\dfrac{U}{I}\angle-90°$,称为复容抗。

为了分析方便,设 $\psi_\mathrm{u}=0$,电容元件的电流、电压的波形如图 3.3.4(b)所示,相量图如图 3.3.4(c)所示。

2. 电容元件的功率

线性电容元件在交流电路中的瞬时功率为(设 $\psi_\mathrm{u}=0$)

$$p=ui=\sqrt{2}U\sin\omega t\,\sqrt{2}I\cos\omega t=UI\sin 2\omega t$$

可见,电容元件的瞬时功率也是以 2ω 为角频率随时间变化的交变量,其波形如图 3.3.4(b)所示。$p>0$ 表示电容被充电,$p<0$ 说明电容释放电能送回电源。理想线性电容元件也不消耗电能,其有功功率

$$P=\frac{1}{T}\int_0^T p\,\mathrm{d}t=\frac{1}{T}\int_0^T UI\sin 2\omega t\,\mathrm{d}t=0$$

电容元件上电压的有效值为 U,电流有效值为 I,但平均功率却为零,这是由于电压与电流在相位上恰好相差 90°的缘故。为了表示这种能量互换的规模,用无功功率来衡量,它等于瞬时功率的幅值。

为了同电感元件的无功功率相比较,同样设电流 $i=\sqrt{2}I\sin\omega t$ 为参考正弦量,则

$$u=\sqrt{2}U\sin(\omega t-90°)$$

于是

$$p=ui=-UI\sin 2\omega t$$

电容元件的无功功率

$$Q_\mathrm{C}=UI=I^2X_\mathrm{C}=\frac{U^2}{X_\mathrm{C}} \tag{3-23}$$

单位也为乏(var)。

例 3-7　把一个 $2\mu\mathrm{F}$ 电容元件加到电压为 $u=15\sqrt{2}\sin(10^6 t+60°)\mathrm{V}$ 的电源上,试求:(1)电容元件的电流表达式;(2)电容元件的有功功率和无功功率。

解:(1) 电压相量　　　　　　　$\dot{U}=15\angle 60°\mathrm{V}$

容抗　　　　　　　　　　$X_\mathrm{C}=\dfrac{1}{\omega C}=\dfrac{1}{10^6\times 2\times 10^{-6}}=0.5\,\Omega$

电流相量 $$\dot{I}=\frac{\dot{U}}{-jX_C}=\frac{15\angle 60°}{0.5\angle -90°}=30\angle 150° \text{A}$$

电流 $$i=30\sqrt{2}\sin(10^6 t+150°)\text{A}$$

(2) 有功功率 $P=0\text{W}$，无功功率为

$$Q_C=UI=15\times 30=450\text{var}$$

3.4 电阻、电感与电容元件的串并联交流电路

3.4.1 电阻、电感与电容元件的串联交流电路

图 3.4.1(a)是一个由 R、L 和 C 串联组成的电路。当电路在正弦电压 $u(t)$ 的激励下，有正弦电流 $i(t)$ 通过，而且在各元件上引起的响应 $u_R(t)$、$u_L(t)$ 和 $u_C(t)$ 也是同频率的正弦量。根据 KVL，有

$$u=u_R+u_L+u_C=iR+L\frac{di}{dt}+\frac{1}{C}\int i dt$$

由单一参数交流电路的相量形式有：$\dot{U}_R=\dot{I}R$，$\dot{U}_L=\dot{I}(jX_L)$，$\dot{U}_C=\dot{I}(-jX_C)$，并且电路中的电压、电流可用相量表示，各元件的参数可用复数表示，即可作出与原电路对应的相量模型，如图 3.4.1(b)所示。

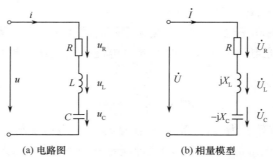

(a) 电路图 (b) 相量模型

图 3.4.1 RLC 串联电路

根据 KVL 的相量形式有

$$\dot{U}=\dot{U}_R+\dot{U}_L+\dot{U}_C \tag{3-24}$$

总电压的相量形式为

$$\dot{U}=\dot{U}_R+\dot{U}_L+\dot{U}_C=\dot{I}R+\dot{I}(jX_L)+\dot{I}(-jX_C)$$

$$=\dot{I}[R+j(X_L-X_C)]=\dot{I}Z \tag{3-25}$$

其中 $$Z=R+j(X_L-X_C)=R+jX \tag{3-26}$$

称为电路的复阻抗；X 称为电抗（感抗与容抗统称为电抗）。电抗是一个代数量，可正可负，它不是相量，而是复数。

设 $X_L>X_C$，从而 $U_L>U_C$，设 $\dot{I}=I\angle 0°$，则相量关系如图 3.4.2(a)所示。由图 3.4.2(a)可见，各电压有效值之间的关系为

$$U=\sqrt{U_R^2+(U_L-U_C)^2} \tag{3-27}$$

且 U、U_R 和 (U_L-U_C) 之间的关系构成了一个直角三角形,如图 3.4.3 所示。

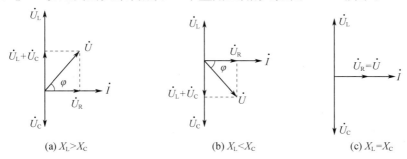

图 3.4.2 RLC 串联电路的相量图

又由 $Z=\dfrac{\dot{U}}{\dot{I}}=\dfrac{U\angle\psi_u}{I\angle\psi_i}=\dfrac{U}{I}\angle\varphi=|Z|\angle\varphi$,则有

$$|Z|=\dfrac{U}{I}=\sqrt{R^2+X^2}=\sqrt{R^2+(X_L-X_C)^2} \qquad (3\text{-}28)$$

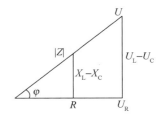

图 3.4.3 电压和阻抗三角形

$|Z|$ 是复阻抗的(模)大小,称为阻抗。φ 是复阻抗的辐角,又称为阻抗角。可见,$|Z|$、R、$X=(X_L-X_C)$ 三者之间也具有上述直角三角形的关系,如图 3.4.3 所示。且

$$\varphi=\psi_u-\psi_i=\arctan\dfrac{X_L-X_C}{R} \qquad (3\text{-}29)$$

由式(3-29)可见:

当 $X_L>X_C$ 时,$\varphi>0$,$\dot{U}$ 超前于 $\dot{I}$,如图 3.4.2(a)所示,电路呈电感性质,称为感性电路;

当 $X_L<X_C$ 时,$\varphi<0$,$\dot{U}$ 滞后于 $\dot{I}$,如图 3.4.2(b)所示,电路呈电容性质,称为容性电路;

而 $X_L=X_C$ 时,$\varphi=0$,$\dot{U}$ 与 $\dot{I}$ 同相,电路呈纯阻性,称为谐振电路。电阻、电感与电容元件的串联交流电路发生谐振时,具有以下特点:

(1) 电路中的电抗为零,因此阻抗最小,数值上等于电阻 R。

$$|Z_0|=\sqrt{R^2+(X_L-X_C)^2}=R$$

(2) 电压有效值一定时,由于阻抗最小,因而电路中的电流最大。

$$I_0=\dfrac{U}{\sqrt{R^2+(X_L-X_C)^2}}=\dfrac{U}{R}$$

(3) 谐振时电感与电容上的电压大小相等、相位相反,即 $\dot{U}_L=-\dot{U}_C$。当 $X_L=X_C\gg R$ 时,$U_L=U_C\gg U$,也就是说,电感或电容上的电压将远大于电路的总电压,因此串联谐振又称为电压谐振,电路的相量图如图 3.4.2(c)所示。

例 3-8 RLC 串联电路如图 3.4.1 所示,已知 $u=220\sqrt{2}\sin(314t+30°)\text{V}$,$R=30\Omega$,$L=254\text{mH}$,$C=80\mu\text{F}$。计算:(1)感抗、容抗及阻抗;(2)电流的有效值 I 及瞬时值 i;(3)U_R、U_L、U_C 及 u_R、u_L、u_C;(4)画出相量图。

解:(1) 感抗 $\qquad X_L=\omega L=314\times 254\times 10^{-3}=80\Omega$

容抗 $\qquad X_C=\dfrac{1}{\omega C}=\dfrac{1}{314\times 80\times 10^{-6}}=40\Omega$

复阻抗 $\qquad Z=R+\text{j}(X_L-X_C)=30+\text{j}(80-40)=(30+\text{j}40)\Omega$

阻抗 $|Z|=\sqrt{R^2+(X_L-X_C)^2}=50\Omega$

(2) $\dot{I}=\dfrac{\dot{U}}{Z}=\dfrac{220\angle 30°}{30+\mathrm{j}40}=4.4\angle -23.1°\mathrm{A}$

所以 $I=4.4\mathrm{A},i=4.4\sqrt{2}\sin(314t-23.1°)\mathrm{A}$

(3) $\dot{U}_R=\dot{I}R=4.4\angle -23.1°\times 30=132\angle -23.1°\mathrm{V}$

$\dot{U}_L=\dot{I}(\mathrm{j}X_L)=4.4\angle -23.1°\times 80\angle 90°=352\angle 66.9°\mathrm{V}$

$\dot{U}_C=\dot{I}(-\mathrm{j}X_C)=4.4\angle -23.1°\times 40\angle -90°$
$=176\angle -113.1°\mathrm{V}$

所以 $U_R=132\mathrm{V}, U_L=352\mathrm{V}, U_C=176\mathrm{V}$

$u_R=132\sqrt{2}\sin(314t-23.1°)\mathrm{V}$

$u_L=352\sqrt{2}\sin(314t+66.9°)\mathrm{V}$

$u_C=176\sqrt{2}\sin(314t-113.1°)\mathrm{V}$

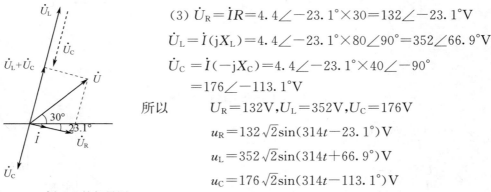

图 3.4.4 例 3-8 的相量图

(4) 电流和各电压的相量图如图 3.4.4 所示。

3.4.2 电阻、电感与电容元件的并联交流电路

图 3.4.5(a)是一个由 R、L 和 C 并联组成的电路。当电路在正弦电压 u(t)的激励下,在各元件上引起的响应 $i_R(t)$、$i_L(t)$ 和 $i_C(t)$ 也是同频率的正弦量。各支路电流分别表示为

$$\dot{I}_R=\dfrac{\dot{U}}{R},\ \dot{I}_L=\dfrac{\dot{U}}{\mathrm{j}X_L}=-\mathrm{j}\dfrac{\dot{U}}{X_L},\ \dot{I}_C=\dfrac{\dot{U}}{-\mathrm{j}X_C}=\mathrm{j}\dfrac{\dot{U}}{X_C}$$

并且电路中的电压、电流可用相量表示,各元件的参数可用复数表示,即可作出与原电路对应的相量模型,如图 3.4.5(b)所示。

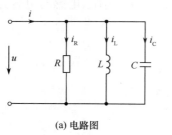
(a) 电路图

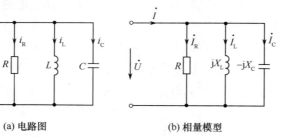
(b) 相量模型

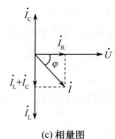
(c) 相量图

图 3.4.5 RLC 并联电路

根据 KCL 的相量形式有

$$\dot{I}=\dot{I}_R+\dot{I}_L+\dot{I}_C \tag{3-30}$$

总电流的相量形式为

$$\dot{I}=\dot{I}_R+\dot{I}_L+\dot{I}_C=\dfrac{\dot{U}}{R}-\mathrm{j}\dfrac{\dot{U}}{X_L}+\mathrm{j}\dfrac{\dot{U}}{X_C}=\dot{U}\left[\dfrac{1}{R}+\mathrm{j}\left(\dfrac{1}{X_C}-\dfrac{1}{X_L}\right)\right] \tag{3-31}$$

设 $X_C>X_L$,从而 $I_L>I_C$,设 $\dot{U}=U\angle 0°$,则相量图如图 3.4.5(c)所示。由相量图可知,$\dot{U}$ 超前于 $\dot{I}$,电路呈电感性质,称为感性电路。总电流的有效值为

$$I=\sqrt{I_R^2+(I_L-I_C)^2}=U\sqrt{\left(\dfrac{1}{R}\right)^2+\left(\dfrac{1}{X_L}-\dfrac{1}{X_C}\right)^2} \tag{3-32}$$

电路中电压与电流的相位差为

$$\varphi=\psi_u-\psi_i=\arctan\frac{I_L-I_C}{I_R}=\arctan\frac{\frac{1}{X_L}-\frac{1}{X_C}}{\frac{1}{R}} \qquad (3\text{-}33)$$

设 $X_L>X_C$,从而 $I_C>I_L$,$\dot{U}$ 滞后于 $\dot{I}$,电路呈电容性质,称为容性电路。

设 $X_L=X_C$,从而 $I_C=I_L$,$\dot{U}$ 与 $\dot{I}$ 同相,电路呈纯阻性,称为谐振电路。

例 3-9 试用相量图法求图 3.4.6 所示交流电路中未知电流表 A_0 的读数。

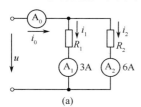
(a)
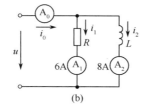
(b)
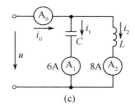
(c)

图 3.4.6 例 3-9 的电路图

解:设电压 $\dot{U}=U\angle 0°$ 为参考量,其相量图如图 3.4.7 所示,可得:
(a) $I_0=I_1+I_2=3+6=9\text{A}$
(b) $I_0=\sqrt{I_1^2+I_2^2}=\sqrt{6^2+8^2}=10\text{A}$
(c) $I_0=I_2-I_1=8-6=2\text{A}$

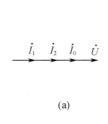
(a)
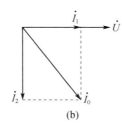
(b)
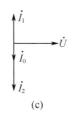
(c)

图 3.4.7 例 3-9 的相量图

3.5 复阻抗电路

3.5.1 复阻抗的串联电路

图 3.5.1 所示电路为两个复阻抗串联。设 $Z_1=R_1+jX_1$,$Z_2=R_2+jX_2$,根据 KVL,有

$$\dot{U}=\dot{U}_1+\dot{U}_2=\dot{I}Z_1+\dot{I}Z_2=\dot{I}(Z_1+Z_2)=\dot{I}Z$$

可得等效复阻抗

$$Z=Z_1+Z_2=(R_1+R_2)+j(X_1+X_2)=|Z|\angle\varphi \qquad (3\text{-}34)$$

其中 $|Z|=\sqrt{(R_1+R_2)^2+(X_1+X_2)^2}$,$\varphi=\arctan\dfrac{X_1+X_2}{R_1+R_2}$。

分压公式

$$\dot{U}_1=\frac{Z_1}{Z_1+Z_2}\dot{U},\quad \dot{U}_2=\frac{Z_2}{Z_1+Z_2}\dot{U} \qquad (3\text{-}35)$$

注意：$U \neq U_1 + U_2$，$|Z| \neq |Z_1| + |Z_2|$。

例 3-10 图 3.5.2(a)所示为一个 RC 移相电路，其输出电压将比输入电压移动一个相位角。已知 $C = 0.1\mu F$，$R = 2k\Omega$，输入电压为正弦信号源，$U_1 = 1V$，$f = 500Hz$，试求输出开路电压。

解： 容抗为

$$X_C = \frac{1}{2\pi f C} = \frac{1}{2\pi \times 500 \times 0.1 \times 10^{-6}} = 3.2k\Omega$$

根据式(3-35)可得 $\dot{U}_2 = \frac{R}{R - jX_C}\dot{U}_1$，则

$$U_2 = \frac{R}{\sqrt{R^2 + X_C^2}}U_1 = \frac{2}{\sqrt{2^2 + 3.2^2}} \times 1 = 0.53V$$

以 $\dot{I}$ 为参考相量作相量图，如图 3.5.2(b)所示，可见输出电压超前输入电压 φ 角，由阻抗(电压)三角形可得 $\varphi = \arctan\frac{X_C}{R} = 58°$，即输出电压超前输入电压 $58°$。

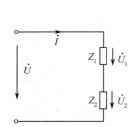

图 3.5.1 复阻抗串联电路

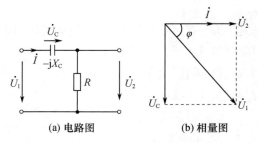

(a) 电路图　　(b) 相量图

图 3.5.2 例 3-10 的电路图及相量图

3.5.2 复阻抗的并联电路

图 3.5.3 所示电路为两个复阻抗并联。设 $Z_1 = R_1 + jX_1$，$Z_2 = R_2 + jX_2$，根据 KCL，有

$$\dot{I} = \dot{I}_1 + \dot{I}_2 = \frac{\dot{U}}{Z_1} + \frac{\dot{U}}{Z_2} = \dot{U}\left(\frac{1}{Z_1} + \frac{1}{Z_2}\right) = \frac{\dot{U}}{Z}$$

可得等效复阻抗

$$\frac{1}{Z} = \frac{1}{Z_1} + \frac{1}{Z_2}, \quad 即 \quad Z = \frac{Z_1 Z_2}{Z_1 + Z_2} \tag{3-36}$$

分流公式

$$\dot{I}_1 = \frac{Z_2}{Z_1 + Z_2}\dot{I}, \quad \dot{I}_2 = \frac{Z_1}{Z_1 + Z_2}\dot{I} \tag{3-37}$$

注意：$I \neq I_1 + I_2$，$\frac{1}{|Z|} \neq \frac{1}{|Z_1|} + \frac{1}{|Z_2|}$。

例 3-11 电路如图 3.5.4 所示，已知理想电流源 $\dot{I}_S = 60\angle 45° A$，求电流 $\dot{I}_1$，$\dot{I}_2$。

解： 令 $Z_1 = -j4\Omega$，$Z_2 = 3 + j4\Omega$，根据式(3-37)可得

$$\dot{I}_1 = \frac{Z_2}{Z_1 + Z_2}\dot{I}_S = \frac{3 + j4}{-j4 + 3 + j4} \times 60\angle 45° = 100\angle 98° A$$

$$\dot{I}_2 = \frac{Z_1}{Z_1 + Z_2}\dot{I}_S = \frac{-j4}{-j4 + 3 + j4} \times 60\angle 45° = 80\angle -45° A$$

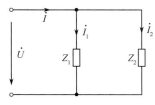
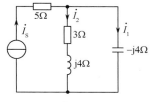

图 3.5.3 复阻抗并联电路　　　　图 3.5.4 例 3-11 的电路图

3.5.3 复阻抗的混联电路

由以上分析与计算可以推证,在正弦交流电路中,所有电压和电流用相量形式,各个元件都用复阻抗形式,不仅复阻抗混联电路的运算类似于直流电路,即使对于复杂交流电路,第 1 章所介绍的电路基本定律与分析方法也是适用的。

例 3-12 电路如图 3.5.5(a)所示,其中 $u_S(t)=100\sqrt{2}\sin 5000t\,\mathrm{V}$,求电流 $i(t)$,$i_L(t)$,$i_C(t)$。

解: 电源电压相量和容抗、感抗分别为

$$\dot{U}_S=100\angle 0°\mathrm{V},\ X_C=\frac{1}{\omega C}=\frac{1}{5000\times 0.1\times 10^{-6}}=2\mathrm{k\Omega},\ X_L=\omega L=5000\times 1=5\mathrm{k\Omega}$$

画出电路相量模型,如图 3.5.5(b)所示。

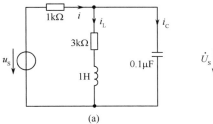
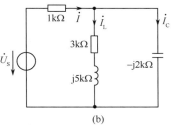

(a)　　　　　　　　　　(b)

图 3.5.5　例 3-12 的电路图及相量模型

设 RL 串联支路的复阻抗为 Z_1,电容支路的复阻抗为 Z_2,Z_1、Z_2 并联复阻抗为 Z_{12},则

$$Z_1=(3+\mathrm{j}5)\mathrm{k\Omega},\ Z_2=-\mathrm{j}2\mathrm{k\Omega}$$

$$Z_{12}=\frac{Z_1 Z_2}{Z_1+Z_2}=\frac{(3+\mathrm{j}5)\times(-\mathrm{j}2)}{3+\mathrm{j}5-\mathrm{j}2}=(0.633-\mathrm{j}2.66)\mathrm{k\Omega}$$

$$\dot{I}=\frac{\dot{U}_S}{1+Z_{12}}=\frac{100\angle 0°}{1+0.633-\mathrm{j}2.66}=31.8\angle 58°\mathrm{mA}$$

$$\dot{I}_L=\frac{Z_2}{Z_1+Z_2}\dot{I}=\frac{-\mathrm{j}2}{3+\mathrm{j}5-\mathrm{j}2}\times 31.8\angle 58°=15\angle -77°\mathrm{mA}$$

$$\dot{I}_C=\frac{Z_1}{Z_1+Z_2}\dot{I}=\frac{3+\mathrm{j}5}{3+\mathrm{j}5-\mathrm{j}2}\times 31.8\angle 58°=43.7\angle 72°\mathrm{mA}$$

所以

$$i(t)=31.8\sqrt{2}\sin(5000t+58°)\mathrm{mA}$$

$$i_L(t)=15\sqrt{2}\sin(5000t-77°)\mathrm{mA}$$

$$i_C(t)=43.7\sqrt{2}\sin(5000t+72°)\mathrm{mA}$$

3.6 交流电路的功率

3.6.1 电路的功率

设正弦稳态电路中,二端网络的电压和电流为关联参考方向,有

$$u=U_m\sin(\omega t+\psi_u), i=I_m\sin(\omega t+\psi_i)$$

则二端网络的瞬时功率为

$$p=ui=U_m\sin(\omega t+\psi_u)\cdot I_m\sin(\omega t+\psi_i)=\sqrt{2}U\sin(\omega t+\psi_u)\cdot\sqrt{2}I\sin(\omega t+\psi_i)$$
$$=UI[\cos(\psi_u-\psi_i)-\cos(2\omega t+\psi_u+\psi_i)] \tag{3-38}$$

为了分析方便,设 $\psi_i=0$,因为 $\psi_u-\psi_i=\varphi$,则 $\psi_u=\varphi$,式(3-38)可表示为

$$p=ui=UI\cos\varphi-UI\cos(2\omega t+\varphi) \tag{3-39}$$

平均功率(有功功率)定义为

$$P\stackrel{def}{=}\frac{1}{T}\int_0^T p\,dt=\frac{1}{T}\int_0^T[UI\cos\varphi-UI\cos(2\omega t+\varphi)]dt=UI\cos\varphi \tag{3-40}$$

无功功率定义为

$$Q\stackrel{def}{=}UI\sin\varphi \tag{3-41}$$

在交流电路中,将电压与电流的有效值相乘,称为视在功率 S,即

$$S\stackrel{def}{=}UI \tag{3-42}$$

瞬时功率和有功功率的单位为瓦特(W),无功功率的单位为乏(var)。为了区别于有功功率和无功功率,视在功率的单位为伏安(VA)。电力设备的容量通常就是用额定电压和额定电流的乘积(额定视在功率)来规定的。

由式(3-40)、式(3-41)、式(3-42)不难看出:$P=S\cos\varphi$,$Q=S\sin\varphi$,从而

$$S=\sqrt{P^2+Q^2} \tag{3-43}$$

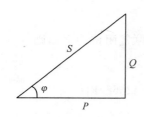

图 3.6.1 功率三角形

显然,有功功率、无功功率和视在功率也可以一个直角三角形(功率三角形)来表示,如图 3.6.1 所示。功率三角形与电压三角形、阻抗三角形是相似三角形。由电压三角形同除以 I 便是阻抗三角形,同乘以 I 便是功率三角形。

而

$$\cos\varphi=\frac{P}{S} \tag{3-44}$$

$\cos\varphi$ 称为功率因数,它反映了有功功率的利用率,是电力供电系统中一个非常重要的质量参数。在这个意义上,φ 又被称为功率因数角。

如果电路中同时接有若干个不同功率因数的负载,电路总的有功功率为各负载有功功率的算术和,总的无功功率为各负载无功功率的代数和。当负载为感性负载时,无功功率为正值;当负载为容性负载时,无功功率为负值。即

$$P=P_1+P_2+\cdots+P_n \tag{3-45}$$

$$Q=Q_1+Q_2+\cdots+Q_n \tag{3-46}$$

$$S=UI=\sqrt{P^2+Q^2} \tag{3-47}$$

例 3-13 计算例 3-12 中的有功功率、无功功率和视在功率。

解：例 3-12 中已经求得

$$\dot{I}=31.8\angle 58°\text{mA}, \dot{I}_\text{L}=15\angle -77°\text{mA}, \dot{I}_\text{C}=43.7\angle 72°\text{mA}$$

方法一：利用式(3-40)、式(3-41)、式(3-42)可求得

$$P=U_\text{S}I\cos\varphi=100\times 31.8\times 10^{-3}\cos(-58°)=1.685\text{W}\approx 1.69\text{W}$$

$$Q=U_\text{S}I\sin\varphi=100\times 31.8\times 10^{-3}\sin(-58°)=-2.697\text{var}\approx -2.7\text{var}$$

$$S=U_\text{S}I=100\times 31.8\times 10^{-3}=3.18\text{VA}$$

方法二：利用式(3-45)、式(3-46)、式(3-47)可求得

$$P_1=(31.8\times 10^{-3})^2\times 1\times 10^3=1.011\text{W}$$

$$P_2=(15\times 10^{-3})^2\times 3\times 10^3=0.675\text{W}$$

$$P=P_1+P_2=1.011+0.675=1.686\text{W}\approx 1.69\text{W}$$

$$Q_\text{L}=(15\times 10^{-3})^2\times 5\times 10^3=1.125\text{var}$$

$$Q_\text{C}=-(43.7\times 10^{-3})^2\times 2\times 10^3=-3.819\text{var}$$

$$Q=Q_\text{L}+Q_\text{C}=1.125-3.819=-2.694\text{var}\approx -2.7\text{var}$$

$$S=\sqrt{P^2+Q^2}=\sqrt{1.69^2+(-2.7)^2}=3.18\text{VA}$$

3.6.2 功率因数的提高

生产中大量使用电动机等感性的电气设备，它们的功率因数小于1，有时甚至很低。如果负载的功率因数较低，就会产生下面的问题：在负载有功功率 P 和供电电压 U 一定的情况下，由于 $P=UI\cos\varphi$，所以 $\cos\varphi$ 越低，所需的供电电流就越大。这样，势必使输电线路上的压降和损耗增加，影响供电质量和浪费能量。从交流电源的角度讲，如果输出电压和电流均为额定值，那么功率因数越低，供给负载的有功功率就越小，无功功率相应地就越大，使发电设备的容量不能得到充分利用。鉴于以上原因，从节能和充分利用发电能力的角度出发，供电部门对用电企业的总的功率因数提出一定要求：比如高压供电的企业，功率因数不低于0.95，其他企业不低于0.9。

提高功率因数的首要任务是减小电源与负载间的无功互换规模，而不改变原负载的工作状态。因此，感性负载需并联容性元件去补偿其无功功率；容性负载则需并联感性元件进行补偿。一般企业大多数为感性负载，下面以感性负载并联电容元件为例，分析提高功率因数的过程。

感性负载并联电容提高功率因数的电路如图 3.6.2(a)所示。以电压为参考相量作出如图 3.6.2(b)所示的相量图，其中 φ_1 为原感性负载的阻抗角，φ 为并联电容 C 后电压 $\dot{U}$ 与线路总电流 $\dot{I}$ 的相位差。显然，并联电容 C 后，线路总电流减小，负载电流与负载的功率因数仍不变，而线路的功率因数提高。

由图 3.6.2(b)还可以看出，其有功分量(与 $\dot{U}$ 同相的分量) $I_1\cos\varphi_1=I\cos\varphi$ 不变。无功分量(与 $\dot{U}$ 垂直的分量)变小，实际是由电容 C 补偿了一部分无功分量。即有功功率 P 不变，无功功率 Q 减小，显然提高了电源的有功利用率。

若 C 值增大，I_C 也将增大，I 将进一步减小，但并不是 C 越大、I 越小。再增大 C，$\dot{I}$ 将超前 $\dot{U}$ 成为容性。一般将补偿为另一种性质的情况称为过补偿，补偿后仍为同样性质的情况称为欠补偿，而恰好补偿为阻性($\dot{U}$ 与 $\dot{I}$ 同相位)的情况称为完全补偿。

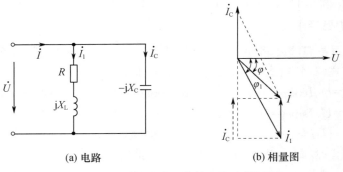

(a) 电路　　　　　　　　　(b) 相量图

图 3.6.2　提高功率因数的电路及相量图

由图 3.6.2(b)中的无功分量可得到

$$I_C = I_1\sin\varphi_1 - I\sin\varphi = \frac{P}{U\cos\varphi_1}\sin\varphi_1 - \frac{P}{U\cos\varphi}\sin\varphi = \frac{P}{U}(\tan\varphi_1 - \tan\varphi)$$

又因为 $I_C = \dfrac{U}{X_C} = \omega CU$，故

$$C = \frac{P}{\omega U^2}(\tan\varphi_1 - \tan\varphi) \tag{3-48}$$

C 即为把功率因数 $\cos\varphi_1$ 提高到 $\cos\varphi$ 所需并入电容的电容量。

例 3-14　电路如图 3.6.2(a)所示，已知感性负载的功率因数 $\cos\varphi_1 = 0.5$，功率为 5kW，电源电压为 380V，频率为 50Hz。若将功率因数提高到 $\cos\varphi = 0.95$，计算所需并联的电容值，并比较并联电容前后的电源电流。

解：由 $\cos\varphi_1 = 0.5$ 和 $\cos\varphi = 0.95$ 求得 $\varphi_1 = 60°$，$\varphi = 18.2°$，根据式(3-48)可得

$$C = \frac{P}{\omega U^2}(\tan\varphi_1 - \tan\varphi) = \frac{5000}{2\pi \times 50 \times 380^2}(\tan 60° - \tan 18.2°) = 155\mu F$$

并联电容前的电源电流为

$$I_1 = \frac{P}{U\cos\varphi_1} = \frac{5000}{380 \times 0.5} = 26.3A$$

并联电容后的电源电流为

$$I = \frac{P}{U\cos\varphi} = \frac{5000}{380 \times 0.95} = 13.9A$$

习　　题

3-1　指出下列正弦量的幅值、有效值、周期、频率、角频率及初相位，并画出波形图。

(1) $u = 220\sqrt{2}\sin(314t - 60°)$V　　　　(2) $i = 6\sin(1000t + 30°)$A

3-2　已知两个正弦电压 $u_1 = 30\cos 314t$V，$u_2 = 10\sqrt{2}\sin(314t + 60°)$V，试问哪一个电压超前？超前角度是多少？

3-3　已知正弦交流电压的有效值为 220V，$t = 0$ 时的相位为 37°，频率为 50Hz。试写出正弦电压的三角函数表达式、有效值相量并绘出相量图。

3-4 写出下面电压和电流相量的瞬时值表达式,并画出相量图。

(1) $\dot{U}=100\angle 0°\text{V}$, $\omega=314\text{rad/s}$　　(2) $\dot{I}_m=(3-\text{j}4)\text{A}, f=1000\text{Hz}$

3-5 指出下列各表达式哪些是正确的,哪些是错误的?

(1) 线性电感电路: $u_L=\omega Li, i=\dfrac{U}{X_L}, \dot{I}=-\text{j}\dfrac{\dot{U}}{\omega L}, \dfrac{\dot{U}}{\dot{I}}=X_L$

(2) 线性电容电路: $\dot{I}=\omega C\dot{U}, i_C=C\dfrac{\mathrm{d}u}{\mathrm{d}t}, \dot{I}=\text{j}\omega C\dot{U}, \dfrac{U}{I}=-\text{j}X_C$

3-6 题 3-6 图所示为一交流电路元件,已知 $u=110\sqrt{2}\sin 314t\text{V}$,问当元件为:

(1) 线性电阻 $R=100\Omega$ 时,求 $\dot{I}, i$ 并画出电压、电流的相量图;

(2) 线性电感 $L=319\text{mH}$ 时,求 $\dot{I}, i$ 并画出电压、电流的相量图;

(3) 线性电容 $C=31.8\mu\text{F}$ 时,求 $\dot{I}, i$ 并画出电压、电流的相量图。

3-7 电路如题 3-7 图所示,已知 $\dot{U}_S=100\angle 0°\text{V}, \dot{U}_L=50\angle 60°\text{V}$,试确定复阻抗 Z 的性质。

3-8 在题 3-8 图所示电路中,已知输出电压 $u_2=50\sqrt{2}\sin 314t\text{V}, R=30\Omega, C=100\mu\text{F}$,用相量法求电源电压 u_1 的瞬时值表达式,并画出 $\dot{U}_1, \dot{U}_2$ 的相量图。

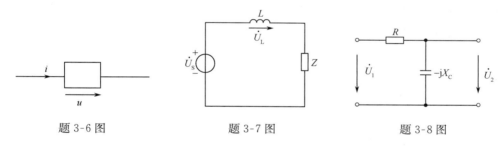

题 3-6 图　　　　　题 3-7 图　　　　　题 3-8 图

3-9 某线圈接于 50Hz、100V 的正弦交流电源上,测得通过的电流为 5A,若线圈的电阻为 8Ω,求该线圈的电感 L。若将此线圈接于 100V 的直流电源上,通过线圈的电流如何?

3-10 电路如题 3-10 图所示,已知 $R=30\Omega, C=25\mu\text{F}$,且 $i_S=10\sin(1000t-30°)\text{A}$,试求:(1) U_R, U_C, U 及 $\dot{U}_R, \dot{U}_C, \dot{U}$;(2) 画出相量图。

3-11 在题 3-11 图所示电路中,电流表的读数 $A_1=A_2=A_3=10\text{A}$,问电流表 A_0 的读数是多少?若电源频率增加一倍,而电压有效值仍保持不变,则 A_1、A_2、A_3 的读数变为多少?

3-12 试求题 3-12 图所示电路中 A_0 与 V_0 的读数。

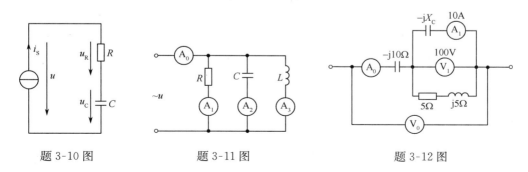

题 3-10 图　　　　　题 3-11 图　　　　　题 3-12 图

3-13 在 RLC 串联的电路中,下列各式是否正确?

(1) $|Z|=R+X_L-X_C$

(2) $U=IR+IX_L-IX_C$

(3) $U=U_R+U_L+U_C$

(4) $u=|Z|i$

3-14 对视在功率而言,下列各表达式哪些是正确的?哪些是错误的?

(1) $S=P+Q_L-Q_C$

(2) $S^2=P^2+Q_L^2-Q_C^2$

(3) $S^2=P^2+(Q_L-Q_C)^2$

(4) $S=UI$

3-15 在题 3-15 图所示 RLC 串联电路中,已知电源电压 $u(t)=100\sqrt{2}\sin(500t+30°)$ V,$R=100\Omega$,$L=300$mH,$C=40\mu$F。计算:(1)感抗、容抗及阻抗;(2)电流有效值 I 及瞬时值 i;(3)电压有效值 U_R、U_L、U_C 及瞬时值 u_R、u_L、u_C;(4)画出相量图;(5)P、Q 和 S。

3-16 电路如题 3-16 图所示,已知 $\dot{U}=120\angle 10°$V,$Z_1=(5+j5)\Omega$,$Z_2=(3+j4)\Omega$,求电流 $\dot{I}$ 及电压 $\dot{U}_1$、$\dot{U}_2$。

3-17 电路如题 3-17 图所示,已知 $\dot{I}=5\angle 0°$A,$R=5\Omega$,$Z_1=(8-j6)\Omega$,$Z_2=(8+j6)\Omega$,求电路中的电流 $\dot{I}_R$。

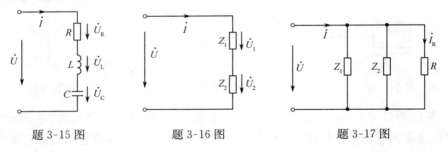

题 3-15 图　　　题 3-16 图　　　题 3-17 图

3-18 一个线圈接在 50Hz,220V 的交流电源上,测得的功率为 20W,电流为 0.5A。线圈的等效电路可以看成由 R 和 L 串联而成,求 R 和 L。

3-19 电路如题 3-19 图所示,已知电容电压 $u_C=100\sqrt{2}\sin(10^4t-15°)$V,求总电压 u_S。

3-20 电路如题 3-20 图所示,已知 $U=220$V,$R_1=10\Omega$,$X_L=10\sqrt{3}\Omega$,$R_2=20\Omega$,试求电流 I_1,I_2,I 及有功功率 P。

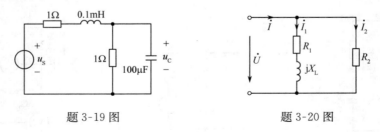

题 3-19 图　　　题 3-20 图

3-21 在题 3-21 图所示电路中,已知 $\dot{I}_S=18\angle 45°$A,求电压 $\dot{U}_{AB}$。

3-22 在题 3-22 图所示电路中,电压 $u=220\sqrt{2}\sin 314t$V,RL 支路的有功功率为 40W,

功率因数 $\cos\varphi_1=0.5$，为提高电路的功率因数，并联电容 $C=5.1\mu F$，求电容并联前、后电路的总电流各为多少？

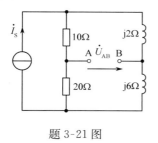

题 3-21 图　　　　　　　　　题 3-22 图

第4章 三相电路

电力系统在发电、输电和配电系统以及大功率用电设备中一般都采用三相电路,照明和一些其他生活用电所需的单相交流电源也取自于三相电路中的某一相。这是因为三相电路在技术和经济上都具有重大优越性。三相电路中三相电源是经过适当连接之后向负载供电的,三相负载也是经过适当连接之后接入三相电源的。本章重点讨论三相电源和三相负载的连接方式,讨论三相电路中的电压、电流和功率的计算。

4.1 三相电源

4.1.1 对称三相正弦量

三个频率相同、有效值相等而相位互差$120°$的三个正弦电压(或电流)称为对称三相正弦量。频率相同,但有效值或相位差不满足上述条件时,则称为不对称三相正弦量。对称三相正弦电压通常都是由三相交流发电机产生的。三相交流发电机的定子安装有三个完全相同的绕组,三个绕组在空间位置上彼此相差$120°$,当转子以均匀角速度ω旋转时,在三个绕组中将产生对称三相电压。

在工程上,一般将其正极性端分别记为A、B、C,负极性端分别记为X、Y、Z,每个电压源称为一相。三个电压源分别称为A相、B相、C相,其电压分别记为$\dot{U}_A$、$\dot{U}_B$、$\dot{U}_C$。如图4.1.1所示为对称三相电压的波形图。通常将三相交流电压出现最大值的先后顺序称为三相电压的相序,图4.1.1所示的对称三相电压的相序为A→B→C。工程上规定,A相用黄色标记,B相用绿色标记,C相用红色标记。图4.1.2所示为三相交流发电机产生的三个对称三相电压。

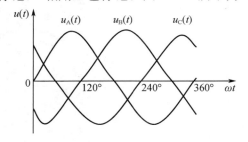

图4.1.1 对称三相电压的波形

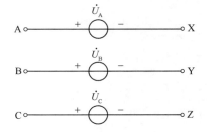

图4.1.2 对称三相电压

图4.1.1所示的对称三相电压的瞬时值表达式分别为

$$\begin{cases} u_A(t)=U_m\sin(\omega t)=\sqrt{2}U\sin(\omega t) \\ u_B(t)=U_m\sin(\omega t-120°)=\sqrt{2}U\sin(\omega t-120°) \\ u_C(t)=U_m\sin(\omega t-240°)=U_m\sin(\omega t+120°)=\sqrt{2}U\sin(\omega t+120°) \end{cases} \quad (4-1)$$

若以有效值的相量形式表示,对称三相电压可分别表示为

$$\begin{cases} \dot{U}_A = U\angle 0° = U \\ \dot{U}_B = U\angle -120° = U\left(-\dfrac{1}{2} - j\dfrac{\sqrt{3}}{2}\right) \\ \dot{U}_C = U\angle 120° = U\left(-\dfrac{1}{2} + j\dfrac{\sqrt{3}}{2}\right) \end{cases} \quad (4-2)$$

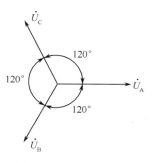

图 4.1.3 对称三相电压相量图

对称三相电压的相量图如图 4.1.3 所示。

从图 4.1.1 和式(4-1)可以看出：对称三相电压在任何时刻的瞬时值之和为零，即 $u_A + u_B + u_C = 0$。从图 4.1.3 和式(4-2)可以看出：对称三相电压相量之和为零，即 $\dot{U}_A + \dot{U}_B + \dot{U}_C = 0$。

4.1.2 三相电源的连接

三相电源的基本连接方式有星形(Y)连接和三角形(△)连接两种，分别介绍如下。

1. 三相电源的 Y 连接

在供电系统中，三相四线制连接方式就是最常见的 Y 连接方式。即三个末端 X、Y、Z 连在一起形成公共的端点 N，称为中点或电源中性点，如图 4.1.4 所示。由中点引出的导线称为中性线或零线，用黑色标记。从 A、B、C 端引出的导线称为相线，俗称火线。没有中线的三相电路称为三相三线制的三相电路。

任意两条相线间的电压 $\dot{U}_{AB}$、$\dot{U}_{BC}$、$\dot{U}_{CA}$ 称为线电压，其有效值记作 U_l。而每个参与连接的对称电压源电压 $\dot{U}_A$、$\dot{U}_B$、$\dot{U}_C$ 称为相电压，其有效值记作 U_p。各电压的参考方向如图 4.1.4 所示，应用 KVL，线电压与相电压之间的关系为

$$\begin{cases} \dot{U}_{AB} = \dot{U}_A - \dot{U}_B \\ \dot{U}_{BC} = \dot{U}_B - \dot{U}_C \\ \dot{U}_{CA} = \dot{U}_C - \dot{U}_A \end{cases} \quad (4-3)$$

设 $\dot{U}_A = U_p\angle 0°$，$\dot{U}_B = U_p\angle -120°$，$\dot{U}_C = U_p\angle 120°$，代入式(4-3)可得

$$\begin{cases} \dot{U}_{AB} = \sqrt{3}U_p\angle 30° = U_l\angle 30° \\ \dot{U}_{BC} = \sqrt{3}U_p\angle -90° = U_l\angle -90° \\ \dot{U}_{CA} = \sqrt{3}U_p\angle 150° = U_l\angle 150° \end{cases}$$

线电压与相电压的相量关系如图 4.1.5 所示，可以看出

$$\dot{U}_{AB} = \dot{U}_A\sqrt{3}\angle 30°,\ \dot{U}_{BC} = \dot{U}_B\sqrt{3}\angle 30°,\ \dot{U}_{CA} = \dot{U}_C\sqrt{3}\angle 30° \quad (4-4)$$

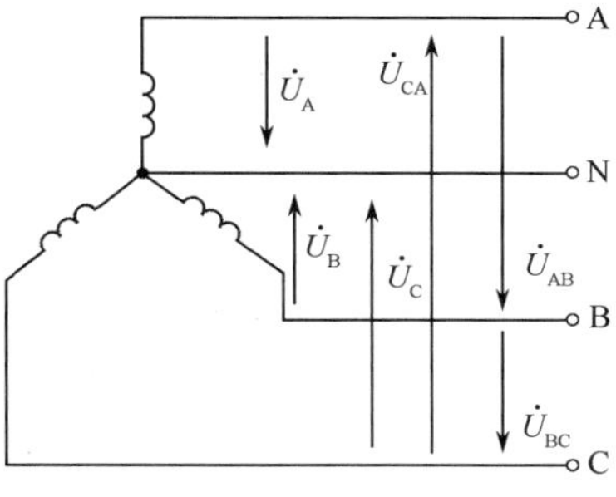

图 4.1.4 三相电源的 Y 连接

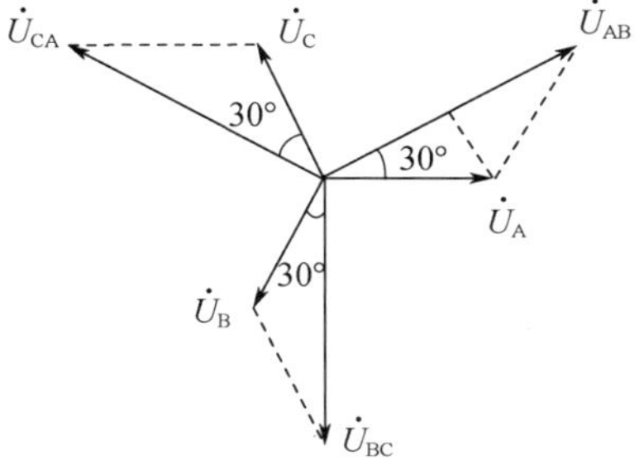

图 4.1.5 线电压与相电压间的关系

如果相电压是对称的,则线电压也是对称的,线电压在相位上超前相应的相电压 30°,且由其几何关系可得

$$U_l = \sqrt{3} U_p \tag{4-5}$$

我国的低压配电系统大都采用三相四线制。当相电压为 220V 时,线电压为 380V;当线电压为 220V 时,相电压为 127V。这是常用的两种电压模式。

2. 三相电源的△连接

如果将对称三相电源的三个相电压顺次连接,即 X 与 B、Y 与 C、Z 与 A 相接形成一个回路,并从三个连接点 A、B、C 处引出三根相线,就构成了对称三相电源的△连接方式,如图 4.1.6 所示。

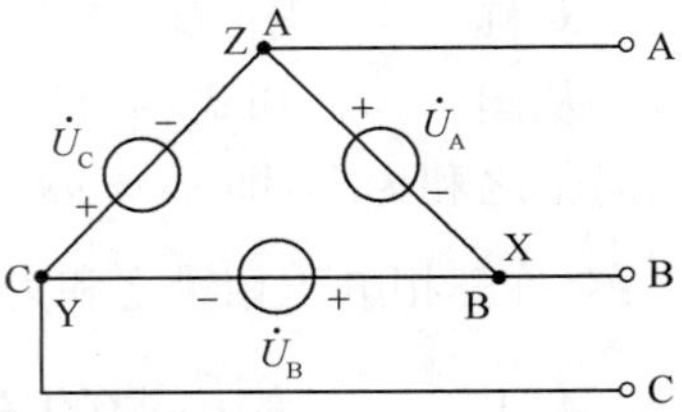

在△连接中,线电压等于相电压,即 $U_l = U_p$,其回路的总电压 $\dot{U} = \dot{U}_A + \dot{U}_B + \dot{U}_C = 0$。如果在三相电源中,有某相电压源的极性接反了,三个相电压的和将不再为零,电源回路中将产生较大的电流,导致烧坏三相发电机等事故的发生。

图 4.1.6 三相电源的△连接

显然,采用△连接的三相电源从端点引出三根导线向用户供电的方式就是三相三线制供电方式。

4.2 三相负载的 Y 连接

三相电路中负载也有 Y 连接和△连接。负载采用 Y 连接还是△连接是由负载的额定电压决定的,我国的三相四线制低压配电系统可提供相电压 220V 和 380V 两个电压等级,如果每相负载的额定电压是 220V,那么就应该连接成星形接到电源的相电压上。如果每相负载的额定电压是 380V,那么就应该连接成三角形接到电源的线电压上。

三相电路从形式上看是特殊连接的三个对称电压源作用的电路,属于复杂正弦交流电路问题,但是由于三相电源的对称性,可适当简化计算过程。

4.2.1 三相四线制 Y 连接

三相四线制电路如图 4.2.1 所示。三相负载中的电流有相电流和线电流之分,每相负载中流过的电流称为相电流 I_p,相线中流过的电流称为线电流 I_l。由图 4.2.1 可见,负载 Y 连接时,线电流等于相电流,即

$$I_l = I_p \tag{4-6}$$

工业上大量使用的三相负载多为对称负载。所谓三相负载对称是指每相负载的阻抗模和辐角均相同,比如生产中常用的三相交流电动机就是一种典型的三相对称负载。对称负载在对称三相电压的作用下形成的电流也是对称的,这给分析和计算带来了很大方便。

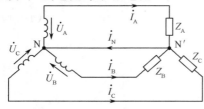

图 4.2.1 三相四线制电路

由于中性线的存在,负载的相电压即为电源的相电压,三相负载分别为 Z_A、Z_B、Z_C,并设 $\dot{U}_A = U_p \angle 0°$,$\dot{U}_B = U_p \angle -120°$,$\dot{U}_C = U_p \angle +120°$,则各相电流为

$$\dot{I}_A = \frac{\dot{U}_A}{Z_A} = \frac{U_p \angle 0°}{|Z_A| \angle \varphi_A} = \frac{U_p}{|Z_A|} \angle -\varphi_A \qquad (4\text{-}7)$$

$$\dot{I}_B = \frac{\dot{U}_B}{Z_B} = \frac{U_p \angle -120°}{|Z_B| \angle \varphi_B} = \frac{U_p}{|Z_B|} \angle (-120° - \varphi_B) \qquad (4\text{-}8)$$

$$\dot{I}_C = \frac{\dot{U}_C}{Z_C} = \frac{U_p \angle 120°}{|Z_C| \angle \varphi_C} = \frac{U_p}{|Z_C|} \angle (120° - \varphi_C) \qquad (4\text{-}9)$$

根据 KCL，中性线电流为

$$\dot{I}_N = \dot{I}_A + \dot{I}_B + \dot{I}_C \qquad (4\text{-}10)$$

如果三相负载对称，即 $Z_A = Z_B = Z_C = Z = |Z| \angle \varphi$，则各相电流也是对称的。即

$$\dot{I}_A = \frac{\dot{U}_A}{Z_A} = \frac{U_p \angle 0°}{|Z| \angle \varphi} = \frac{U_p}{|Z|} \angle -\varphi$$

$$\dot{I}_B = \frac{\dot{U}_B}{Z_B} = \frac{U_p \angle -120°}{|Z| \angle \varphi} = \frac{U_p}{|Z|} \angle (-120° - \varphi)$$

$$\dot{I}_C = \frac{\dot{U}_C}{Z_C} = \frac{U_p \angle 120°}{|Z| \angle \varphi} = \frac{U_p}{|Z|} \angle (120° - \varphi)$$

$$\dot{I}_N = \dot{I}_A + \dot{I}_B + \dot{I}_C = 0$$

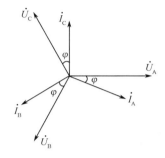

图 4.2.2 负载对称时的相量图

设 $\varphi > 0$，三相负载对称时电压、电流相量图如图 4.2.2 所示。

因为三个相电流对称，所以计算时只需求出一相，按照规律便可推知其他两相。既然中性线没有电流，就可以省去中性线，去掉中性线的三相对称电路为三相三线制电路。

例 4-1 电路如图 4.2.1 所示，已知每相阻抗 $R = 30\Omega$，$X_L = 40\Omega$。电源电压对称，设 $u_{AB} = 380\sqrt{2}\sin(\omega t + 30°)$V，试求各相电流的瞬时表达式。

解： 因为 $u_{AB} = 380\sqrt{2}\sin(\omega t + 30°)$V，所以 $\dot{U}_{AB} = 380\angle 30°$V，根据式(4-4)可得，$\dot{U}_A = 220\angle 0°$V。因为有中性线，则负载相电压即电源相电压，并对称。负载对称，三个相电流对称，所以计算时只需计算一相(如 A 相)，按照规律便可推知其他两相。

$Z_A = Z_B = Z_C = 30 + j40\Omega$，A 相电流相量为

$$\dot{I}_A = \frac{\dot{U}_A}{Z_A} = \frac{220\angle 0°}{30 + j40} = 4.4\angle -53°\text{A}$$

其他两相按照规律写出，即

$$\dot{I}_B = 4.4\angle -173°\text{A}, \dot{I}_C = 4.4\angle 67°\text{A}$$

所以

$$i_A = 4.4\sqrt{2}\sin(\omega t - 53°)\text{A}, i_B = 4.4\sqrt{2}\sin(\omega t - 173°)\text{A}, i_C = 4.4\sqrt{2}\sin(\omega t + 67°)\text{A}$$

例 4-2 在图 4.2.3(a)所示电路中，已知三相电源对称，$U_l = 380$V，$R_A = 11\Omega$，$R_B = R_C = 22\Omega$。求负载的相电流与中性线电流。

解： 因为有中性线，则负载相电压即电源相电压，并对称。因为线电压 $U_l = 380$V，所以相电压 $U_p = \frac{U_l}{\sqrt{3}} = 220$V，则相电流 $I_A = \frac{U_p}{R_A} = \frac{220}{11} = 20$A，$I_B = I_C = \frac{U_p}{R_B} = \frac{220}{22} = 10$A，以 $\dot{U}_A$ 为参考相量，作相量图如图 4.2.3(b)所示。由相量图可知 $I_N = I_A - 2I_B\cos 60° = 10$A。

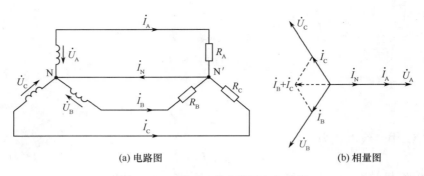

(a) 电路图   (b) 相量图

图 4.2.3 例 4-2 的电路图和相量图

4.2.2 三相三线制 Y 连接

三相四线制 Y 连接的电路去掉中性线后变为三相三线制电路,如图 4.2.4 所示。从三相四线制 Y 连接的电路分析可以看出,如果各相负载对称,中性线中的电流为零,因此有无中性线对各相负载的工作没有影响。因此三相三线制电路中,如果各相负载对称,仍能保证各相负载上获得三相对称电压,所以计算时只需求出一相,其他两相按照规律写出即可。

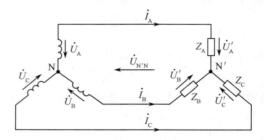

图 4.2.4 三相三线制电路

负载不对称而无中性线的情况,属于故障现象。下面的例题可以进一步说明中性线的作用。

例 4-3 在图 4.2.4 所示电路中,已知三相电源对称,$U_1=380\text{V}$,$Z_A=11\Omega$,$Z_B=Z_C=22\Omega$。求负载的相电压与相电流。

解:图 4.2.4 所示电路中,因无中性线,所以负载的中性点 N' 与电源的中性点 N 之间将产生电压偏移,应用节点电压法,可得

$$\dot{U}_{N'N}=\frac{\dfrac{\dot{U}_A}{Z_A}+\dfrac{\dot{U}_B}{Z_B}+\dfrac{\dot{U}_C}{Z_C}}{\dfrac{1}{Z_A}+\dfrac{1}{Z_B}+\dfrac{1}{Z_C}}=\frac{\dfrac{220\angle 0°}{11}+\dfrac{220\angle-120°}{22}+\dfrac{220\angle 120°}{22}}{\dfrac{1}{11}+\dfrac{1}{22}+\dfrac{1}{22}}$$

$$=110\angle 0°+55\angle-120°+55\angle 120°=55\angle 0°\text{V}$$

由 KVL 可知,各相负载的相电压为

$$\dot{U}'_A=\dot{U}_A-\dot{U}_{N'N}=220\angle 0°-55\angle 0°$$

$$\dot{U}'_B=\dot{U}_B-\dot{U}_{N'N}=220\angle-120°-55\angle 0°$$

$$\dot{U}'_C=\dot{U}_C-\dot{U}_{N'N}=220\angle 120°-55\angle 0°$$

电源电压与负载电压的相量图如图4.2.5所示,可得

$$U'_A = U_A - U_{N'N} = 165\text{V}$$
$$U'_B = \sqrt{U_B^2 + U_{N'N}^2 - 2U_B U_{N'N} \cos 120°} = 252\text{V}$$
$$U'_C = \sqrt{U_C^2 + U_{N'N}^2 - 2U_C U_{N'N} \cos 120°} = 252\text{V}$$

从而

$$I'_A = \frac{U'_A}{|Z_A|} = \frac{165}{11} = 15\text{A}$$
$$I'_B = \frac{U'_B}{|Z_B|} = \frac{252}{22} = 11.45\text{A}$$
$$I'_C = \frac{U'_C}{|Z_C|} = \frac{252}{22} = 11.45\text{A}$$

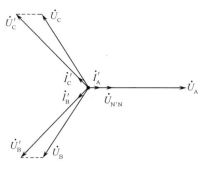

图 4.2.5 例 4-3 的相量图

可见,此时负载相电压与电源相电压发生偏离,若原来各相负载均工作在额定电压下,现在已出现欠压与过压故障,负载不仅不能正常工作,而且将受到损害。因此,中性线的作用是为了使Y连接的三相不对称负载成为互不影响的独立回路,也就是使三相负载在不对称情况下,保证负载的相电压对称,因此,中性线必须牢固,决不允许在中性线上接熔断器或开关。

4.3 三相负载的△连接

负载△连接的三相电路如图 4.3.1 所示。图 4.3.1 中标出了电压与电流的参考方向,可见三相负载的电压即为电源的线电压,且无论负载对称与否,电压总是对称的,或者说

$$U_p = U_l \tag{4-11}$$

而3个负载中的电流 $\dot{I}_{AB}$、$\dot{I}_{BC}$、$\dot{I}_{CA}$(相电流)与3条相线中的电流 $\dot{I}_A$、$\dot{I}_B$、$\dot{I}_C$(线电流)之间的关系,根据 KCL 有

$$\begin{cases} \dot{I}_A = \dot{I}_{AB} - \dot{I}_{CA} \\ \dot{I}_B = \dot{I}_{BC} - \dot{I}_{AB} \\ \dot{I}_C = \dot{I}_{CA} - \dot{I}_{BC} \end{cases} \tag{4-12}$$

1. 负载对称时

三相负载对称时,$Z_{AB} = Z_{BC} = Z_{CA} = Z = |Z|\angle\varphi$,则3个相电流

$$I_p = I_{AB} = I_{BC} = I_{CA} = \frac{U_p}{|Z|} = \frac{U_l}{|Z|} \tag{4-13}$$

是对称的,即相位互差120°。若以 $\dot{I}_{AB}$ 为参考相量,3个线电流和3个相电流的相量图如图4.3.2所示,可知3个线电流也是对称的,线电流比相应的相电流滞后30°,且

$$I_l = \sqrt{3} I_p \tag{4-14}$$

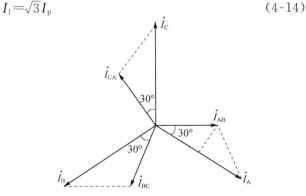

图 4.3.1 负载△连接的三相电路   图 4.3.2 线电流与相电流间的关系

2. 负载不对称

负载不对称时,尽管 3 个相电压对称,但 3 个相电流因阻抗不同而不再对称,线电流也不再对称。

例 4-4 电路如图 4.3.1 所示。已知 $Z_{AB}=Z_{BC}=Z_{CA}=17.3+j10\Omega$,电源电压对称,设 $u_{AB}=380\sqrt{2}\sin(\omega t+30°)$V,求:(1)负载对称时各相电流 $\dot{I}_{AB}$、$\dot{I}_{BC}$、$\dot{I}_{CA}$ 和线电流 $\dot{I}_A$、$\dot{I}_B$、$\dot{I}_C$;(2)BC 相负载断开后的各相电流 $\dot{I}_{AB}$、$\dot{I}_{BC}$、$\dot{I}_{CA}$ 和线电流 $\dot{I}_A$、$\dot{I}_B$、$\dot{I}_C$。

解:因为 $u_{AB}=380\sqrt{2}\sin(\omega t+30°)$V,可得

$$\dot{U}_{AB}=380\angle 30°\text{V},\dot{U}_{BC}=380\angle -90°\text{V},\dot{U}_{CA}=380\angle 150°\text{V}$$

三相负载的电压即为电源的线电压。

(1) 负载对称时,各相电流 $\dot{I}_{AB}$、$\dot{I}_{BC}$、$\dot{I}_{CA}$ 为

$$\dot{I}_{AB}=\frac{\dot{U}_{AB}}{Z_{AB}}=\frac{380\angle 30°}{17.3+j10}=19\angle 0°\text{A}$$

$$\dot{I}_{BC}=\frac{\dot{U}_{BC}}{Z_{BC}}=\frac{380\angle -90°}{17.3+j10}=19\angle -120°\text{A}$$

$$\dot{I}_{CA}=\frac{\dot{U}_{CA}}{Z_{CA}}=\frac{380\angle 150°}{17.3+j10}=19\angle 120°\text{A}$$

各线电流 $\dot{I}_A$、$\dot{I}_B$、$\dot{I}_C$ 为

$$\dot{I}_A=\dot{I}_{AB}\sqrt{3}\angle -30°=19\angle 0°\times\sqrt{3}\angle -30°=32.9\angle -30°\text{A}$$

$$\dot{I}_B=\dot{I}_{BC}\sqrt{3}\angle -30°=19\angle -120°\times\sqrt{3}\angle -30°=32.9\angle -150°\text{A}$$

$$\dot{I}_C=\dot{I}_{CA}\sqrt{3}\angle -30°=19\angle 120°\times\sqrt{3}\angle -30°=32.9\angle 90°\text{A}$$

(2) BC 相负载断开后,则 $\dot{I}_{BC}=0$,$\dot{I}_{AB}$、$\dot{I}_{CA}$ 不变,所以

$$\dot{I}_A=\dot{I}_{AB}-\dot{I}_{CA}=\dot{I}_{AB}\sqrt{3}\angle -30°=32.9\angle -30°\text{A}$$

$$\dot{I}_B=\dot{I}_{BC}-\dot{I}_{AB}=-\dot{I}_{AB}=19\angle 180°\text{A}$$

$$\dot{I}_C=\dot{I}_{CA}-\dot{I}_{BC}=\dot{I}_{CA}=19\angle 120°\text{A}$$

4.4 三相功率

三相负载无论对称与否,也无论是采用 Y 连接还是△连接,都可以在分别计算出各相有功功率之后求和而得到三相总的有功功率。即

$$P=P_A+P_B+P_C=U_{Ap}I_{Ap}\cos\varphi_A+U_{Bp}I_{Bp}\cos\varphi_B+U_{Cp}I_{Cp}\cos\varphi_C \tag{4-15}$$

当三相负载对称时,有

$$P=3P_A=3U_pI_p\cos\varphi \tag{4-16}$$

式中,$\cos\varphi$ 是每相负载的功率因数,φ 是负载相电压与相电流之间的相位差,即负载的阻抗角。

考虑到负载的线电压和线电流在实际操作中更易于测量,将式(4-16)改写为用线电压和

线电流表示。

对于 Y 连接的对称负载,有 $U_l=\sqrt{3}U_p$,$I_l=I_p$,则

$$P=3U_p I_p\cos\varphi=3\frac{U_l}{\sqrt{3}}I_l\cos\varphi=\sqrt{3}U_l I_l\cos\varphi$$

对于△连接的对称负载,有 $U_l=U_p$,$I_l=\sqrt{3}I_p$,则

$$P=3U_p I_p\cos\varphi=3U_l\frac{I_l}{\sqrt{3}}\cos\varphi=\sqrt{3}U_l I_l\cos\varphi$$

可见,在负载对称时,无论是 Y 连接,还是△连接的对称负载,都可以用统一的公式

$$P=\sqrt{3}U_l I_l\cos\varphi \tag{4-17}$$

同理,三相对称负载的无功功率为

$$Q=3U_p I_p\sin\varphi=\sqrt{3}U_l I_l\sin\varphi \tag{4-18}$$

三相对称负载的视在功率为

$$S=\sqrt{P^2+Q^2}=3U_p I_p=\sqrt{3}U_l I_l \tag{4-19}$$

例 4-5 某三相对称负载 $Z=6+\text{j}8\Omega$,接于线电压 $U_l=380\text{V}$ 的三相对称电源上。试求:(1)负载 Y 连接时的有功功率、无功功率和视在功率;(2)负载△连接时的有功功率、无功功率和视在功率,并比较结果。

解: 因为 $Z=6+\text{j}8=10\angle 53.1°\Omega$,即 $|Z|=10\Omega$,$\varphi=53.1°$。

(1)负载 Y 连接时

$$U_p=\frac{U_l}{\sqrt{3}}=\frac{380}{\sqrt{3}}=220\text{V},\quad I_l=I_p=\frac{U_p}{|Z|}=\frac{220}{10}=22\text{A}$$

$$P=\sqrt{3}U_l I_l\cos\varphi=\sqrt{3}\times 380\times 22\cos 53.1°=8.688\text{kW}$$

$$Q=\sqrt{3}U_l I_l\sin\varphi=\sqrt{3}\times 380\times 22\sin 53.1°=11.58\text{kvar}$$

$$S=\sqrt{3}U_l I_l=\sqrt{3}\times 380\times 22=14.48\text{kVA}$$

(2)负载△连接时

$$U_l=U_p=380\text{V},\quad I_p=\frac{U_p}{|Z|}=\frac{380}{10}=38\text{A},\quad I_l=\sqrt{3}I_p=65.82\text{A}$$

$$P=\sqrt{3}U_l I_l\cos\varphi=\sqrt{3}\times 380\times 65.82\cos 53.1°=26\text{kW}$$

$$Q=\sqrt{3}U_l I_l\sin\varphi=\sqrt{3}\times 380\times 65.82\sin 53.1°=34.66\text{kvar}$$

$$S=\sqrt{3}U_l I_l=\sqrt{3}\times 380\times 65.82=43.32\text{kVA}$$

由上可见,当电源的线电压相同时,负载△连接时的功率是 Y 连接时的 3 倍。为了保证上述相同负载得到相同的功率,必须改变线电压值,即采用 Y 连接时,$U_l=380\text{V}$;采用△连接时,$U_l=220\text{V}$,这样负载的相电压、相电流不变,得到的功率就不变。

习 题

4-1 已知对称三相正弦电压,$\dot{U}_A=U\angle 30°\text{V}$。(1)写出 $\dot{U}_B$、$\dot{U}_C$ 的相量表达式;(2)写出

u_A、u_B、u_C 的瞬时值解析式;(3)画出 $\dot{U}_A$、$\dot{U}_B$、$\dot{U}_C$ 的相量图。

4-2 当三相电源绕组 Y 连接时,设线电压 $u_{AB}=380\sqrt{2}\sin(\omega t-30°)$V,试写出线电压 u_{BC}、u_{CA} 和相电压 u_A、u_B、u_C 的瞬时值解析式。

4-3 某幢楼房有三层,计划在每层安装 10 个 220V、100W 的白炽灯,用 380V 的三相四线制电源供电。(1)画出合理的电路图;(2)若所有白炽灯同时点亮,求线电流和中性线电流;(3)如果只有第一层和第二层点亮,求中性线电流。

4-4 有一个三相四线制照明电路,相电压为 220V,已知三相的照明灯组分别由 34、45、56 个白炽灯并联组成,每个白炽灯的功率为 100W,求三个线电流和中性线电流。

4-5 已知电源相电压为 220V,负载每相阻抗模 $|Z|=10\Omega$,试问在下列两种电路中,负载的相电压和相电流是多少?

(1)电源和负载都是 Y 连接的对称三相电路;

(2)电源和负载都是△连接的对称三相电路。

4-6 题 4-6 图所示的不对称三相电路中,已知 $\dot{U}_A=220\angle 0°$V,$\dot{U}_B=220\angle -120°$V,$\dot{U}_C=220\angle 120°$V,如果 $Z_A=484\Omega$,$Z_B=242\Omega$,$Z_C=121\Omega$,各相负载的额定电压为 220V,试求负载实际承受的电压 U_A'、U_B'、U_C' 是多少?

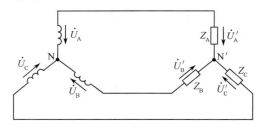

题 4-6 图

4-7 某三相负载,额定相电压为 220V,每相负载的电阻为 4Ω,感抗为 3Ω,接于线电压为 380V 的对称三相电源上,试问该负载应采用什么连接方法?负载的有功功率、无功功率和视在功率分别是多少?

4-8 题 4-8 图所示三相电路的电源电压 $U_l=380$V,$R=X_C=X_L=10\Omega$。试求:(1)各线电流 I_A、I_B、I_C 和中性线电流 I_N;(2)设 $\dot{U}_A=220\angle 0°$V,作相量图;(3)三相有功功率。

4-9 如题 4-9 图所示对称三相电路,当开关 S_1 及 S_2 均闭合时,各电流表的读数均为 17.32A。

(1)当 S_1 断开时(S_2 仍闭合),电流表 A_2,A_3 的读数各为多少?

(2)当 S_2 断开时(S_1 仍闭合),电流表 A_1 的读数为多少?

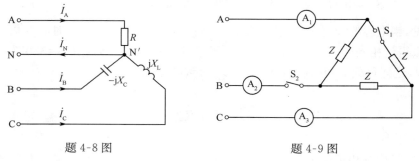

题 4-8 图　　　　　题 4-9 图

4-10 如题 4-10 图所示的△连接的对称三相负载接到线电压为 380V 的对称电源上,若三相负载吸收的功率为 11.4kW,线电流为 20A,求每相负载 Z 的参数 R、X。

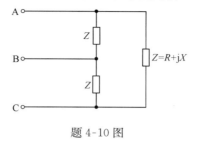

题 4-10 图

第 5 章　变压器及异步电动机

变压器及异步电动机是企业中重要的电气设备。本章阐述变压器的结构及原理、变压器的分类和常见功能、变压器空载运行和负载运行特性，然后介绍异步电动机的结构、工作原理、特性曲线等相关知识，并对异步电动机的启动、制动和调速进行介绍。

5.1　变　压　器

5.1.1　概述

变压器是一种交流电能的变换装置。利用变压器原边、副边线圈匝数的不同，把某一数值的交流电压、电流变换成所需另一数值的交流电压、电流，使电能的传输、分配和使用做到安全、经济。对于负载来说，变压器相当于一个电源。

由于变压器的应用范围十分广泛，因此它的种类很多。按用途分类，有：电力变压器、仪用变压器、自耦变压器、专用变压器。按相数分类，有：单相变压器、三相变压器。按结构分类，主要有：心式变压器和壳式变压器两类。此外，还有其他的分类方法。例如，按照绕组数目来区分，则有双绕组变压器、三绕组变压器等；按冷却方式来区分，则有干式变压器和油浸式变压器等。

变压器是由绕在同一铁心上的两个或两个以上的线圈绕组组成，绕组之间通过交变磁场联系着并按电磁感应原理工作。变压器安装位置应考虑便于运行、检修和运输，同时应选择安全可靠的地方。在使用变压器时，必须合理地选用变压器的额定容量。变压器空载运行时，需用较大的无功功率，这些无功功率要由供电系统供给。变压器的容量若选择过大，不但增加初始投资，而且变压器长期处于空载或轻载运行时，使空载损耗的比重增大，功率因数降低，损耗增加，这样运行既不经济又不合理。变压器容量选择过小，会使变压器长期过负荷，易损坏设备。因此，变压器的额定容量应根据用电负荷的需要进行选择，不宜过大或过小。

5.1.2　变压器的结构及原理

1. 变压器的基本结构

变压器中最主要的部件是铁心和绕组。

（1）铁心

变压器的铁心既是磁路，又是套装绕组的骨架。铁心由心柱和铁轭两部分组成。心柱用来套装绕组，铁轭将心柱连接起来，使之形成闭合磁路。

（2）绕组

绕组一般是用绝缘的铜线绕制而成的，它是变压器的电路部分。接在电源上，从电源吸收电能的绕组称为原边绕组（又称一次绕组），与负载连接，给负载输送电能的绕组称为副边绕组（又称二次绕组）。一次绕组和二次绕组具有不同的匝数、电压和电流，其中电压较高的绕组称为高压绕组，电压较低的绕组称为低压绕组。对于升压变压器，一次绕组为低压绕组，二次绕组为高压绕组;对于降压变压器,情况恰好相反。高压绕组的匝数多,导线细;低压绕组的匝数少,导线粗。

2. 变压器的运行原理分析

变压器的种类虽然很多,但各种变压器运行时的基本物理过程及分析变压器运行性能的基本方法大体上都是相同的。因此,下面以典型的双绕组单相变压器为例,分析其在有载和空载两种情况下的运行原理。

(1) 变压器的空载运行

变压器的一次绕组接交流电源,二次绕组开路的运行状态称为变压器的空载运行。

1) 电磁原理分析

图 5.1.1 是单相变压器空载运行的示意图,N_1 和 N_2 分别表示一次和二次绕组的匝数。当一次绕组接入交流电压,一次绕组便会有空载电流 i_0 流过,进而产生空载交变磁势 $i_0 N_1$,建立空载磁场。由于铁心的磁导率比油或空气的

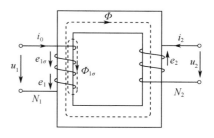

图 5.1.1 变压器空载运行原理图

磁导率大得多,绝大部分磁通存在于铁心中,这部分磁通同时与一次、二次绕组相交链,称为主磁通 Φ;少量的磁通经空气或其他非铁磁性物质只与一次绕组相交链,称为一次侧漏磁通 $\Phi_{1\sigma}$。由于主磁通同时与一次、二次绕组相交链,因此从一次侧到二次侧的能量传递主要是依靠主磁通而实现的。

2) 电压方程

交流电网中的电压 u_1 随时间以电源频率 f 交变,i_0、Φ、$\Phi_{1\sigma}$ 也随时间交变,频率为 f。Φ 在与它交链的一次和二次绕组内均产生主感应电动势,分别为 e_1,e_2;$\Phi_{1\sigma}$ 仅与一次绕组交链,在其上产生漏感应电动势 $e_{1\sigma}$。

选择图 5.1.1 所示的正方向,根据基尔霍夫电压定律(KVL)及电磁感应定律,可得一次和二次绕组的电压方程分别为

$$u_1 = R_1 i_0 + N_1 \frac{d\Phi_{1\sigma}}{dt} + N_1 \frac{d\Phi}{dt} = R_1 i_0 + L_{1\sigma} \frac{di_0}{dt} + N_1 \frac{d\Phi}{dt} = R_1 i_0 + (-e_{1\sigma}) + (-e_1) \quad (5-1)$$

$$u_{20} = e_2 = -N_2 \frac{d\Phi}{dt} \quad (5-2)$$

若电源是正弦电源,可将式(5-1)、式(5-2)写成相量形式为

$$\dot{U}_1 = R_1 \dot{I}_0 - \dot{E}_{1\sigma} - \dot{E}_1 = R_1 \dot{I}_0 + j X_{1\sigma} \dot{I}_0 - \dot{E}_1 \quad (5-3)$$

$$\dot{U}_{20} = \dot{E}_2 \quad (5-4)$$

式中,R_1 为一次绕组的电阻;$L_{1\sigma}$ 为一次绕组的漏感系数;$X_{1\sigma}$ 是一次绕组的漏电抗。$L_{1\sigma}$,$X_{1\sigma}$ 与匝数和几何尺寸有关,均为常数。u_{20} 为二次绕组的空载电压(即开路电压)。

在一般变压器中,由于漏磁通远小于主磁通,故 $e_1 \gg e_{1\sigma}$,空载时的一次绕组压降 $R_1 i_0$ 也很小。忽略这两者(它们之和只有 u_1 的 0.2%左右)的影响时,则 $\dot{U}_1 \approx -\dot{E}_1$,和交流铁心线圈相比,变压器多了一个二次绕组线圈,所以交流铁心中的感应电动势的分析方法完全适用于变压器,于是

$$U_1 \approx E_1 \approx 4.44 f N_1 \Phi_m \quad (5-5)$$

$$U_{20} = E_2 = 4.44 f N_2 \Phi_m \quad (5-6)$$

因此,对于理想变压器有如下电压变换关系

$$\frac{U_1}{U_{20}}=\frac{N_1}{N_2}=k \tag{5-7}$$

式中,k 称为变压器的变比。从式(5-7)可见,空载运行时,变压器一次绕组与二次绕组的电压比就等于一次、二次绕组的匝数比。因此,要使一次和二次绕组具有不同的电压,只要使它们具有不同的匝数即可,这就是变压器能够"变压"的原理。对于三相变压器,变比指相电压之比。如图5.1.2所示为三相变压器常用两种接法的电压变换关系。

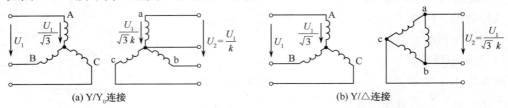

图 5.1.2 三相变压器常用连接方式的电压变换关系

(2) 变压器的负载运行

变压器一次绕组接通额定电压,二次绕组接上负载的运行情况,称为负载运行。

1) 电磁原理分析

图 5.1.3 是变压器负载运行的工作原理图。二次绕组接上负载 Z 后,在感应电动势 e_2 的作用下,二次绕组便会有电流 i_2 产生,进而产生磁动势 i_2N_2,该磁动势也作用在主磁路上,它改变了变压器原来的磁动势平衡状态,导致一次、二次绕组的感应电动势随之发生改变,于是原有电压平衡关系被破坏,使一次电流由空载电流 i_0 变为负载电流 i_1。

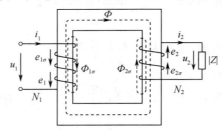

图 5.1.3 变压器负载运行原理图

2) 电压方程

根据基尔霍夫电压定律和图 5.1.3 所示的方向,即可写出一次和二次绕组的电压方程为

$$\dot{U}_1=-\dot{E}_1-\dot{E}_{1\sigma}+\dot{I}_1R_1=-\dot{E}_1+\dot{I}_1R_1+\mathrm{j}\dot{I}_1X_{1\sigma}\approx-\dot{E}_1 \tag{5-8}$$

$$\dot{U}_2=\dot{E}_2+\dot{E}_{2\sigma}-\dot{I}_2R_2=\dot{E}_2-\dot{I}_2R_2-\mathrm{j}\dot{I}_2X_{2\sigma} \tag{5-9}$$

3) 电流方程

空载时,由一次磁动势 $\dot{F}_0$ 产生主磁通 $\dot{\Phi}_0$,负载时磁动势为一次、二次侧的合成磁动势 $\dot{F}_1+\dot{F}_2$。由 $E_1\approx 4.44fN_1\Phi_\mathrm{m}$ 和 $U_1\approx E_1$ 可知,在 U_1、f、N_1 不变的情况下,由空载到负载,主磁通 Φ 基本保持不变,因此有磁动势平衡方程

$$\dot{F}_1+\dot{F}_2=\dot{F}_0 \quad \text{或} \quad N_1\dot{I}_1+N_2\dot{I}_2=N_1\dot{I}_0 \tag{5-10}$$

由式(5-10)得变压器有载时电流方程如下

$$\dot{I}_1=\dot{I}_0+\left(-\frac{N_2}{N_1}\right)\dot{I}_2=\dot{I}_0+\left(-\frac{\dot{I}_2}{k}\right)=\dot{I}_0+\dot{I}_{1\mathrm{L}}$$

由上式可知：变压器的负载电流分成两个分量，一个是励磁电流 $\dot{I}_0$，用来产生主磁通；另一个是负载分量 $\dot{I}_{1L}=-\dot{I}_2/k$，用来抵消二次侧磁动势。电磁关系将一次侧、二次侧电流联系起来，二次侧电流增大或减少必然引起一次侧电流的增大或减小。

由于变压器的铁心的磁导率很高，所以空载励磁电流很小，$I_0<10\%I_{1N}$。在忽略空载励磁电流的情况下，由上式可以导出

$$\dot{I}_1 \approx -\frac{\dot{I}_2}{k} \quad \text{或} \quad \frac{I_1}{I_2} \approx \frac{1}{k} = \frac{N_2}{N_1} \tag{5-11}$$

式(5-11)表明，一次侧、二次侧电流比近似与匝数成反比。可见，匝数不同，不仅能改变电压，同时也能改变电流。

(3) 变压器的阻抗变换

变压器不仅对电压、电流按变比进行变换，而且还可以变换阻抗。在正弦稳态情况下，当理想变压器的二次侧接入阻抗 Z_L 时，则变压器一次侧的输入阻抗 Z_1 为

$$|Z_1| = \frac{U_1}{I_1} = \frac{kU_2}{\frac{1}{k}I_2} = k^2|Z_L|$$

式中，$k^2|Z_L|$ 即为变压器二次侧折算到一次侧的等效阻抗。

如图 5.1.4 所示为变压器阻抗折算示意图。只要改变变压器一、二次绕组的匝数比，就可改变一、二次绕组的阻抗比，从而获得所需的阻抗。

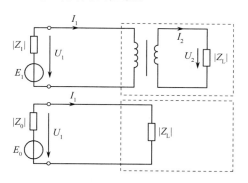

图 5.1.4　变压器的阻抗折算示意图

例 5-1　单相变压器一次绕组 $N_1=1200$ 匝，二次绕组 $N_2=600$ 匝，现一次侧加电压有效值 $U_1=220\text{V}$，二次侧接电阻性负载，测得二次侧电流有效值 $I_2=5\text{A}$，忽略变压器的内阻抗及损耗，试求：(1)二次侧的额定电压 U_{2N}；(2)变压器一次侧的等效负载 $|Z'|$；(3)变压器的输出功率 P_2。

解：(1) $k=\dfrac{N_1}{N_2}=2$，而 $\dfrac{U_1}{U_2}=\dfrac{N_1}{N_2}$，所以

$$U_{2N} = \frac{N_2}{N_1}U_1 = \frac{220}{2} = 110\text{V}$$

(2) $|Z| = \dfrac{U_2}{I_2} = \dfrac{110}{5} = 22\Omega$，所以

$$|Z'| = k^2|Z| = 4 \times 22 = 88\Omega$$

(3) $P_2 = U_2 I_2 = 110 \times 5 = 550\text{W}$

5.2 异步电动机

5.2.1 概述

电机是一种机电能量转换或信号转换的电磁机械装置。就能量转换的功能来看,电机可分为两大类。一类是发电机,它把机械能转换为电能;另一类是电动机,它把电能转换为机械能,用来驱动各种用途的生产机械和其他装置,以满足不同的需求。

根据应用场合的要求和电源的不同,电动机有直流电动机、交流同步电动机、交流异步电动机,以及满足不同需求的控制电动机和特种电动机。

异步电机一般都用作电动机,三相异步电动机在工业中应用极广,单相异步电动机则多用于家用电器。异步电动机的转子转速总落后于电动机的同步转速,故称为异步电动机。异步电动机结构简单,制造、使用和维护方便,效率较高,运行可靠,价格低廉。因此,从应用的角度来讲,了解异步电动机的工作原理,掌握它的运行性能是十分必要的,本节主要介绍三相异步电动机。

5.2.2 三相异步电动机的基本结构

三相异步电动机主要由定子(固定部分)和转子(旋转部分)两大部分组成,它们之间有一个很小的气隙,将转子和定子隔离开来。转子和定子之间没有任何电气上的联系,能量的传递全靠电磁感应作用,所以这样的电动机也称感应式电动机。图 5.2.1 是一个三相异步电动机的基本结构图。

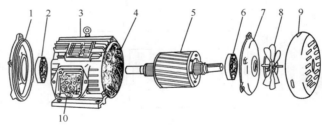

图 5.2.1 三相异步电动机的基本结构图
1—端盖;2—轴承;3—机座;4—定子绕组;5—转子;6—轴承;7—端盖;8—风扇;9—风罩;10—接线盒

如图 5.2.2 所示为一台绕线型感应式电动机的结构,图 5.2.3 为其外形图。

图 5.2.2 绕线型感应式电动机的结构   图 5.2.3 绕线型感应式电动机的外形图

1. 定子

三相异步电动机的定子由机座、定子铁心、定子绕组构成。机座由铸铁或铸钢制成,主要用于固定和支撑定子铁心。定子铁心是电动机磁路的一部分,主要作用是建立旋转磁场。为减小磁损耗,定子铁心是由相互绝缘的硅钢片叠制而成的。在铁心内圆周均匀地分布着很多形状相同的槽,用于放置对称的三相定子绕组,如图 5.2.4 所示。定子三相绕组的 6 个出线端固定在机座外侧的接线盒内,首端分别标为 U_1、V_1、W_1,末端分别标为 U_2、V_2、W_2。这 6 个出线端在接线盒里的排列如图 5.2.5 所示,可以接成星形(Y)或三角形($\triangle$)。

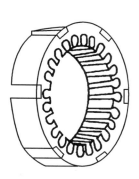

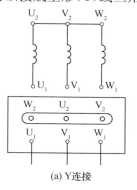

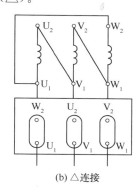

(a) Y连接　　　　　　(b) △连接

图 5.2.4　定子铁心示意图　　　图 5.2.5　定子绕组端子外部接线

2. 转子

转子是电动机的旋转部分,由转子铁心和转子绕组构成,主要作用是产生感应电流,受电磁力矩作用而旋转。转子铁心也是由相互绝缘的硅钢片叠制而成的,铁心的外圆周表面冲有嵌放转子绕组的线槽,用于安放转子导体。铁心装在转轴上,转轴两端支撑在轴承上,转轴承受机械负载。根据转子导体的不同形式,转子可分为笼型和绕线型两种。

笼型转子导体由铜条做成,嵌放在转子铁心槽中,导体两端的铜环(称为端环)把所有导体的两端连接起来,自成闭合路径。为了简化制造工艺和节省铜材,目前中、小型异步电动机常将转子导体、端环连同冷却用的风扇一起用铝液浇铸而成。如果去掉铁心,整个绕组的外形就像一个"鼠笼",如图 5.2.6 所示。具有这种转子的异步电动机称为笼型异步电动机。

绕线型转子绕组是三相对称绕组,嵌放在转子铁心槽中,一般连接成 Y 形。绕组的 3 个出线端子分别连接到装于转轴的滑环上,环与环、环与转轴之间都相互绝缘,靠滑环与电刷的滑动接触与外电路中的可变电阻相连接,可改善电动机的启动和调速性能。如图 5.2.7 所示,具有这种转子的异步电动机称为绕线型异步电动机。

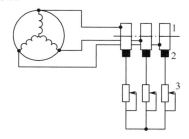

图 5.2.6　笼型异步电动机的　　　图 5.2.7　绕线型转子与外加变阻器的连接图
　　　　　转子绕组形式　　　　　　　　　1—滑环;2—电刷;3—变阻器

笼型异步电动机和绕线型异步电动机相比,其优点是结构简单,制造方便,价格低廉而又坚固耐用,而主要缺点是调速困难。绕线型异步电动机的启动和调速性能好,但结构复杂,运行可靠性较差。

3. 气隙 δ

气隙是定子与转子之间的空隙，也是电动机主磁路的组成部分。气隙的大小对电动机性能影响较大，气隙大，磁阻也大，产生同样大小的磁通，所需的励磁电流也越大，电动机的功率因数也就越低。异步电动机气隙长度应为定子、转子在运行中不发生机械摩擦所允许的最小值。中、小型异步电动机的气隙一般为 0.2~1.5mm。

5.2.3 三相异步电动机的工作原理

三相异步电动机转动的一般原理是基于法拉第电磁感应定律和载流导体在磁场中会受到电磁力的作用这两个基本因素。

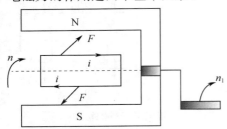

图 5.2.8 闭合线圈在旋转磁场中受力示意图

图 5.2.8 中，N 和 S 是一对永久磁铁的磁极，中间放置一个可以自由转动的闭合线圈。当磁极以转速 n_1 按顺时针方向转动时，线圈切割磁力线，在线圈中就会产生感应电动势，其方向用右手定则确定。由于线圈是闭合的，线圈中便出现感应电流。在磁场中的载流导体将受到电磁力的作用，根据左手定则，N 极下的导体受力方向指向纸面，而 S 极下的导体受力方向指出纸面。这一对力形成一个顺时针方向的转矩，线圈将沿磁铁的旋转方向以转速 n 转动。

如果把异步电动机的转子放置在旋转磁场中，当磁场旋转时，转子中的闭合绕组切割磁力线，会在其中产生感应电流。在感应电流与旋转磁场的相互作用下，转子受到电磁力的作用，由电磁力产生的电磁力矩使转子按旋转磁场方向旋转。这就是感应式电动机转动的基本工作原理。

感应式电动机是利用电磁感应原理，通过定子的三相电流产生旋转磁场，并与转子绕组中的感应电流相互作用产生电磁转矩，以进行能量转换的。正常情况下，感应式电动机的转子转速总是略低或略高于旋转磁场的转速，因此感应式电动机又称为"异步电动机"。旋转磁场的转速 n_1 与转子转速 n 之差称为转差，转差与同步转速 n_1 的比值称为转差率，用 s 表示，即

$$s = \frac{n_1 - n}{n_1} \tag{5-12}$$

式中，$n_1 = \frac{60 \times f_1}{p}$（$f_1$ 为交流电源频率，p 为异步电动机的极对数）。

转差率是表征感应式电动机运行状态的一个基本变量。

5.2.4 三相异步电动机的特性曲线

机械特性是电动机的主要特性，是分析电动机启动、制动、调速等问题的重要工具。

在电动机内部，电磁转矩 T 和转速 n 并不是相互孤立的，在一定条件下，它们之间存在着确定的关系，这个关系就称为机械特性，可写成 $n = f(T)$。

电动机产生的电磁转矩及电枢电动势分别为

$$E_a = C_e n \Phi \tag{5-13}$$

$$T = C_T I_a \Phi \tag{5-14}$$

$$T = \frac{2T_{max}}{\frac{s}{s_m} + \frac{s_m}{s}} \tag{5-15}$$

式(5-15)是三相异步电动机机械特性的实用表达式,T_{max} 和 s_m 可由异步电动机的产品手册中的数据求出。下面介绍求 T_{max} 和 s_m 的方法:

$$T_{max} = \lambda_T T_N \quad (5-16)$$

式中

$$T_N = 9550 \frac{P_N}{n_N} \quad (5-17)$$

式(5-16)和式(5-17)中的 λ_T、P_N、n_N 均可由产品手册查出,从而求出 T_{max}。如果已知机械特性上某点的转矩 T(如 T_N)和对应的转差率 s(如 s_N),代入式(5-15)可得

$$s_m = s_N(\lambda_T \pm \sqrt{\lambda_T^2 - 1}) \quad (5-18)$$

式中

$$s_N = \frac{n_1 - n_N}{n_1} \quad (5-19)$$

由于 $s_m > s_N$,式(5-18)中取"+"号,而 n_1 和 n_N 可由产品手册算出或给出,从而代入式(5-18)求 s_m。

有了机械特性的实用表达式,只要给出一系列的 s 值,就可以画出 T-s 曲线。式(5-15)还可以进行机械特性的其他计算,其应用极为广泛。

1. 固有机械特性

三相异步电动机的固有机械特性是指三相异步电动机定子电压和频率为额定值,按规定的接线方式接线,定子及转子电路中不外接电阻(电抗)时获得的机械特性 $T = f(s)$。如图 5.2.9 所示为三相异步电动机的固有机械特性,曲线 1 为气隙磁场按正方向旋转时的固有机械特性,曲线 2 为气隙磁场反向旋转时的固有机械特性。气隙磁场的旋转方向取决于定子电压的相序。

2. 人为机械特性

三相异步电动机的人为机械特性是指人为地改变电源参数或电动机参数而得到的机械特性。由机械特性的参数可知,可以改变的参数有定子电源电压、电源频率、极对数、定、转子电路电阻或电抗等,所以三相异步电动机的人为机械特性种类很多,这里介绍 3 种常见的人为机械特性。

(1) 降低定子电压的人为机械特性

当定子电压 U_1 降低时,T_{max} 与 U_1^2 成正比降低;T_{st} 与 U_1^2 成正比降低;s_m 与 U_1 无关,而同步转速 n_1 与 U_1 无关,保持不变。因此,可见降低电压的人为机械特性是一组通过同步转速点的曲线簇。图 5.2.10 给出了 $U_1 = U_N$ 的固有机械特性和 $U_1 = 0.8U_N$ 及 $U_1 = 0.5U_N$ 时的人为机械特性。

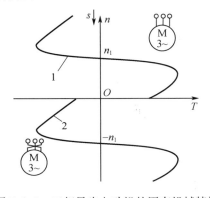

图 5.2.9 三相异步电动机的固有机械特性

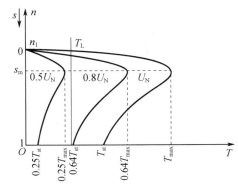

图 5.2.10 异步电动机降压时的人为机械特性

(2) 转子电路中串接对称电阻时的人为机械特性

这种人为机械特性仅适用于绕线型转子异步电动机,在绕线型转子异步电动机的转子电路内串入对称三相电阻 R_s,如图 5.2.11 所示,转子电路串入电阻后,同步转速 n_1 不变,最大电磁转矩 T_{max} 也不变,临界转差率 s_m 随 R_s 增大而增大,T_{st} 也随 R_s 增大而增大。人为机械特性是一组通过同步转速点的曲线簇。

(3) 定子电路串接电阻(电抗)的人为机械特性

三相异步电动机定子电路串接对称电阻或对称电抗器时(图 5.2.12(a)所示为串接对称电抗器的电路图),同步转速 n_1 不变,T_{max}、T_{st}、s_m 随电阻或电抗增大而减小,人为机械特性如图 5.2.12(b)所示。定子电路串接电阻或电抗一般用于三相笼型异步电动机的减压启动,以限制启动电流。

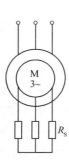

图 5.2.11 绕线型转子异步电动机转子电路串接对称电阻

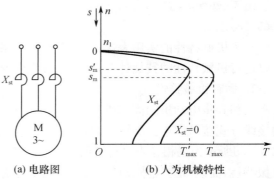

图 5.2.12 异步电动机定子电路串接对称电抗

例 5-2 一台三相异步电动机的额定值如下:$P_N=36\text{kW}$,$U_N=380\text{V}$,$n_N=720\text{r/min}$,过载能力 $\lambda_T=2$。求:

(1) 电动机机械特性的实用表达式;
(2) 电动机能否带动额定负载启动。

解:(1) 额定转差率

$$s_N = \frac{n_1 - n_N}{n_1} = \frac{750 - 720}{750} = 0.04$$

额定转矩

$$T_N = 9550\frac{P_N}{n_N} = 9550 \times \frac{36}{720} = 477.5 \text{N} \cdot \text{m}$$

最大转矩

$$T_{max} = \lambda_T T_N = 2 \times 477.5 = 955 \text{N} \cdot \text{m}$$

临界转差率

$$s_m = s_N(\lambda_T + \sqrt{\lambda_T^2 - 1}) = 0.149$$

机械特性的实用表达式为

$$T = \frac{2T_{max}}{\frac{s}{s_m} + \frac{s_m}{s}} = \frac{2 \times 955}{\frac{s}{0.149} + \frac{0.149}{s}} = \frac{1910}{\frac{s}{0.149} + \frac{0.149}{s}}$$

(2) 电动机开始启动时,把 $s=1$ 代入实用表达式得

$$T_{st} = \frac{1910}{\frac{1}{0.149} + \frac{0.149}{1}} = 278.4 \text{N} \cdot \text{m}$$

因为 $T_{st} < T_N$,故电动机不能带额定负载启动。

5.2.5 三相异步电动机的启动、制动与调速

1. 启动

三相异步电动机的启动是指电动机接通电源后,从静止状态加速到某一额定转速的过程。电动机在启动的瞬间,因为转子转速 $n=0$,转差率 $s=1$,所以在转子导体上产生的感应电动势和感应电流是最大的,定子电流也最大,可达到额定值的 4~7 倍,即

$$\frac{I_{1st}}{I_N}=4\sim7 \tag{5-20}$$

异步电动机启动时,过大的启动电流将产生不良影响,主要有两个方面:

① 产生较大的线路压降使电网电压波动过大,影响电网上其他用电设备的正常运行;

② 对那些惯性较大、启动时间较长或较频繁启动的电动机来说,过大的启动电流会使电动机绕组绝缘过热而老化,缩短电动机的使用寿命。

因此,对异步电动机启动性能有如下要求:

- 具有足够大的启动转矩 T_{st},以保证生产机械能够正常地启动;
- 在保证一定大小启动转矩的前提下,电动机的启动电流 I_{1st} 越小越好;
- 启动设备力求结构简单,运行可靠,操作方便;
- 启动过程的能量损耗越小越好,启动时间 t_{st} 越短越好。

三相笼型异步电动机有直接启动与减压启动两种启动方法。

（1）直接启动

直接启动也称全压启动,笼型异步电动机全压启动的优点是启动设备和操作最简单,缺点是启动电流大,因此只允许在额定功率 $P_N \leqslant 7.5$ kW 的小容量电动机中使用。但是,所谓小容量也是相对的,如果电网容量大,能符合下式要求者,也能进行直接启动

$$\frac{I_{1st}}{I_N} \leqslant \frac{1}{4}\left[3+\frac{电源总容量(kVA)}{启动电动机容量(kW)}\right] \tag{5-21}$$

式中,$\frac{I_{1st}}{I_N}=K_1$,称为笼型异步电动机的启动电流倍数,其值可根据电动机的型号和规格从手册中查得。

（2）减压启动

如果不能满足式(5-21)的要求,为了限制启动电流,只有采用减压启动办法。T 与 U_1^2 成正比,U_1 降低,T 也跟着降低,因此,减压启动方法只适用于空载或轻载启动的场合。常用的 3 种减压启动方法如下。

1) 定子电路串电阻（电抗）减压启动

在电动机启动过程中,定子电路中串接电阻或电抗,启动电流在电阻或电抗上将产生压降,从而降低了电动机定子绕组上的电压,减小了启动电流。

2) 自耦变压器减压启动

自耦变压器减压启动是利用自耦变压器二次侧加在定子绕组上的电压以减小启动电流的。

3) Y-△启动

Y-△启动也是一种常用的减压启动方法,采用这种方法的异步电动机,在正常运行时接成△形,而且每相绕组引出 2 个出线端,三相绕组就应引出 6 个出线端。

① 启动过程。如图 5.2.13(a)所示为 Y-△启动时的原理电路图。

启动时,将转换开关 QC 投到"启动"侧,再将总开关 QS 合上,定子绕组连接成 Y 形,每相电压为 $U_N/\sqrt{3}$,实现减压启动,等转速接近稳定值时,将转换开关 QC 投向"运行"侧,定子绕组侧接成△形,每相电压为 U_N,启动结束。

② 启动电流和启动转矩。如图 5.2.13(b)所示,设△连接时电网供给的启动电流为

$$I_{1st} = \sqrt{3}\frac{U_N}{Z_k}$$

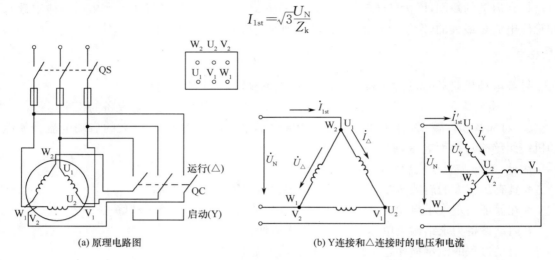

(a) 原理电路图　　　　　　　　(b) Y 连接和△连接时的电压和电流

图 5.2.13　异步电动机 Y-△启动原理电路图

Y 连接时电网供给的启动电流为 $I'_{1st} = \dfrac{U_N}{\sqrt{3}Z_k}$,则

$$\frac{I'_{1st}}{I_{1st}} = \frac{1}{3}, \qquad \frac{T'_{st}}{T_{st}} = \frac{1}{3}$$

由此表明,用 Y-△减压启动时,启动电流和启动转矩都降为直接启动时的 1/3。

Y-△启动的优点是启动电流小,启动设备简单,价格便宜,操作方便,适合 4~30kW 的电动机。缺点:一是只适用于正常运行为△连接的电动机;二是由于启动转矩减小到直接启动时的 1/3,故只适用于空载或轻载启动;三是这种启动方法的电动机定子绕组必须引出 6 个出线端,这对高电压电动机有一定困难,所以 Y-△启动只限于 500V 以下的低压电动机上。

4) 减压启动方法比较

表 5-1 列出了上述 3 种减压启动方法的主要数据,为便于说明问题,现将直接启动也列于表内。

表 5-1　几种减压启动方法的比较

启动方法	启动电压之比 U'_1/U_N	启动电流之比 I'_{1st}/I_{1st}	启动转矩之比 T'_{st}/T_{st}	优、缺点
直接启动	1	1	1	启动最简单,但启动电流大,启动转矩小,只适合小容量轻载启动
串电阻或电抗启动	$\dfrac{1}{\alpha}$	$\dfrac{1}{\alpha}$	$\dfrac{1}{\alpha^2}$	启动设备较简单,启动转矩较小,适用于轻载启动
自耦变压器启动	$\dfrac{1}{K_a}$	$\dfrac{1}{3}$		启动转矩较大,启动设备较复杂,可带较大负载启动
Y-△启动	$\dfrac{1}{\sqrt{3}}$	$\dfrac{1}{3}$	$\dfrac{1}{3}$	启动设备简单,启动转矩较小,适用于轻载启动,只适用于△连接的电动机

表中 U_1'/U_N、I_{1st}'/I_{st} 和 T_{st}'/T_{st} 分别为启动电压、启动电流和启动转矩的相对值。U_1'/U_N 表示减压启动加在定子一相绕组上的电压与直接启动时加在定子的额定相电压之比；I_{1st}'/I_{st} 表示减压启动时电网向电动机提供的线电流与直接启动时的线电流之比；T_{st}'/T_{st} 为减压启动时电动机产生的启动转矩与直接启动时的启动转矩之比。

例 5-3 Y100L$_2$-4 型三相异步电动机，查得其技术数据如下：$P_N=3.0\text{kW}$，$U_N=380\text{V}$，$n_N=1420\text{r/min}$，$\eta_N=82.5\%$，$\cos\varphi_N=0.81$，$f_1=50\text{Hz}$，$I_{st}/I_N=7.0$，$T_{st}/T_N=2$，$T_{max}/T_N=2.2$。试求：

(1) 极对数 p 和额定转差率 s_N；
(2) 当电源线电压为 380V 时，该电动机 Y 连接，这时的额定电流及启动电流为多少？
(3) 当电源线电压为 220V 时，该电动机应为何接法？这时的额定电流又为多少？
(4) 该电动机的额定转矩、启动转矩和最大转矩。

解：(1) 由型号知该电动机为 4 极的，所以 $p=2$。

因为 $f_1=50\text{Hz}$，所以 4 极电动机的同步转速为 $n_1=1500\text{r/min}$，额定转差率为

$$s_N = \frac{n_1-n_N}{n_1} = \frac{1500-1420}{1500} \approx 0.053$$

(2) Y 连接时，因为 $P_N=P_{1N}\eta_N=\sqrt{3}U_N I_N \cos\varphi_N \eta_N$，所以额定电流为

$$I_N = \frac{P_N}{\sqrt{3}U_N \cos\varphi_N \eta_N} = \frac{3000}{\sqrt{3}\times 380\times 0.81\times 0.825} = 6.82\text{A}$$

启动电流为

$$I_{st} = 7I_N = 7\times 6.82 = 47.74\text{A}$$

(3) 因为电源线电压为 380V 时，电动机 Y 连接，则定子绕组的额定相电压为 220V，而当电源线电压为 220V 时，电动机应为 △ 连接。

额定电流为 $\qquad I_N' = \sqrt{3}I_N = \sqrt{3}\times 6.82 = 11.81\text{A}$

启动电流为 $\qquad I_{st}' = 7I_N' = 7\times 11.81 = 82.67\text{A}$

(4) 额定转矩为 $\qquad T_N = 9550\dfrac{P_N}{n_N} = 9550\times\dfrac{3}{1420} \approx 20.18\text{N·m}$

启动转矩为 $\qquad T_{st} = 2T_N = 2\times 20.18 = 40.36\text{N·m}$

最大转矩为 $\qquad T_{max} = 2.2T_N = 2.2\times 20.18 = 44.40\text{N·m}$

例 5-4 Y225M-4 型三相异步电动机的额定数据见表 5-2。

表 5-2 例 5-4 相关数据

功率	转速	电压	电流	效率	$\cos\varphi_N$	I_{st}/I_N	T_{st}/T_N	T_{max}/T_N
45kW	1480r/min	380V	84.2A	92.3%	0.88	7.0	1.9	2.2

(1) 求额定转矩 T_N、启动转矩 T_{st} 和最大转矩 T_{max}；
(2) 若负载转矩为 500N·m，问在 $U=U_N$ 和 $0.9U_N$ 两种情况下电动机能否启动？
(3) 若采用 Y-△ 启动，当负载转矩为额定转矩 T_N 和 50%T_N 时，电动机能否启动？
(4) 若采用自耦变压器减压启动，当用 64% 的抽头时，求线路的启动电流和电动机的启动转矩。

解：(1) $\qquad T_N = 9550P_N/n_N = 9550\times 45/1480 = 290.4\text{N·m}$

$\qquad T_{st} = (T_{st}/T_N)T_N = 1.9\times 290.4 = 551.8\text{N·m}$

$\qquad T_{max} = (T_{max}/T_N)T_N = 2.2\times 290.4 = 638.9\text{N·m}$

(2) 当 $U=U_N$ 时，$T_{st}=551.8\text{N}\cdot\text{m}>500\text{N}\cdot\text{m}$，所以能启动。

当 $U=0.9U_N$ 时，则 $T'_{st}/T_{st}=(U/U_N)^2=0.9^2$，则

$$T'_{st}=0.9^2\times551.8=447\text{N}\cdot\text{m}<500\text{N}\cdot\text{m}$$

所以不能启动。

(3) △形直接启动时，$I_{st\triangle}=7I_N=589.4\text{A}$，则

$$I_{stY}=\frac{1}{3}I_{st\triangle}=\frac{1}{3}\times589.4=196.5\text{A}$$

$$T_{stY}=\frac{1}{3}T_{st\triangle}=\frac{1}{3}\times551.8=183.9\text{N}\cdot\text{m}$$

当负载转矩为 T_N 时，$T_{stY}=183.9\text{N}\cdot\text{m}<T_N(=290.4\text{N}\cdot\text{m})$，所以不能启动。

当负载转矩为 $50\%T_N$ 时，$T_{stY}=183.9\text{N}\cdot\text{m}>0.5T_N(=145.2\text{N}\cdot\text{m})$，所以能启动。

(4) 直接启动时，$I_{st}=7I_N=589.4\text{A}$。用自耦变压器 64% 的抽头时，其变比 $k=1/0.64$。

减压启动时电动机中（即变压器二次侧）的启动电流为

$$I'_{st}=\frac{1}{k}I_{st}=0.64I_{st}=0.64\times589.4=377.2\text{A}$$

线路（即变压器一次侧）的启动电流为

$$I''_{st}=\frac{1}{k}I'_{st}=\frac{1}{k^2}I_{st}=0.64^2I_{st}=0.64^2\times589.4=241.4\text{A}$$

减压启动时的启动转矩为

$$T'_{st}=\frac{1}{k^2}T_{st}=0.64^2\times551.8=226\text{N}\cdot\text{m}$$

2. 调速方式

在工业生产中，为了获得较高的生产效率并保证产品加工质量，通常要求生产机械能在不同的转速下进行工作。如果采用电气调速，就可以大大简化机械变速机构。

由 $s=\dfrac{n_1-n}{n_1}$ 及 $n_1=\dfrac{60f_1}{p}$ 得

$$n=\frac{60f_1}{p}(1-s)$$

由此可知，要调节异步电动机的转速，可采用改变电源频率 f_1、极对数 p 及转差率 s 来实现。

(1) 改变电源频率 f_1

由上式可见，当转差率 s 不变时，n 与 f_1 成正比，因此，改变 f_1 可以调速，这种调速方法称为变频调速。连续改变电源频率时，异步电动机的转速可以平滑地调节。这种调速方法可以实现异步电动机的无级调速。由于电网的交流电频率为 50Hz，因此改变频率需要专门的变频装置。

变频器可分为交—直—交型和交—交型两大类。交—交变频器可将工频交流直接变换成频率、电压均可控制的交流，又称直接式变频器。交—直—交变频器则是先将工频交流整流成直流，然后再把直流变换成频率、电压均可控制的交流，又称间接式变频器。目前常用的变频器是交—直—交型变频器，以下简称通用变频器。除此之外，还有高性能专用变频器、高频变频器、单相变频器等。

通用变频器的基本结构如图 5.2.14 所示。由图可见，通用变频器由整流电路、中间直流电路、逆变电路、控制电路等几部分构成。

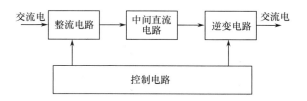

图 5.2.14　通用变频器的基本结构

（2）变极调速

当电源频率恒定时，电动机的同步转速 n_1 与极对数 p 成反比，所以改变电动机定子绕组的极对数，就可改变其转速。变极调速的电动机转子一般都是笼型的。笼型转子的极对数能自动地随着定子极对数的改变而改变，使定子、转子磁场的极对数总相等。而绕线型转子异步电动机则不然，当定子绕组改变极对数时，转子绕组也必须相应地改变其接法，使其极对数与定子绕组的极对数相等。所以绕线型转子异步电动机很少采用变极调速。

（3）变转差率调速

变转差率的调速方法有改变电源电压、改变转子电路电阻等。改变异步电动机定子电压的机械特性曲线如图 5.2.15 所示。从图中可见，n_0、s_m 不变，T_{max} 随电压的降低成平方的比例下降。这种调速方法的调速范围是有限的，而且容易使电动机过电流。

转子电路串电阻调速方法只适用于绕线型异步电动机。对于恒转矩负载，当改变转子电阻时，可以调节电动机的转速（见图 5.2.16）。当转子电阻增大时，电动机的转速降低。最大转矩 T_{max} 不变，特性变"软"，而且这种方法转子回路消耗功率较大，对节能不利。

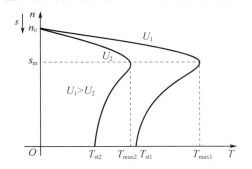

图 5.2.15　定子电压为不同值时的
人为机械特性曲线

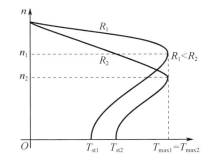

图 5.2.16　转子电路串接电阻的
人为机械特性曲线

3. 制动方式

三相异步电动机的制动也就是使电动机的电磁转矩 T 与转速 n 反向，成为阻碍运动的转矩，使电动机转速由某一稳定转速迅速降为零的过程或者使电动机产生的转矩与负载转矩相平衡，保持拖动系统的下降速度恒定。

三相异步电动机的制动方法有能耗制动、反接制动、回馈制动 3 种。

能耗制动是异步电动机常用的一种制动方法，广泛应用于要求平稳准确停车的场合，也可用于起重机一类带位能性负载的机械来限制重物下放的速度，使重物保持匀速下降。改变直流电流 I 的大小（通过调节电位器的值来改变）或改变转子电路所串电阻值，则可达到目的。

当异步电动机转子磁场和定子磁场的旋转方向相反时，电动机便处于反接制动状态。反接制动有两种情况：一是保持定子磁场的方向不变，而转子在位能性负载的作用下反转，这种情况下的制动称为转子反转的反接制动;二是转子转向不变,将定子电源两相反接,使定子的磁场方向改变,这种情况下的制动称为定子两相反接的反接制动。

如果用一原动机,或者其他转矩(如位能性负载)去拖动异步电动机,使电动机转速高于同步转速,即 $n>n_1$,$s=(n_1-n)/n_1<0$,这时异步电动机的电磁转矩 T 将与转速 n 反向,起制动作用。这种制动称为回馈制动。

以上介绍了三相异步电动机的 3 种制动方法。为了便于掌握,现将 3 种制动方法及其能量关系、应用场合等进行比较,见表 5-3。

表 5-3 异步电动机各种制动方法的比较

比 较	能耗制动	反接制动		回馈制动
		定子两相反接	转子反转	
方法(条件)	断开交流电源的同时,在定子两相中通入直流电	突然改变定子电源的相序,使旋转磁场反向	定子按提升方法接通电源,转子串入较大电阻,电动机被重物拖着反转	在某一转矩作用下,使电动机转速超过同步转速,即 $n>n_1$
能量关系	吸收系统储存的动能并转换成电能,能量消耗在转子电路的电阻上	吸收系统储存的机械能,并转换成电能,连同定子传递给转子的电磁功率一起全部消耗在转子电阻的电路上		轴上输入机械功率并转换成定子的电功率,由定子回馈给电网
优点	制动平衡,便于实现准确停车	制动强烈,停车迅速	能使位能性负载以稳定转速下降	能向电网回馈电能,比较经济
缺点	制动较慢,需增设一套直流电源	能量损耗较大,控制较复杂,不易实现准确停车	能量损耗大	在 $n<n_1$ 时不能实现回馈制动
应用场合	① 要求平稳、准确停车的场合 ② 限制位能性负载的下降速度	要求迅速停车和要求反转的场合	限制位能性负载的下降速度,并在 $n<n_1$ 的情况下采用	限制位能性负载的下降速度,并在 $n>n_1$ 的情况下采用

习　　题

5-1　变压器有哪些主要部件?它们的主要作用是什么?

5-2　试分析变压器的工作原理。

5-3　有一台单相变压器 $U_1=380$V,$I_1=0.36$A,$N_1=1200$ 匝,$N_2=200$ 匝,试求变压器二次绕组的输出电压 U_2、输出电流 I_2、电压比、电流比。

5-4　一台单相变压器,其一次侧电压为 220V、50Hz,一次绕组 $N_1=100$ 匝,试求:二次侧要得到 110V 和 72V 两种电压时,二次绕组的匝数。

5-5　变压器空载运行时,是否要从电网取得功率?这些功率属于什么性质?起什么作用?为什么小负荷用户使用大容量变压器无论对电网和用户均不利?

5-6　何谓三相异步电动机的固有机械特性和人为机械特性?

5-7　三相异步电动机的电磁转矩与哪些因素有关?三相异步电动机带动额定负载工作时,若电源电压下降过多,往往会使电动机发热,甚至烧毁,试说明原因。

5-8　三相笼型异步电动机采用自耦变压器减压启动时,启动电流和启动转矩与自耦变压器的变比有什么关系？

5-9　三相笼型异步电动机的启动方法有哪几种？各有何优、缺点？各适用于什么条件？

5-10　某绕线型转子异步电动机的 $P_N=72\text{kW}$，$U_{1N}=380\text{V}$，$I_{1N}=120\text{A}$，$n_N=550\text{r/min}$，$E_{2N}=240\text{V}$，$I_{2N}=180\text{A}$，$\lambda_T=2.2$；电动机带一个 $T_L=0.9T_N$ 的位能性负载，当负载下降时，电动机处于回馈制动状态。试求：

（1）转子中未串接电阻时电动机的转速；

（2）当转子中串入 0.5Ω 的电阻时电动机的转速；

（3）为快速停车，采用定子两相反接的反接制动，转子中串入 0.5Ω，则电动机刚进入制动状态时的制动转矩（设制动前电动机工作在 520r/min 的电动状态）。

5-11　三相笼型异步电动机的额定数据为：$P_N=36\text{kW}$，$U_{1N}=380\text{V}$，$I_{1N}=75\text{A}$，$\lambda_T=2$，$n_N=1450\text{r/min}$，定子△连接，飞轮矩 $GD^2=32\text{N}\cdot\text{m}^2$，电动机空载启动，求：

（1）全电压启动时的启动时间；

（2）采用 Y-△减压启动时的启动时间。

第 6 章　常用电器及异步电动机控制

6.1　常用电器

本章主要介绍企业中常用电器的功能、结构特点，并对电气主接线进行详细介绍，重点介绍了异步电动机的各种控制电路。

6.1.1　高、低压开关电器

1. 高压断路器

高压断路器是重要的开关设备，它具有完整的灭弧装置，因此不仅能通断正常的负荷电流，而且能切断一定的短路电流，并能在保护装置作用下自动跳闸，切除短路故障。如图 6.1.1(a)、(b) 所示为常见的高压断路器，如图 6.1.1(c) 所示为高压断路器的图形符号。

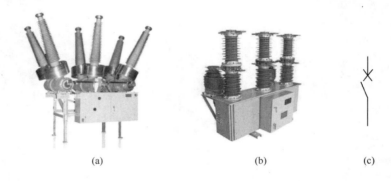

图 6.1.1　常见的高压断路器及高压断路器的图形符号

（1）油断路器

按油量多少和油的作用，油断路器可分为多油和少油两大类。多油断路器的油量多，油既作为灭弧介质和动、静触头的绝缘介质，又作为带电导体对地（外壳）的绝缘介质。少油断路器的油量很少（一般只有几千克），油只作为灭弧介质，断路器对地绝缘靠空气绝缘套管及其他绝缘材料来完成。一般 6~35kV 用户的老式配电装置中均采用少油断路器。如图 6.1.2 所示为 SN10-10 型户内高压少油断路器。

（2）真空断路器

真空断路器是将触头装在一个真空容器（即真空灭弧室）内（真空度在 105mm 汞柱以上）。由于真空中不存在气体游离的问题，所以触头断开时不会产生电弧，或者说触头一断开，电弧就熄灭，故可频繁操作。但在感性电路中，灭弧速度过快，则 di/dt 太大，可引起极高的过电压，这对供电系统是不利的。因此，这"真空"不能是绝对的真空。实际上，能在触头离开时因高电场发射和热电发射产生的电弧，称之为"真空电弧"，它能在电流第一次过零时熄灭。这样，燃弧时间既短（至多半个周期），又不至于产生很高的过电压。

图 6.1.2　SN10-10 型户内高压少油断路器

真空断路器具有体积小、重量轻、动作快、寿命长、易于维护和无爆炸等优点,虽然造价较高,但在目前生产的新型配电装置中,已基本取代了其他类型的断路器。

真空断路器按安装地点分为户内式和户外式。如图 6.1.3 和图 6.1.4 所示分别为 ZN28A-12 型户内式和 ZW32-12 型户外式真空断路器。

图 6.1.3　ZN28A-12 型户内式真空断路器　　图 6.1.4　ZW32-12 型户外式真空断路器

2. 高压隔离开关

高压隔离开关俗称刀闸,它没有专门的灭弧装置,断流能力差,所以不能带负荷操作。高压隔离开关常与断路器配合使用,由断路器来完成带负荷线路的接通和断开任务。在电力系统中,隔离开关的任务主要有隔离电压,倒闸操作,分、合小电流。如图 6.1.5(a)所示为常见的高压隔离开关,如图 6.1.5(b)所示为高压隔离开关的图形符号。

(a)　　　　　　(b)

图 6.1.5　常见的高压隔离开关及高压隔离开关的图形符号

高压隔离开关的主要用途有以下几点。

① 隔离电压。在检修电气设备时,用高压隔离开关将被检修的设备与电源电压隔离,并

形成明显可见的断开间隙,以确保检修的安全。

② 倒闸操作。合闸送电时,应先合上高压隔离开关,最后再合上断路器;拉闸断电时,应先断开断路器,最后再断开高压隔离开关。上述操作顺序绝对不允许颠倒,否则将发生严重事故。

③ 分、合小电流。因高压隔离开关具有一定的分、合小电感电流和电容电流的能力,故一般可用来进行以下操作:分、合避雷器、电压互感器和空载母线;分、合励磁电流不超过2A的空载变压器;分、合电容电流不超过5A的空载线路。

按安装地点,高压隔离开关分户内式(GN)和户外式(GW)两大类。每台高压隔离开关都配有相应的手动操作机构。GN19-10C型和GN30-10D型是目前广泛使用的两种10kV高压隔离开关,外形如图6.1.6和图6.1.7所示。

图6.1.6　GN19-10C型高压隔离开关　　　　图6.1.7　GN30-10D型旋转式高压隔离开关

3. 高压负荷开关

高压负荷开关有简单的灭弧装置和明显的断开点,可以通断一定的负荷电流和过负荷电流,有隔离开关的作用,但不能断开短路电流。高压负荷开关常与高压熔断器配合使用,借助熔断器来切除故障电流。如图6.1.8所示为高压负荷开关的图形符号。

图6.1.8　高压负荷开关的图形符号

高压负荷开关按灭弧介质不同,可分为压气式、产气式、真空式和SF6负荷开关等;按安装地点的不同,可分为户内式和户外式两大类。目前较为流行的是真空负荷开关,主要使用于配电网中的环网开关柜中。

如图6.1.9和图6.1.10所示分别为ZFN-10型户内式高压真空负荷开关和ZFN-10R型户内式高压真空负荷开关。该系列负荷开关具有安全可靠、开断能力大、寿命长、可频繁操作和维护工作量少等优点,特别适用于在无油化、不检修及频繁操作的场所使用。

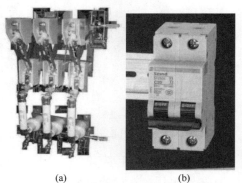

图6.1.9　ZFN-10型户内式高压真空负荷开关　　　图6.1.10　ZFN-10R型户内式高压真空负荷开关

4. 低压断路器

低压断路器又称低压自动开关或空气开关,是一种性能最完善的低压开关电器,它既能带负荷通断电流,又能在线路发生短路、过负荷、欠电压(或失电压)等故障时自动跳闸。其功能类似于高压断路器。如图 6.1.11 所示为低压断路器的图形符号。

低压断路器按灭弧介质分类,有空气断路器和真空断路器等;按用途分类,有配电用断路器、电动机保护用断路器、照明用断路器和漏电保护断路器等。

近年来,常用低压断路器主要分为塑壳式、框架式、小型、漏电型、智能型,如图 6.1.12 所示。低压断路器具有工作可靠、安装方便、分断能力强以及动作时不需要更换元件等优点,因此应用非常广泛。

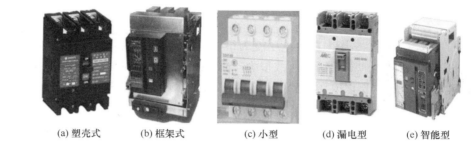

(a) 塑壳式　　(b) 框架式　　(c) 小型　　(d) 漏电型　　(e) 智能型

图 6.1.11　低压断路器的图形符号

图 6.1.12　低压断路器的外形

5. 低压负荷开关

低压负荷开关由带灭弧罩的低压刀开关与低压熔断器串联组合而成。低压负荷开关具有带灭弧罩的刀开关和熔断器的双重功能,既可以带负荷操作,又能进行短路保护。常用的低压负荷开关有 HH 和 HK 两种系列。其中,HH 系列为封闭式负荷开关,HK 系列为开启式负荷开关。

6.1.2　互感器

互感器是一次回路与二次回路的联络元件,在电力系统中专为测量和保护服务。它是一种特种变压器,可分为电流互感器和电压互感器两大类。互感器在供配电系统中的作用是:

- 使测量仪表、继电器等二次设备与一次回路隔离;
- 使测量仪表、继电器等标准化,有利于大批量生产;
- 使测量仪表、继电器等二次设备的使用范围扩大。

1. 电流互感器

电流互感器是用来把大电流变为小电流的变压器,其一次绕组串联在供电回路的一次回路中,匝数很少,导线很粗;二次绕组匝数很多,导线较细,与测量仪表、继电器等的电流线圈串联成闭合回路。由于二次回路串入的这些电流线圈的阻抗很小,所以电流互感器工作时二次回路接近于短路状态。如图 6.1.13(a)所示为电流互感器的原理接线图。

电流互感器的一次绕组电流 I_1 与二次绕组电流 I_2 之间的关系为

$$I_1 \approx \frac{N_2}{N_1} I_2 \approx K_i I_2 \qquad (6-1)$$

式中,N_1、N_2 分别为电流互感器一、二次绕组的匝数;K_i 为电流互感器的变比,一般表示为一、二次绕组的额定电流之比,即 $K_i = I_{N1}/I_{N2}$。

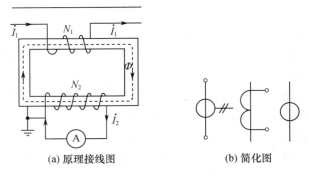

图 6.1.13 电流互感器原理接线图及简化图

2. 电压互感器

电压互感器是用来把大电压变为小电压的变压器,其一次绕组匝数很多,并联在供电系统的一次回路中,而二次回路匝数很少,与电压表、继电器的电压线圈等并联。由于这些电压线圈的阻抗较大,所以电压互感器工作时二次绕组接近于空载状态。如图 6.1.14(a)所示为电压互感器的原理接线图。

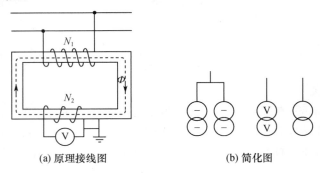

图 6.1.14 电压互感器的原理接线图及简化图

电压互感器的一次绕组电压 U_1 与二次绕组电压 U_2 之间的关系为

$$U_1 \approx \frac{N_1}{N_2} U_2 \approx K_u U_2 \tag{6-2}$$

式中,N_1、N_2 分别为电压互感器一、二次绕组的匝数;K_u 为电压互感器的变比,一般表示为一、二次绕组额定电压之比,即 $K_u = U_{N1}/U_{N2}$。

6.1.3 电磁式交流接触器

接触器是一种用来远距离、频繁地接通和分断交、直流主电路及大容量控制电路的电器,其主要控制对象是电动机。接触器具有强大的执行机构、大容量的主触点及迅速熄灭电弧的能力。当系统发生故障时,能根据故障检测元件所发出的动作信号,迅速、可靠地切断电源,并有低压释放功能。它是电力拖动控制系统中最重要也是最常用的控制电器。

电磁式交流接触器主要由触点系统、电磁机构和灭弧装置组成,其典型结构如图 6.1.15 所示。

1. 电磁机构

电磁机构是电磁式电器的感测元件,它将电磁能转换为机械能,从而带动触点动作。

2. 触点系统

触点是电磁式电路的执行元件,电器就是通过触点的工作来通断被控制电路的。

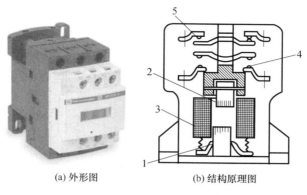

图 6.1.15 电磁式交流接触器典型结构
1—铁心；2—衔铁；3—线圈；4—常开触头；5—常闭触头

触点的分类方法很多，按其所控制的电路可分为主触点和辅助触点，主触点用于通断主电路，辅助触点用于通断控制电路。按其原始状态可分为常开触点和常闭触点。原始状态时断开、线圈通电后闭合的触点称为常开触点；原始状态时闭合、线圈通电后断开的触点称为常闭触点。按其结构形式可分为桥式触点和指形触点。按其接触形式可分为点接触、线接触和面接触。

3. 电磁式交流接触器的工作原理

当线圈接通电源时，流过线圈中的电流在铁心和衔铁组成的磁路中产生磁通，此磁通使铁心与衔铁之间产生足够的电磁吸力，以克服复位弹簧的反作用力，将衔铁向下吸合，并带动绝缘支架上的动触点与静触点闭合（即常开主触点闭合），从而接通主电路；与此同时，常闭辅助触点断开，常开辅助触点闭合。

当线圈断电时，电磁吸力消失，衔铁在复位弹簧的作用下释放而恢复原位，并带动绝缘支架上的动触点与静触点分离，从而使主电路断开，常开辅助触点恢复断开，常闭辅助触点恢复闭合。

6.1.4　继电器

继电器是一种根据电气量或非电气量的变化，通过触点或突变量分断控制电路，并可自动控制和保护电力拖动装置的控制电器。如图 6.1.16 所示为继电器的图形符号。

1. **电磁式继电器**

电磁式继电器广泛用于电力拖动系统中，起控制、放大、联锁、保护与调节的作用。电磁式继电器由线圈通电而产生电磁吸力来实现触点的通断或转换功能。如图 6.1.17 所示为电磁式继电器的典型结构图，它由线圈、电磁系统、反力系统和触点系统组成。其工作原理为：当线圈通电时，铁心产生的电磁吸力大于弹簧的反作用力，使衔铁向下移动，继电器的常闭触点断开、常开触点闭合；当线圈断电时，衔铁在弹簧作用下恢复原位，继电器的常开触点恢复断开、常闭触点恢复闭合。

2. **热继电器**

热继电器是利用电流的热效应而工作的电器。它主要用于电动机的过载保护、断相及电流不平衡运行的保护。

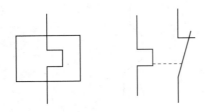

图 6.1.16 继电器的图形符号

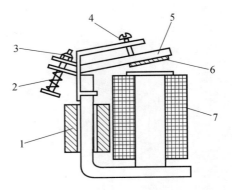

图 6.1.17 电磁式继电器的典型结构图
1—磁轭；2—弹簧；3—调节螺母；4—调节螺钉；
5—衔铁；6—非磁性垫片；7—线圈

3. 时间继电器

当接收到输入信号，经过一段时间后执行机构才动作的继电器称为时间继电器。按动作原理分，时间继电器有电磁式、空气阻尼式及电子式等；按延时方式分，时间继电器有通电延时型和断电延时型。

6.1.5 漏电保护器

漏电保护器，简称漏电开关，又叫漏电断路器，主要用在设备发生漏电故障时及对有致命危险的人身触电的保护，具有过载和短路保护功能，可用来保护线路或电动机的过载和短路，也可在正常情况下作为线路的不频繁转换启动之用。

漏电保护器的原理图如图 6.1.18 所示，将漏电保护器安装在线路中，一次线圈与电网的线路相连接，二次线圈与漏电保护器中的脱扣器连接。当用电设备正常运行时，线路中的电流呈平衡状态，电流互感器中的电流向量之和为零（电流是有方向的向量，如按流出的方向为"＋"，返回方向为"－"，在电流互感器中往返的电流大小相等、方向相反，正、负相互抵消）。

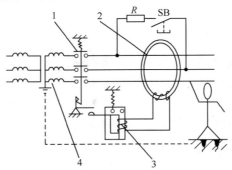

图 6.1.18 漏电保护器的原理图
1—断路器本体；2—零序电流互感器；3—脱扣器；4—变压器

由于一次线圈中没有剩余电流，所以不会感应二次线圈，漏电保护器的开关装置处于闭合状态运行。当设备外壳发生漏电并有人触及时，则在故障点产生分流，此漏电电流经人体—大地—工作接地，返回三相电路的中性点（并未经电流互感器），致使电流互感器中流入、流出的电流出现了不平衡（电流向量之和不为零），一次线圈中产生剩余电流。因此，便会感应二次线圈，当这个电流值达到该漏电保护器限定的动作电流值时，自动开关脱扣，切断电源。

6.1.6 熔断器与按钮

1. 熔断器

熔断器是最简单和最早使用的一种过电流保护电器,当通过的电流超过某一规定值时,熔断器的熔体会因自身产生的热量自行熔断而断开电路。其主要功能是对电路及其设备进行短路或过负荷保护。其特点为结构简单、维护方便、体积小、价格便宜,因此在35kV及以下小容量电网中被广泛采用。它的主要缺点是熔体熔断后,必须更换熔体才能恢复供电,供电可靠性较差,因此必须和其他电器配合使用。

2. 按钮

按钮是一种短时接通或断开小电流电路的手动电器,用于对接触器、继电器及其他电气线路发出指令信号进行控制。

按钮结构上由按钮帽、复位弹簧、触点、外壳及支持连接部件组成。如图6.1.19和图6.1.20所示分别为控制按钮的结构示意图和图形符号。当手指按下按钮帽时,动触头即向下运动,与常闭触点的静触头分离而与常开触点的静触头闭合。松开手指后,由于复位弹簧的作用,动触头向上运动,恢复到原来位置。

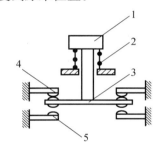

图 6.1.19 控制按钮的结构示意图
1—按钮帽;2—复位弹簧;3—动触头;
4—常闭触头的静触头;5—常开触点的静触头

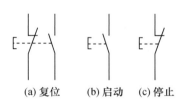

图 6.1.20 控制按钮的图形符号

常见电气设备名称、图形与文字符号见表6-1。

表6-1 常见电气设备名称、图形与文字符号

电气设备名称	文字符号	图形符号	电气设备名称	文字符号	图形符号
断路器	QF		避雷器	FA	
隔离开关	QS		母线及引出线	WB	
负荷开关	QL		熔断器	FU	
刀开关	QK		熔断器式刀开关	FU-QK	
跌落式熔断器	QF		三相异步电动机	M	

续表

电气设备名称		文字符号	图形符号	电气设备名称	文字符号	图形符号
一般三级电源开关				接触器	线圈	
低压断路器					主触头	
按钮	启动				常开辅助触头	
	停止				常闭辅助触头	
	复合			行程开关	常闭触头	
热继电器	热元件				常开触头	
	常闭触头				复合触头	
电流互感器（单次级）		TA				
电压互感器（单相式）		TV				

6.2 电气主接线

6.2.1 概述

电气主接线又称为一次接线，是由各种开关电器、变压器、互感器、线路、电抗器、母线等按一定顺序连接而成的接收和分配电能的总电路。电气主接线代表了发电厂和变电所电气部分的主体结构，直接影响着电气设备选择、配电装置布置、自动装置和控制方式的选择，对运行的可靠性、灵活性和经济性起着决定性的作用。

用行业标准规定的设备图形符号和文字符号，按电气设备的实际连接顺序绘制而成的连接图，称为电气主接线图。电气主接线图通常化成单线图的形式。

电气主接线的设计应满足以下基本要求：

① 安全——保证在进行任何切换操作时人身和设备的安全；

② 可靠——应满足各级电力负荷对供电可靠性的要求；

③ 灵活——应能适应各种运行方式的操作和检修、维护需要；

④ 经济——在满足以上要求的前提下，主接线应力求简单，尽可能减少一次性投资运行费用。

我国的电压可分为特高压、超高压、高压等不同的等级。交流电压等级为：特高压电压为1000kV，超高压电压为750kV或500kV，高压为330kV、220kV或110kV，中压为35kV、10kV或6kV，用户侧为380/220V。本节主要介绍10kV电压等级的主接线形式。

6.2.2 常见接线形式

1. 放射式接线

放射式接线是指由地区变电所或企业总降压变电所6~10kV母线直接向用户变电所供电，沿线不接其他负荷，各用户变电所之间也无联系，如图6.2.1所示。这种接线方式具有结构简单，操作维护方便，保护装置简单和便于实现自动化等优点，但它的供电可靠性较差，只能用于三级负荷和部分次要的二级负荷。

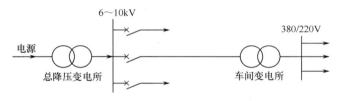

图 6.2.1 放射式接线

2. 干线式接线

干线式接线分为直接连接干线式和串联型干线式两种类型。所谓直接连接干线式，是指由地区变电所或企业总降压变电所6~10kV母线向外引出高压供配电干线，沿途从干线上直接接出分支线引入用户（或车间）变电所，如图6.2.2(a)所示。这种接线方式的优点是，线路敷设比较简单，变电所出现回路数少，高压配电装置和线路投资较小，有色金属消耗量低，比较经济。它的缺点是供电可靠性差，当高压配电干线上任一段线路发生故障时，接于该干线的所有用户变电所都将停电，影响面较大，且在实现自动化方面，适应性较差。因此，这种接线方式只能用于向三级负荷配电，且分支数目不宜过多，变压器容量也不宜过大。

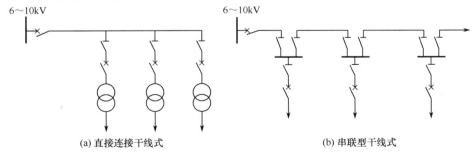

图 6.2.2 干线式接线

为了充分发挥干线式接线的优点,尽可能减轻其缺点所造成的影响,可采用串联型干线式接线,如图 6.2.2(b)所示。这种改进后的干线式接线特点是:干线的进出侧均安装了隔离开关,当发生故障时,可在找到故障点后,拉开相应的隔离开关继续供电,从而缩小停电范围,使供电可靠性有所提高。

为了提高供电可靠性,可采用双回路干线式(见图 6.2.3)或两端供电干线式(见图 6.2.4)接线方式。

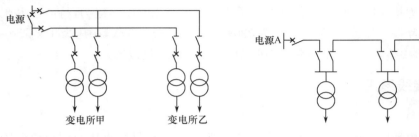

图 6.2.3　双回路干线式　　　　　　　图 6.2.4　两端供电干线式

6.2.3　10kV 单母线接线形式

1. 单母线接线

母线又称汇流排,用于汇集和分配电能。如图 6.2.5 所示为单母线接线,它的主要特点是:电源和引出线都接在同一组母线上,为便于每条回路的投入与切除,在每条引线上均装有断路器和隔离开关。

单母线接线的优点是接线简单,使用设备少,操作方便,投资少,便于扩建。缺点是当母线及隔离开关故障或检修时,必须断开全部电源,造成整个配电装置停电;当检修其一回路的断路器时,该回路要停电。因此,单母线接线供电的可靠性和灵活性均较差,一般只适用于三级负荷或者有备用电源的二级负荷。

2. 单母线分段接线

当出线回路数较多且有两路电源进线时,可采用断路器或隔离开关将母线分段,称为单母线分段接线,如图 6.2.6 所示。分段后可以进行分段检修,对重要用户可以从不同段引出两回馈线路,由两个电源供电。当一段母线发生故障,分段断路器自动将故障段隔离,保证正常段母线不间断供电,不致使重要用户停电;而两段母线同时故障的概率甚小,可以不予考虑。

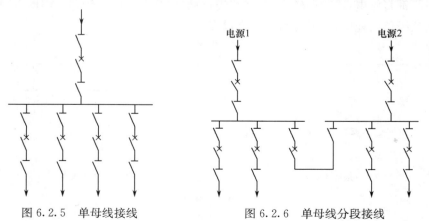

图 6.2.5　单母线接线　　　　　　　图 6.2.6　单母线分段接线

单母线分段接线既保留了单母线接线简单、经济、方便等优点,又在一定程度上提高了供电的可靠性,因此这种接线得到了广泛应用。但该种接线仍不能克服某一回路断路器检修时,该回路要长时间停电的显著缺点,同时这种接线在一段母线或隔离开关故障或检修时,该段母线上的所有回路都要长时间停电。

6.3 异步电动机的控制电路

6.3.1 三相异步电动机点动和自锁控制电路

某些生产机械常常要求既能实现试车调整的点动工作又能正常连续运转,控制电路如图6.3.1(a)所示。其中,SB1为连续运转的停止按钮,SB2为连续运转的启动按钮,SB3为点动控制的复合按钮。

点动控制时,按下复合按钮SB3,它的常开触点闭合,接触器KM线圈通电,其常开主触点闭合,电动机M启动运转,与此同时,复合按钮SB3的常闭触点断开,使接触器KM的自锁环节不起作用。松开复合按钮SB3时,接触器KM线圈断电,其常开主触点断开,电动机M停转。

连续运转时,按下启动按钮SB2,接触器KM线圈通电,其常开主触点闭合,电动机M启动,与此同时,接触器KM常开辅助触点闭合,起自锁作用,使电动机M连续运转。按下停止按钮SB1,接触器KM线圈断电,常开主触点断开,电动机M停转。

此线路在点动控制时,如果接触器KM的释放时间大于复合按钮SB3的恢复时间,则点动结束。SB3常闭触点复位时,接触器KM的自锁触点还未断开,使自锁触点继续通电,线路就无法正常工作,这时,需要用图6.3.1(b)所示的控制电路。点动控制时,按下复合按钮SB3,接触器KM线圈通电,常开主触点闭合,电动机M实现点动运行。连续控制时,按下启动按钮SB2,中间继电器KA线圈通电,常开触点闭合,使接触器KM线圈通电并自锁,电动机M实现连续运行。停止电动机时,则按下停止按钮SB1,这时中间继电器KA线圈断电,常开触点断开,使接触器KM线圈断电,电动机停转。

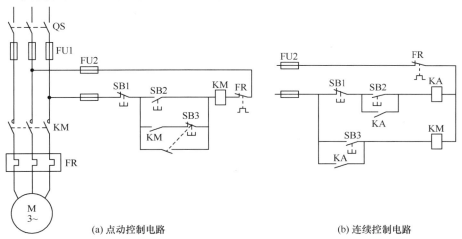

(a) 点动控制电路   (b) 连续控制电路

图6.3.1 点动与连续控制电器

6.3.2 三相异步电动机的正、反转控制电路

有的生产机械要求运动部件实现正、反两个方向运动,例如,机床工作台的前进与后退、主轴的正转与反转、起重机的上升与下降等。这就需要拖动生产机械的电动机能够实现正、反转控制。根据电机学原理,只要把接到三相异步电动机的三相电源线中任意两相对调,即可改变电动机的转向。

如图 6.3.2(a)所示为电动机正、反转控制电路。主电路采用了两个接触器,其中接触器 KM1 控制电动机正转,接触器 KM2 控制电动机反转。

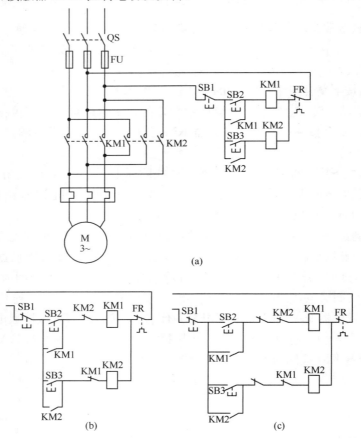

图 6.3.2 电动机正、反转控制电路

其工作原理为:需要电动机正转时,按下正转启动按钮 SB2,接触器 KM1 线圈通电,其常开主触点闭合,电动机 M 正转,同时常开辅助触点闭合实现自锁。需要电动机反转时,先按下停止按钮 SB1,接触器 KM1 断电,常开主触点断开,电动机正转停止,再按下反转复合按钮 SB3,接触器 KM2 线圈通电,其常开主触点闭合,电动机 M 反转,同时常开辅助触点闭合实现自锁。

该控制电路存在两个问题。

① 两个接触器在任何情况下都不能同时通电,否则会造成主电路电源短路,为此需要采取互锁电路。如图 6.3.2(b)所示为具有互锁的可逆控制电路,将其中一个接触器的常闭触点串入另一个接触器的线圈电路中,这样任何一个接触器通电后,其自身常闭触点断开,因此,即

使按下相反方向的启动按钮,另一个接触器也不会通电,这种利用两个接触器的辅助常闭触点互相控制的方式,称为电气互锁。

② 需要电动机改变旋转方向时,必须先按下停止按钮 SB1,方可重新启动电动机,这对那些要求电动机频繁改变旋转方向的生产机械来说,是很不方便的。如图 6.3.2(c)所示为采用复合按钮实现正、反转,构成了既有接触器互锁又有复合按钮互锁的双重互锁可逆控制电路。控制电路的工作过程利用了复合按钮先断后通的特点,如要求电动机由正转变为反转时,直接按下反转复合按钮 SB3,这时 SB3 的常闭触点先断开,接触器 KM1 线圈断电,然后其常开触点闭合,接触器 KM2 线圈通电,其常开主触点及自锁触点闭合,电动机开始反转。

这样的控制电路比较完善,既能实现直接正、反转控制,又能保证安全可靠,故应用非常广泛。

6.3.3 联锁控制电路

很多具有多台电动机的设备,常常因每台电动机的用途不同而需要按一定的先后顺序来启动、停车,这种互相联系而又互相制约的控制称为联锁控制。如图 6.3.3(a)所示为控制两台电动机 M1 和 M2 独立工作的主电路,控制电路应为接触器 KM1 和 KM2 连续控制电路的并联。

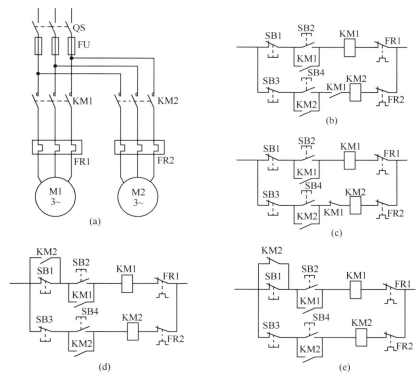

图 6.3.3 联锁控制电路

实现联锁控制有以下两种形式。

1. 启动联锁

① 当电动机 M1 启动后才允许电动机 M2 启动,则需要将接触器 KM1 的常开触点串接

在接触器 KM2 的线圈电路中,如图 6.3.3(b)所示。只有接触器 KM1 线圈通电,常开触点闭合,电动机 M1 启动后,才能通过按钮控制接触器 KM2 的工作,使电动机 M2 启动。

② 当电动机 M1 启动后不允许电动机 M2 启动,则需要将接触器 KM1 的常闭触点串联在接触器 KM2 的线圈电路中,如图 6.3.3(c)所示。在接触器 KM1 动作之前,可以通过按钮控制接触器 KM2 的工作,使电动机 M2 启动,一旦通过按钮控制接触器 KM1 线圈通电,电动机 M1 启动后,接触器 KM2 就会停止工作,即电动机 M2 就会停转。

2. 停车联锁

① 当电动机 M2 停转后才允许电动机 M1 停转,则需将接触器 KM2 的常开触点并联在控制接触器 KM1 的停止按钮两端,如图 6.3.3(d)所示。这样只有电动机 M2 停转,即接触器 KM2 线圈断电,常开触点恢复断开后,才能通过按钮 SB1 控制接触器 KM1 的断电,使电动机 M1 停转。

② 当电动机 M2 停转后不允许电动机 M1 停转,则需将接触器 KM2 的常闭触点并联在控制接触器 KM1 的停止按钮两端,如图 6.3.3(e)所示。这样只有接触器 KM1 线圈通电,常开触点闭合,电动机 M1 启动后,才能通过按钮控制接触器 KM2 的工作,使电动机 M2 启动。

习 题

6-1 继电器和接触器的区别在哪里?

6-2 既然在电动机的主电路中装有熔断器,为什么还要装热继电器?两者能否相互代替?

6-3 交流接触器能否串联使用?为什么?

6-4 高压断路器、高压隔离开关和高压负荷开关各有哪些功能?

6-5 低压断路器有哪些功能?按结构形式可分为哪两类?

6-6 电流互感器、电压互感器的误差是什么?常用接线方式有哪些?

6-7 电气主接线中通常发电机—变压器单元接线中,在发电机和双绕组变压器之间通常不装设断路器,有何利弊?

6-8 某一降压变电所内装有两台双绕组变压器,该变电所有两回 35kV 出线,低压侧拟采用单母线分段接线,试画出该变电所的电气主接线单线图。

6-9 设计某机床主轴由一台异步电动机拖动,润滑泵由另一台异步电动机拖动。要求:按下启动按钮后,刀架开始进给,到一定位置时,刀架进给停止,开始进行无进刀切削,经过一段时候后刀架自动返回,回到原位自动停止。

6-10 某机床主轴由一台异步电动机拖动,润滑泵由另一台异步电动机拖动。试设计电气控制电路,要求:

(1) 主轴必须在液压泵开动后才能启动;

(2) 主轴正常为正向运行,但为调试方便,应能正、反向点动;

(3) 主轴停止后,才允许液压泵停止。

6-11 试画出三相笼型异步电动机既能连续工作、又能实现点动的继电器控制线路。

6-12 画出两台三相笼型异步电动机按时间顺序启动的控制电路,控制要求是:一台电动机在运行一定时间后自动投入运行。

6-13 一运料小车由一台笼型电动机拖动,试画出控制电路,要求:
(1) 小车运料到位自动停车;
(2) 延时一定时间后自动返回;
(3) 回到原位自动停车。

第 7 章 电子技术基础知识

7.1 半导体基础知识及 PN 结

半导体是导电能力介于导体与绝缘体之间的物质,常见的半导体材料有硅、锗、硒、金属氧化物及硫化物。半导体的导电能力在不同条件下(如受光、受热、掺杂着杂质等)有着显著的差异,由此制成了不同用途的半导体器件。大部分半导体器件由硅和锗材料制成,这两种材料都是 4 价元素,本章以硅材料为例简单介绍半导体的导电机理。

7.1.1 本征半导体

具有单晶体结构的纯净半导体称为本征半导体,如图 7.1.1 所示为硅本征半导体的原子结构图。硅是 4 价元素,其原子结构最外层有 4 个价电子,且与相邻原子的价电子形成共价键结构。价电子在受自身原子核束缚的同时,还受相邻原子的束缚,若没有额外的能量,它们很难摆脱原子核的束缚。但这种共价键中的价电子没有绝缘体中的价电子束缚得那样紧,当获得能量时即可摆脱原子核束缚成为自由电子。在热力学零度($T=0$K)时,本征半导体中没有可移动的带电粒子,相当于绝缘体。如果温度升高,束缚电子受热激发获得能量,少数价电子挣脱束缚,成为自由电子。价电子挣脱束缚后在原价电子的位置上留下一个空位,将这个空位称为"空穴",如图 7.1.2 所示。温度越高,产生的电子—空穴对越多。自由电子的数量和空穴的数量相等,所以宏观上还是电中性的。

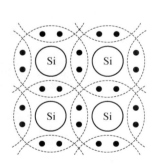

图 7.1.1 硅的原子结构

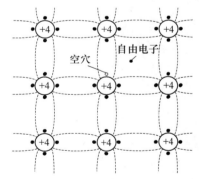

图 7.1.2 本征半导体中的自由电子与空穴

在外电场的作用下,电子定向运动形成电流,价电子也相继填补空穴形成电流(形似空穴在运动)。而空穴运动的方向与价电子运动方向相反,因此空穴电流相当于正电荷运动产生的电流。故称电子和空穴为载流子。

7.1.2 杂质半导体

在本征半导体中掺入某种特定的杂质,就成为杂质半导体。与本征半导体相比,杂质半导体的导电性能发生显著变化。

1. **N型半导体**

在纯净的4价半导体硅(或锗)中,掺入少量的5价杂质元素,如磷、锑、砷等,原来的一些硅原子将被杂质原子代替。而杂质原子的最外层有5个价电子,它与周围4个硅原子组成共价键时将多余一个电子。这个电子不受共价键的约束,而只受自身原子核的吸引。这种束缚力比较微弱,在室温下即可成为自由电子,同时形成杂质元素的正离子,如图7.1.3所示。在掺有5价元素的半导体中,自由电子的数量很多,称为多数载流子;而空穴的数量很少,称为少数载流子,因而这种半导体材料主要靠电子导电,所以称为电子型半导体或N型半导体。

2. **P型半导体**

如果在纯净的4价半导体硅(或锗)中,掺入少量的3价杂质元素,如硼、镓、铟等,由于杂质原子的最外层只有3个价电子,它与周围4个硅原子组成共价键时,将缺少一个价电子,在常温下很容易从其他位置的共价键中夺取一个电子,使杂质原子对外呈现为负电荷,形成负离子,同时在其他地方产生一个空穴,如图7.1.4所示。在这种杂质半导体中,空穴是多数载流子,电子是少数载流子,因而主要靠空穴导电,所以称为空穴型半导体或P型半导体。

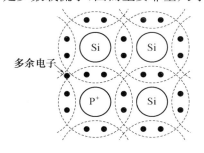
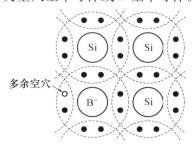

图7.1.3 N型半导体晶体结构 图7.1.4 P型半导体晶体结构

在杂质半导体中,多数载流子的浓度主要决定于掺入的杂质浓度;而少数载流子的浓度与温度密切相关,温度升高,少数载流子数目增加。

7.1.3 PN结的形成

在一块半导体基片上通过适当的"注入"工艺可形成P型半导体和N型半导体,在交界面两侧的异性多子相互扩散,如图7.1.5(a)所示,使本来电中性的杂质原子成为带异性电荷的离子,同时建立内电场,如图7.1.5(b)所示。内电场阻碍多子的继续扩散,但促使少子移动,由此形成的移动称为漂移运动。当扩散运动与漂移运动达到动态平衡时,在此交界面两侧形成一定厚度的空间电荷区,即PN结。显然,PN结的厚度取决于掺杂浓度大小。这个空间电荷区因其阻碍多子的继续扩散,又称为阻挡层,又因其中几乎没有载流子,也称为耗尽层。

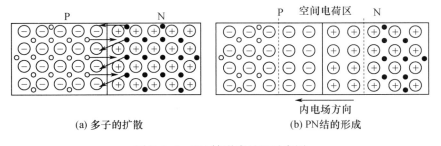

图7.1.5 PN结形成过程示意图

7.1.4 PN结的单向导电性

假设在PN结上外加一个电压,其正极接P区,负极接N区,如图7.1.6(a)所示,这种接法称为正极接法或正向偏置(简称正偏)。由图可见,外电场的作用将使P区的空穴向右移动,与空间电荷区内的一部分负离子中和;使N区的电子向左移动,与空间电荷区内的一部分正离子中和。内电场被削弱,PN结变薄,这将有利于多数载流子的扩散运动,而不利于少数载流子的漂移运动。因此,扩散电流将大大超过漂移电流,最后在回路中形成一个正向电流I,其方向在PN结中从P区流向N区。正向偏置时,只要在PN结上加一个较小的电压,即可得到较大的正向电流。

假设在PN结上外加一个电压,其正极接N区,负极接P区,如图7.1.6(b)所示,这种接法称为反极接法或反向偏置(简称反偏)。此时,外电场的作用将使P区中的空穴和N区中的电子各自向着远离耗尽层的方向移动。结果是,加强了内电场,PN结加厚,这将不利于多子的扩散运动,而有利于少子的漂移运动。所以漂移电流将超过扩散电流,最后在回路中形成一个主要由少子运动产生的反向电流I,其方向在PN结中从N区流向P区,由于少子形成的电流极小(μA量级),视为截止(不导通)。这就是所谓PN结的单向导电性。

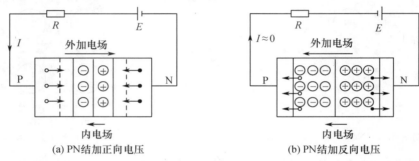

图 7.1.6 PN结的单向导电性

7.2 二 极 管

7.2.1 二极管的结构和特性

1. 二极管的结构特点

如图7.2.1所示为二极管的符号和结构图。二极管的管壳表面常标有箭头、色点或色圈,表示二极管的极性。二极管按材料来分,有硅管和锗管;按结构来分,有点接触型和面接触型。点接触型二极管(多为锗管)的特点是PN结面积小,结电容小,允许通过的电流小,适用于高频电路的检波或小电流的整流,也可在数字电路中用作开关元件。面接触型二极管(多为硅管)的特点是PN结面积大,结电容大,允许通过的电流大,适用于低频整流。

2. 二极管的伏安特性

二极管的内部是一个PN结,所以它一定具有单向导电性,其伏安特性曲线如图7.2.2所示。

(1)正向特性

当外加正向电压很低时,外电场不足以抵消PN结的内电场,多数载流子的扩散受阻,正向电流几乎为零。当正向电压超过一定数值后,内电场被大大削弱,电流增长很快,这个电压

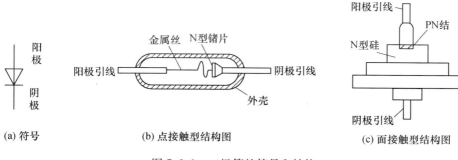

(a) 符号　　　　(b) 点接触型结构图　　　　(c) 面接触型结构图

图 7.2.1　二极管的符号和结构

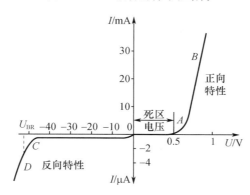

图 7.2.2　二极管的伏安特性曲线

值称为死区电压,其大小与材料及环境温度有关。通常硅管的死区电压约为 0.5V,锗管的死区电压约为 0.2V。当正向电压大于死区电压时,正向电流迅速增加,此时二极管的正向压降变化很小,硅管为 0.6~0.7V,锗管为 0.2~0.3V,因此二极管的正向电阻很小。

二极管的伏安特性对温度很敏感,温度升高,正向特性曲线左移,这说明对同样大小的正向电流,正向压降随温升而减小。

（2）反向特性

二极管加上反向电压时,由于只有少数载流子的漂移运动,因此形成的反向电流很小。在一定温度下,它的大小基本维持不变,且与反向电压的大小无关,故称为反向饱和电流。一般小功率硅管的反向电流在 0.1μA 以下,而小功率锗管的反向电流则可达几十微安(μA),这一区段称为反向截止区。当温度升高时,少数载流子数目增加,使反向电流增大,特性曲线下移。研究表明,温度每升高 10℃,反向电流增大近一倍。

（3）反向击穿特性

当二极管的外加反向电压大于一定数值时,反向电流突然剧增,二极管失去单向导电性,这种现象称为击穿。击穿时,加在二极管上的反向电压称为反向击穿电压 U_{BR},其值一般在几十伏以上。普通二极管被反向击穿后,便不能恢复原来的性质。

3. 二极管的主要参数

电子器件的参数是正确选择和使用该器件的依据,二极管的主要参数有:

① 最大整流电流 I_{DM}。二极管长期工作时,允许通过的最大正向平均电流。在使用时,若电流超过这个数值,将使 PN 结过热而烧坏管子。

② 反向峰值电压 U_{RM}。是指管子不被击穿所允许的最大反向电压。一般为二极管反向击穿电压的一半或三分之二。

③ 反向峰值电流 I_{RM}。是指二极管加反向峰值电压 U_{RM} 时的反向电流。I_{RM} 越小，二极管的单向导电性越好。I_{RM} 受温度影响很大，使用时要加以注意。二极管的反向峰值电流较小，一般在几微安以下，锗管的反向峰值电流较大，为硅管的几十到几百倍。

7.2.2 二极管的应用

1. 二极管的等效模型

从图 7.2.3 可见，二极管的伏安特性具有非线性，这给二极管应用电路的分析带来了一定的困难。为了便于分析，通常在一定的条件下，用线性元件所构成的电路来近似模拟二极管的特性，并取代电路中的二极管。能够模拟二极管特性的电路称为二极管的等效电路或二极管的等效模型。根据二极管的伏安特性可以构造多种等效电路，对于不同应用场合，有不同的分析要求，应选用其中一种。

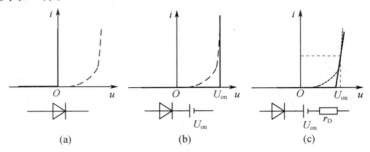

图 7.2.3 由伏安特性折线化的等效电路

由伏安特性得到的折线化等效电路如图 7.2.3 所示，图中粗实线为折线化的伏安特性，虚线表示实际伏安特性，下面为等效电路。

如图 7.2.3(a)所示的折线化伏安特性表明：二极管导通时正向压降为零，截止时反向电流为零，称为理想二极管，用二极管符号来表示。

如图 7.2.3(b)所示的折线化伏安特性表明：当二极管正向压降为一个常量 U_{on}，截止时反向电流为零，因而等效电路是理想二极管串联电压源 U_{on}。

如图 7.2.3(c)所示的折线化伏安特性表明：当二极管正向电压 U 大于 U_{on} 后，其电流 I 与 U 成线性关系，直线斜率为 r_D。二极管截止时，反向电流为零。因此等效电路是理想二极管串联电压源 U_{on} 和电阻 r_D，且 $r_D = \Delta U/\Delta I$。

因为二极管导通电压的变化范围很小，所以多数情况下可以认为二极管具有图 7.2.3(b)的特性。对于硅管，可取 $U_D = U_{on} = 0.7V$；对于锗管，可取 $U_D = U_{on} = 0.2V$。

2. 二极管的应用

二极管是电子电路中最常用的器件，利用其单向导电性，可用于整流、检波、限幅、元件的保护及数字电路中的开关元件。

为分析计算方便，在特定条件下，一般将二极管视为理想二极管，即当外加正向电压时，二极管导通，正向压降为 0V，相当于开关闭合；当外加反向电压时，二极管截止，反向电流为 0A，相当于开关断开。利用理想二极管模型分析、计算，同样可以得到比较满意的结果。没有特殊说明，本书均按理想二极管对待。

例 7-1 电路如图 7.2.4 所示，二极管导通电压 U_D 约为 0.7V。$E_1 = 6V$，$E_2 = 12V$，试分别估算开关断开和闭合时的输出电压。

解：当开关断开时，二极管因加正向电压而导通，故输出电压为

$$U_o = E_1 - U_D \approx 6 - 0.7 = 5.3\text{V}$$

当开关闭合时，二极管因外加反向电压而截止，故输出电压为

$$U_o = E_2 = 12\text{V}$$

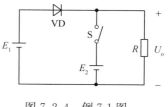

图 7.2.4　例 7-1 图

7.2.3　特殊二极管

1. 发光二极管

发光二极管(Light Emitting Diode)是一种将电能直接转换成光能的半导体显示器件，简称 LED。和普通二极管相似，发光二极管的 PN 结封装在透明塑料壳内，外形有方形、矩形和圆形等，广泛用于信号指示等电路中，常用的有 2EF 等系列。在电子技术中常用的数码管，就是发光二极管按一定的排列组成的。

发光二极管的原理与光电二极管相反。当这种管子正向偏置通过电流时，由于电子与空穴的复合而释放能量，所以会发出一定波长的可见光，光的颜色取决于所用的材料。如磷砷化镓(GaAsP)材料发红光或黄光、磷化镓(GaP)材料发绿光、氮化镓(GaN)材料发蓝光、碳化硅(SiC)材料发黄光、砷化镓(GaAs)材料发不可见的红外线。

图 7.2.5　发光二极管的符号

发光二极管的符号如图 7.2.5 所示。它的伏安特性和普通二极管相似，死区电压为 0.9～1.1V，正向工作电压为 1.5～2.5V，工作电流为 5～15mA。反向击穿电压较低，一般小于 10V。

2. 光电二极管

光电二极管又称光敏二极管。它的管壳上备有一个玻璃窗口，以便于接受光照。其特点是：当光线照射于它的 PN 结时，可以成对地产生自由电子和空穴，使半导体中少数载流子的浓度提高。这些载流子在一定的反向偏置电压作用下可以产生漂移电流，使反向电流增加。因此，它的反向电流随光照强度的增加而线性增加，这时光电二极管等效于一个恒流源。当无光照时，光电二极管的伏安特性和普通二极管一样。光电二极管的等效电路及符号如图 7.2.6 所示。

光电二极管作为光控元件，可用于物体监测、光电控制、自动报警等方面。大面积的光电二极管可作为一种绿色能源，称为光电池。近年来，科学家又研制成线性光敏器件，统称为光耦，可以实现光与电的线性转换，在信号传送和图像处理领域有广泛的应用。

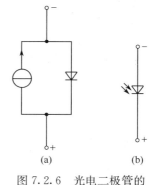

图 7.2.6　光电二极管的等效电路及符号

3. 稳压管

如果二极管工作在反向击穿区，则当反向电流有一个比较大的变化量 ΔI 时，管子两端相应的电压变化量 ΔU 却很小。利用这一特点，可以实现"稳压"作用。因此，稳压管实质上也是一种二极管，但是通常工作在反向击穿区。

稳压管的伏安特性及符号如图 7.2.7(a)和(b)所示。

稳压管有以下主要参数。

(1) 稳定电压 U_Z

U_Z 是稳压管工作在反向击穿区时的工作电压。稳定电压 U_Z 是挑选稳压管的主要依据

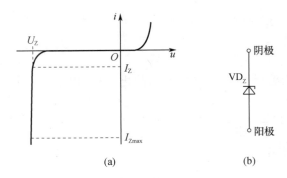

图 7.2.7 稳压管伏安特性及符号

之一。由于稳定电压随着工作电流的不同而略有变化,所以测试 U_Z 时应使稳压管的电流为规定值。不同型号的稳压管,其稳定电压的值不同。对于同一型号的稳压管,由于制造工艺的分散性,各个不同管子的 U_Z 值也有些差别。例如稳压管 2DW7C,其 $U_Z=6.1\sim 6.5\text{V}$ 表示型号同为 2DW7C 的不同的稳压管,稳定电压有的可能为 6.1V,有的可能为 6.5V 等,但并不意味一个稳压管子的稳定电压会有如此之大的变化范围。

(2) 稳定电流 I_Z

I_Z 是使稳压管正常工作时的参考电流。若工作电流低于 I_Z,则管子的稳压性能变差;若工作电流高于 I_Z,只要不超过额定功耗,稳压管可以正常工作。而且一般来说,工作电流较大时,稳压性能较好。

(3) 动态内阻

动态内阻 r_Z 指稳压管两端电压和电流的变化量之比,即

$$r_Z = \frac{\Delta U}{\Delta I}$$

显然,稳压管的 r_Z 值越小,则稳压性能越好。对于同一个稳压管,一般工作电流愈大,其值愈小。通常手册上给出的 r_Z 值是在规定的稳定电流之下得到的。

(4) 额定功率 P_Z

由于稳压管两端加有电压 U_Z,而管子中又流过一定的电流,因此要消耗一定的功率。这部分功耗转化为热能,使稳压管发热,额定功率 P_Z 决定于稳压管允许的温升。也有的手册上给出最大稳定电流 I_{Zmax}。稳压管的最大稳定电流 I_{Zmax} 与额定功率 P_Z 之间存在以下关系:$I_{Zmax}=P_Z/U_Z$。如果手册上只给出 P_Z,可由该式自行计算出 I_{Zmax}。

(5) 电压的温度系数 α_u

α_u 表示当稳压管的电流保持不变时,环境温度每变化 1℃所引起的稳定电压变化的百分比。一般来说,稳定电压大于 7V 的稳压管,其 α_u 为正值,即当温度升高时,稳定电压值将增大。稳定电压小于 4V 的稳压管,其 α_u 值为负值,即温度升高时,稳定电压值将减小。而稳定电压在 4~7V 之间的稳压管,α_u 的值比较小,表示其稳定电压值受温度的影响较小,性能比较稳定。

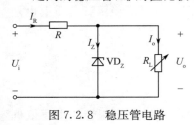

图 7.2.8 稳压管电路

使用稳压管组成稳压电路时,需要注意几个问题。首先,应使外加电源的正极接管子的 N 区,电源的负极接 P 区,以保证稳压管工作在反向击穿区,如图 7.2.8 所示。其次,稳压管应与负载电阻 R_L 并联,由于稳压管两端电压的变化量很小,因而使输出电压比较稳定。第三,必须限制流过稳压管的电流 I_Z,使其不超过规定值,以免因过热而烧坏管子。但 I_Z 的

值也不能太小,若小于临界值 I_{Zmin},则稳压管将失去稳压作用。因此,稳压管电路必须接入一个限流电阻 R,其作用是调节稳压管电流 I_Z 的大小。

例 7-2 在如图 7.2.9 所示的稳压管电路中,已知稳压管的稳定电压 $U_Z=6V$,最小稳定电流 $I_{Zmin}=5mA$,最大稳定电流 $I_{Zmax}=25mA$;$U_i=10V$,负载电阻 $R_L=600\Omega$。求限流电阻 R 的取值范围。

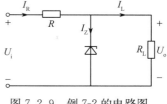

图 7.2.9 例 7-2 的电路图

解:从图 7.2.9 可知,电阻 R 上的电流 I_R 等于流过稳压管的电流 I_Z 与负载电流 I_L 之和,即 $I_R=I_Z+I_L$。

其中 $I_Z=(5\sim25)mA$,$I_L=\dfrac{U_Z}{R_L}=6/600=0.01A=10mA$,所以 $I_R=(15\sim35)mA$。

电阻 R 上的电压 $U_R=U_i-U_Z=10-6=4V$,因此

$$R_{max}=\frac{U_R}{I_{R_{min}}}=\frac{4}{15\times10^{-3}}\approx267\Omega$$

$$R_{min}=\frac{U_R}{I_{R_{max}}}=\frac{4}{35\times10^{-3}}\approx114\Omega$$

限流电阻 R 的取值范围为 $114\sim227\Omega$。

7.3　晶体三极管

晶体三极管为双极型晶体管,简称为晶体管或三极管。它的放大作用和开关作用在电子技术中应用很广。

7.3.1　晶体管基本结构和电流放大作用

晶体管按结构的不同,分为 NPN 型和 PNP 型,如图 7.3.1 所示。

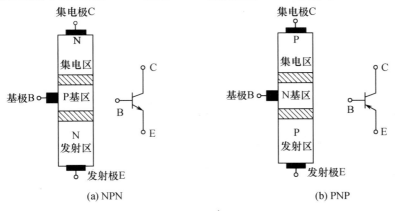

图 7.3.1　晶体管结构示意图及符号

每种晶体管都有 3 个区,分别称为发射区、基区和集电区,3 个区各引出一个电极,分别称为发射极(E)、基极(B)和集电极(C),发射区和基区之间的 PN 结称为发射结,集电区和基区之间的 PN 结称为集电结。晶体管图形符号中发射极箭头表示基极到发射极电流的方向。

晶体管具有电流放大作用的内部条件是:①发射区掺杂浓度很高;②基区掺杂浓度很小且

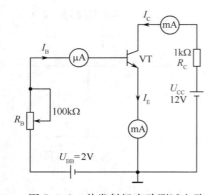

图 7.3.2 共发射极实验测试电路

很薄,一般只有几微米;③集电区掺杂浓度较小,结面积较大。外部条件是:发射结加正向电压,集电结加反向电压。

现以 NPN 型晶体管为例来说明晶体管各极间电流的分配关系及其电流放大作用。如图 7.3.2 所示电路,电源 U_{BB}、电阻 R_B、基极 B 和发射极 E 组成输入回路,电源 U_{CC}、电阻 R_C、集电极 C 和发射极 E 组成输出回路,发射极 E 是输入、输出回路的公共端,故此电路称为共发射极放大电路。U_{BB} 使发射结正向偏置,U_{CC} 使集电结反向偏置。改变可变电阻 R_B,测基极电流 I_B、集电极电流 I_C 和发射极电流 I_E。测试数据见表 7-1。

通过实验可得出如下结论。

① $I_E = I_B + I_C$,符合基尔霍夫电流定律。

② I_E 和 I_C 几乎相等,但远远大于基极电流 I_B。I_B 的微小变化会引起 I_C 较大的变化,计算可得

$$\frac{I_{C3}}{I_{B3}} = \frac{2.08}{0.04} = 52, \quad \frac{I_{C4}}{I_{B4}} = \frac{3.17}{0.06} = 52.8$$

$$\frac{\Delta I_C}{\Delta I_B} = \frac{I_{C4} - I_{C3}}{I_{B4} - I_{B3}} = \frac{3.17 - 2.08}{0.06 - 0.04} = \frac{1.09}{0.02} = 54.5$$

表 7-1 晶体管电流测试数据

$I_B/\mu A$	0	20	40	60	80	100
I_C/mA	0.005	0.99	2.08	3.17	4.26	5.40
I_E/mA	0.005	1.01	2.12	3.23	4.34	5.50

计算结果表明,基极电流的微小变化,便可引起比它大数十倍至数百倍的集电极电流的变化,且其比值近似为常数(记作 β),这就是晶体管的电流放大作用。

对于 PNP 型晶体管,其工作原理一样,只是它们在电路中所接电源的极性不同。

由此可得出,在一个放大电路中,对于 NPN 型晶体管:集电极电位最高,发射极电位最低;对于 PNP 型晶体管:发射极电位最高,集电极电位最低。当然,若是硅材料,发射极、基极电位相差 0.6~0.7V;若是锗材料,发射极、基极电位相差 0.2~0.3V。这样便可根据放大电路中晶体管 3 个电极的电位判断其类型、材料和对应的 3 个极。

7.3.2 晶体管特性曲线和主要参数

晶体管的特性曲线全面反映了晶体管各个电极间电压和电流之间的关系,是分析放大电路的重要依据。特性曲线可由实验测得,也可在晶体管图示仪上直观地显示出来。

1. 晶体管输入特性曲线

晶体管的输入特性曲线表示了以 U_{CE} 为参考变量时 I_B 和 U_{BE} 的关系,即

$$I_B = f(U_{BE}) \big|_{U_{CE}=常数}$$

如图 7.3.3 所示为晶体管的输入特性曲线,由图可见,输入特性与二极管的正向导通区类似。硅管的死区电压(或称为门槛电压)约为 0.5V,发射结导通电压 $U_{BE}=0.6\sim0.7V$;锗管的死区电压约为 0.2V,导通电压约为 0.3V。若为 PNP 型晶体管,则发射结导通电压 U_{BE} 分别为 $-0.6\sim-0.7V$ 或 $-0.3V$。

一般情况下,当 $U_{CE}>1V$ 以后,输入特性曲线几乎与 $U_{CE}=1V$ 时的特性曲线重合,因为 $U_{CE}>1V$ 后,I_B 无明显改变了。晶体管工作在放大状态时,U_{CE} 总是大于 1V 的(集电结反偏),因此常用 $U_{CE}\geq 1V$ 的一条曲线来代表所有的输入特性曲线。

2. 晶体管输出特性曲线

晶体管的输出特性曲线表示以 I_B 为参考变量时 I_C 和 U_{CE} 的关系,即

$$I_C = f(U_{CE}) \mid_{I_B=常数}$$

如图 7.3.4 所示为晶体管的输出特性曲线,当 I_B 改变时,可得一组曲线,输出特性曲线可分为放大、截止和饱和 3 个区域。

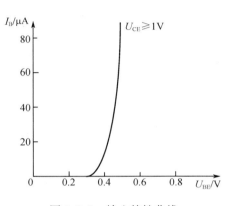
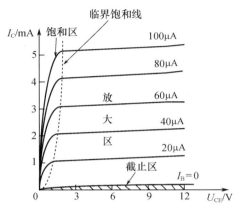

图 7.3.3　输入特性曲线　　　　　　图 7.3.4　输出特性曲线

(1) 截止区

特性曲线中 $I_B=0$ 以下区域称为截止区。在这个区域中,集电结处于反偏,$U_{BE}\leq 0$,发射结反偏或零偏,即 $U_C>U_E\geq U_B$。电流 I_C 很小,工作在截止区时的晶体管犹如一个断开的开关。

(2) 饱和区

特性曲线靠近纵轴的区域是饱和区。当 $U_{CE}<U_{BE}$ 时,发射结、集电结均正偏,即 $U_B>U_C>U_E$。在饱和区 I_B 增大时,I_C 几乎不再增大,晶体管失去放大作用。一般认为 $U_{CE}=U_{BE}$ 时的状态称为临界饱和状态,用 U_{CES} 表示。此时集电极临界饱和电流

$$I_{CS} = \frac{U_{CC}-U_{CES}}{R_C} \approx \frac{U_{CC}}{R_C}$$

基极临界饱和电流

$$I_{BS} = \frac{I_{CS}}{\beta}$$

当集电极电流 $I_C>I_{CS}$ 时,认为晶体管已处于饱和状态。$I_C<I_{CS}$ 时,晶体管处于放大状态。晶体管深度饱和时,硅管的 U_{CE} 约为 0.3V,锗管的 U_{CE} 约为 0.1V,由于深度饱和时 U_{CE} 约等于 0,故此时的晶体管在电路中犹如一个闭合的开关。

晶体管的工作状态从截止转为饱和,或从饱和转为截止,便是一个典型的开关。

(3) 放大区

特性曲线近似水平直线的区域称为放大区。这个区域里发射结正偏,集电结反偏,即 $U_C>U_B>U_E$。其特点是 I_C 的大小受 I_B 的控制,$\Delta I_C = \beta \Delta I_B$,晶体管具有电流放大作用。在放大区 β 约等于常数,I_B 按等差值变化,I_C 按一定比例几乎等距离平行变化。由于 I_C 只受 I_B 的控

制,与 U_{CE} 的大小基本无关,所以具有恒流的特点和受控特点,即晶体管可看作受 I_B 控制的理想电流源。

3. 晶体管的主要参数

晶体管的参数是用来衡量晶体管的各种性能、评价晶体管的优劣和选用晶体管的依据,主要参数如下。

(1) 晶体管电流放大系数

① 共射直流电流放大系数 $\bar{\beta}$。它表示集电极电压一定时,集电极电流和基极电流之间的关系,即

$$\bar{\beta}=\frac{I_C-I_{CEO}}{I_B}\approx\frac{I_C}{I_B}$$

② 共射交流电流放大系数 β。它表示在 U_{CE} 保持不变的条件下,集电极电流的变化量与相应的基极电流变化量之比,即

$$\beta=\frac{\Delta I_C}{\Delta I_B}\bigg|_{U_{CE}=常数}$$

$\bar{\beta}$ 和 β 的含义虽然不同,但晶体管工作于放大区时,两者差异极小,常认为 $\bar{\beta}=\beta$(手册上 $\bar{\beta}$ 和 β 用 h_{fe} 和 h_{FE} 表示)。

由于制造工艺上的分散性,同一类型晶体管的 β 值差异很大。常用的小功率晶体管的 β 值一般为 20～200。实验表明,温度升高时 β 值随之增大,一般以 25℃时的 β 值为基数,温度每升高 1℃,β 值增加约 0.5%～1%。β 值过小,晶体管的电流放大作用小;β 值过大,温度稳定性差。一般选用 β 值在 20～100 的晶体管较为合适。

(2) 极间电流

① 集—基极反向饱和电流 I_{CBO}:发射极开路,集电极与基极之间加反向电压时,由少数载流子形成的电流。其值受温度影响大,锗管的 I_{CBO} 是硅管的 2～3 倍。工程上,一般都按温度每升高 10℃,I_{CBO} 增大一倍来考虑。I_{CBO} 越小,晶体管工作的稳定性越好。

② 穿透电流 I_{CEO}:基极开路,集电极与发射极间加电压时的集电极电流。由于该电流由集电极穿过基区流到发射极,故称为穿透电流。根据晶体管的电流分配关系可知:$I_{CEO}=(1+\beta)I_{CBO}$,故 I_{CEO} 也因温度的影响而改变,且 β 值大的晶体管热稳定性差。

(3) 极限参数

① 集电极最大允许电流 I_{CM}:晶体管的集电极电流达到一定值后,电流增大,晶体管的 β 值下降,I_{CM} 是 β 值下降到正常值 2/3 时的集电极电流。超过这个值使用,β 值就会显著下降。

② 反向击穿电压 $U_{(BR)CEO}$:基极开路时,加在集电极与发射极之间的最大允许电压。使用时,如果超出这个电压将导致集电极电流 I_C 急剧增大,这种现象称为击穿。温度升高时,$U_{(BR)CEO}$ 值会显著下降。

③ 集电极最大允许耗散功率 P_{CM}。晶体管集电极最大允许电流 I_{CM} 与电压 U_{CE} 的乘积称为集电极功率最大允许耗散功率。当 P_C 大于 P_{CM} 时,将导致晶体管过热甚至烧毁。一般硅管的最高允许温度为 140℃,锗管为 90℃。

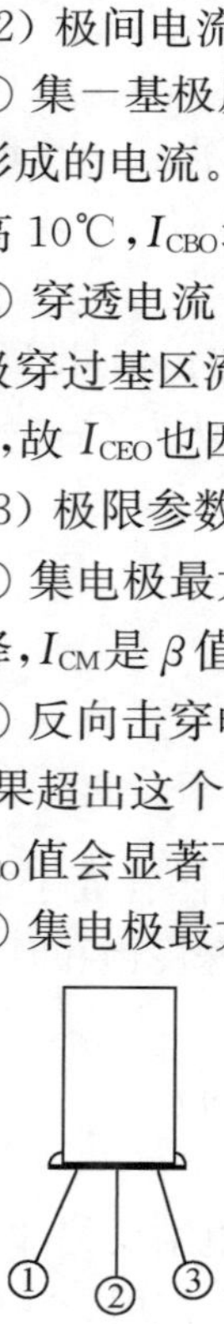

例 7-3 填空。

如图 7.3.5 所示,测得三极管①、②、③引脚电压分别为 +3V、+3.2V、+9V,由此可判断图中的三极管为 NPN 管,3 个电极分别为:①<u>发射极 E</u>,②<u>基极 B</u>,③<u>集电极 C</u>。

图 7.3.5 例 7-3 的图

7.3.3 晶体管开关应用

在模拟电路中,晶体管主要作为放大器件使用,而在数字电路中,晶体管则主要作为开关使用,如图 7.3.6 所示电路中晶体管就是作为开关使用的。当输入信号电平为 0V 时,晶体管发射结 $U_{BE}=0$,基极电流 $I_B=0$,集电极电流 $I_C=\beta I_B=0$,相当于开关断开;当输入信号电平为 5V 时,发射结正偏,晶体管处于深度饱和,$U_{CES}\approx 0.3V$,相当于开关闭合。

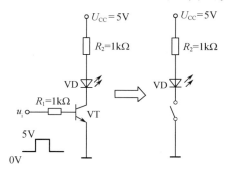

图 7.3.6 晶体管开关应用

晶体管作为开关应用时,输入信号应使晶体管或处于截止状态,或处于饱和状态,对应着开关的断开与闭合。晶体管在截止与饱和两个状态之间转换的过渡过程中才短暂地工作于放大状态。

例 7-4 如图 7.3.7 所示晶体管的输出特性曲线,试指出各区域名称并根据所给出的参数进行分析计算。

(1) $U_{CE}=3V, I_B=60\mu A, I_C=?$

(2) $I_C=4mA, U_{CE}=4V, I_{CB}=?$

(3) $U_{CE}=3V, I_B$ 在 40~60μA 之间变化时,$\beta=?$

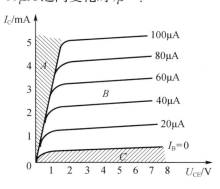

图 7.3.7 例 7-4 的图

解:A 区是饱和区,B 区是放大区,C 区是截止区。

(1) 观察图 7.3.7,对应 $I_B=60\mu A, U_{CE}=3V$ 处,集电极电流 I_C 约为 3.5mA。

(2) 观察图 7.3.7,对应 $I_C=4mA, U_{CE}=4V$ 处,I_B 约小于 80μA 和大于 70μA。

(3) 对应 $\Delta I_B=20\mu A, U_{CE}=3V$ 处,$\Delta I_C\approx 1mA$,所以 $\beta\approx 1000/20=50$。

7.4 绝缘栅型场效应管

场效应管是利用输入回路的电场效应来控制输出回路电流的一种半导体器件,并以此命名。由于它仅靠半导体中的多数载流子导电,又称单极型晶体管。场效应管不但具备双极型晶体管体积小、重量轻、寿命长等优点,而且输入回路的内阻高达 $10^7 \sim 10^{12} \Omega$,噪声低、热稳定性好、抗辐射能力强且比后者耗电省,这些优点使之从 20 世纪 60 年代诞生起就被广泛应用于各种电子电路中。

场效应管分为结型和绝缘栅型两种不同的结构,本节只对绝缘栅型场效应管(MOS 管)的工作原理、特性及主要参数加以介绍。

7.4.1 绝缘栅型场效应管工作原理及特性

MOS 管有 N 沟道和 P 沟道两类,但每一类又分为增强型和耗尽型两种,因此 MOS 管的 4 种类型为:N 沟道增强型 MOS 管、N 沟道耗尽型 MOS 管、P 沟道增强型 MOS 管、P 沟道耗尽型 MOS 管。凡栅—源电压 U_{gs} 为零时漏极电流不为零的管子均属于耗尽型 MOS 管。下面讨论它们的工作原理及特性。

1. N 沟道增强型 MOS 管

N 沟道增强型 MOS 管结构的示意图及符号如图 7.4.1(a)所示。它以一块低掺杂的 P 型硅片为衬底,利用扩散工艺制作两个高掺杂的 N^+ 区,并引出两个电极,分别为源极 s 和漏极 d,半导体上制作一层 SiO_2 绝缘层,再在 SiO_2 之上制作一层金属铝,引出电极,作为栅极 g。通常将衬底与源极接在一起使用。这样,栅极和衬底各相当于一个极板,中间是绝缘层,形成电容。当栅—源电压变化时,将改变衬底靠近绝缘层处感应电荷的多少,从而控制漏极电流的大小。

如图 7.4.1(b)所示为 N 沟道和 P 沟道两种增强型 MOS 管的符号。

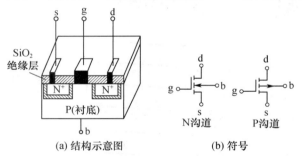

图 7.4.1 N 沟道增强型 MOS 管结构的示意图及增强型 MOS 管的符号

(1) 工作原理

当栅—源之间不加电压时,漏—源之间是两只背向的 PN 结,不存在导电沟道,因此,即使漏—源之间加电压,也不会有漏极电流。

当 $u_{ds}=0$ 且 $u_{gs}>0$ 时,由于 SiO_2 的存在,栅极电流为零。但是栅极金属层将聚集正电荷,它们排斥 P 型衬底靠近 SiO_2 一侧的空穴,使之剩下不能移动的负离子区,形成耗尽层,如图 7.4.2(a)所示。当 u_{gs} 增大时,一方面耗尽层增宽,另一方面将衬底的自由电子吸引到耗尽层与绝缘层之间,形成一个 N 型薄层,称为反型层,如图 7.4.2(b)所示。这个反型层就构成了漏—源之间的导电沟道,使沟道刚刚形成的栅—源电压称为开启电压 $U_{gs(th)}$。u_{gs} 愈大,反型层愈厚,导电沟道的电阻愈小。

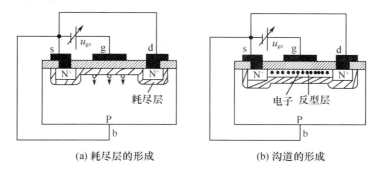

(a) 耗尽层的形成　　　　　(b) 沟道的形成

图 7.4.2　$u_{ds}=0$ 时 u_{gs} 对导电沟道的影响

当 u_{gs} 是大于 $U_{gs(th)}$ 的一个确定值时,若在源—漏之间加正向电压,则产生一定的漏极电流。即当 u_{ds} 较小时,u_{ds} 的增大使 i_d 线性增大,沟道沿源—漏方向逐渐变窄,如图 7.4.3(a)所示。一旦 u_{ds} 增大到使 $u_{gd}=U_{gs(th)}$,沟道在漏极一侧出现夹断点,称为预夹断,如图 7.4.3(b)所示。如果 u_{ds} 继续增大,夹断区随之延长,如图 7.4.3(c)所示。而且 u_{ds} 的增大部分几乎全部用于克服夹断区对漏极电流的阻力。从外部看,i_d 几乎不因 u_{ds} 的增大而变化,管子进入恒流区,i_d 几乎仅决定于 u_{gs}。

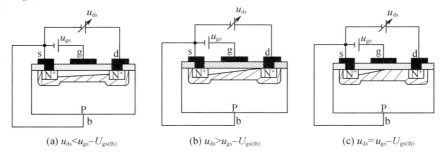

(a) $u_{ds}<u_{gs}-U_{gs(th)}$　　　(b) $u_{ds}>u_{gs}-U_{gs(th)}$　　　(c) $u_{ds}=u_{gs}-U_{gs(th)}$

图 7.4.3　u_{gs} 为大于 $U_{gs(th)}$ 的某一值时 u_{ds} 对 i_d 的影响

在 $u_{ds}>u_{gs}-U_{gs(th)}$ 时,对应于每个 u_{gs} 就有一个确定的 i_d。此时,可将 i_d 视为电压 u_{gs} 控制的电流源。

(2) 特性曲线与电流方程

如图 7.4.4(a)、(b)所示分别为 N 沟道增强型 MOS 管的转移特性曲线和输出特性曲线。MOS 管有 3 个工作区域:可变电阻区、恒流区和夹断区,如图 7.4.4(b)所示。

i_d 与 u_{gs} 的近似关系式为

$$i_d = I_{do}\left(\frac{u_{gs}}{U_{gs(th)}}-1\right)^2 \tag{7-1}$$

式中,I_{do} 是 $u_{gs}=2U_{gs(th)}$ 时的 i_d。

2. N 沟道耗尽型 MOS 管

如果在制造 MOS 管时,在 SiO_2 绝缘层中掺入大量正离子,那么即使 $u_{gs}=0$,在正离子作用下,P 型衬底表层也存在反型层,即漏—源之间存在导电沟道。只要在漏—源之间加正向电压,就会产生漏极电流,如图 7.4.5(a)所示。并且,u_{gs} 为正时,反型层变宽,沟道电阻变小,i_d 增大;反之,u_{gs} 为负时,反型层变窄,沟道电阻变大,i_d 减小。而当 u_{gs} 从零减小到一定值时,反型层消失、漏—源之间导电沟道消失,$i_d=0$。此时的 u_{gs} 称为夹断电压 $U_{gs(off)}$。

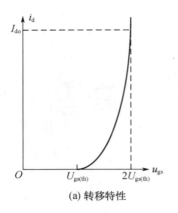
(a) 转移特性

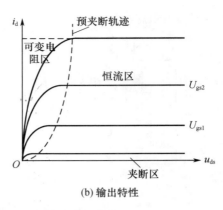
(b) 输出特性

图 7.4.4 N 沟道增强型 MOS 管的特性曲线

耗尽型 MOS 管的符号如图 7.4.5(b)所示。

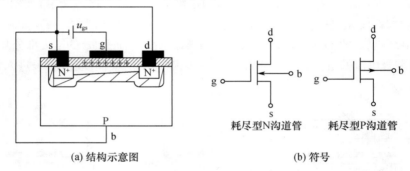

(a) 结构示意图　　　　　　(b) 符号

图 7.4.5 N 沟道耗尽型 MOS 管的结构示意图及耗尽型 MOS 管的符号

3. P 沟道 MOS 管

与 N 沟道 MOS 管相对应，P 沟道增强型 MOS 管的开启电压 $U_{gs(th)}<0$，当 $u_{gs}<U_{gs(th)}$ 时，管子才导通，漏-源之间应加负电源电压；P 沟道耗尽型 MOS 管的夹断电压 $U_{gs(off)}>0$，可在正、负值的一定范围内实现对 i_d 的控制，漏-源之间也应加负电压。

4. VMOS 管

当 MOS 管工作在恒流区时，管子的耗散功率主要消耗在漏极一端的夹断区上，并且由于漏极所连接的区域（称为漏区）不大，无法散发很多的热量，所以 MOS 管不能承受较大功率。VMOS 管从结构上较好地解决了散热问题，故可制成大功率管，如图 7.4.6 所示为 N 沟道增强型 VMOS 管的结构示意图。

VMOS 管以高掺杂的 N^+ 区为衬底，上面外延低掺杂的 N 区，共同作为漏区，引出漏极。

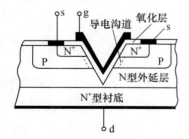

图 7.4.6 N 沟道增强型 VMOS 管的结构示意图

在外延层 N 区上又形成一层 P 区，并在 P 区之上制成高掺杂的 N^+ 区。从上面俯视 VMOS 管 P 区与 N^+ 区，可以看到它们均为环状区，所引出的电极为源极。中间是腐蚀而成的 V 形槽，其上生长一层绝缘层，并覆盖上一层金属，作为栅极。VMOS 管因存在 V 形槽而得名。

在栅-源电压 u_{gs} 大于开启电压 $U_{gs(th)}$ 时，在 P 区靠近 V 形槽氧化层表面所形成的反型层与下边 N 区相接，形成垂直的导电沟道，见图 7.4.6 中标注。当漏-源间外加正电源时，自由电子将沿沟道从源极流向 N 型外延层、N^+ 区衬底到漏极，形成从漏极到源极的电流 i_d。

VMOS 管的漏区散热面积大，便于安装散热器，耗散功率最大可达千瓦以上；此外，其漏－源击穿电压高，上限工作频率高，而且当漏极电流大于某值（如 500mA）时，i_d 与 u_{gs} 基本成线性关系。

应当指出，如果 MOS 管的衬底不与源极相连接，则衬－源之间电压 u_{bs} 必须保证衬－源间的 PN 结反向偏置，因此，N 沟道管的 u_{bs} 应小于零而 P 沟道管的 u_{bs} 应大于零。此时导电沟道宽度将受 u_{gs} 和 u_{bs} 双重控制，u_{gs} 使开启电压或夹断电压的数值增大。比较而言，N 沟道管受 u_{gs} 的影响更大一些。

7.4.2　绝缘栅型场效应管的主要参数

1. 直流参数

① 开启电压 $U_{gs(th)}$：$U_{gs(th)}$ 是在 u_{ds} 为一常量时，使 i_d 大于零所需的最小 $|u_{gs}|$ 值。手册中给出的是在 i_d 为规定的微小电流（如 $5\mu A$）时的 u_{gs}，它是增强型 MOS 管的参数。

② 夹断电压 $U_{gs(off)}$：与 $U_{gs(th)}$ 相类似，$U_{gs(off)}$ 是在 u_{ds} 为常量情况下 i_d 为规定的微小电流（如 $5\mu A$）时的 u_{gs}，它是耗尽型 MOS 管的参数。

③ 饱和漏极电流 I_{dss}：在 $u_{gs}=0V$ 情况下产生预夹断时的漏极电流定义为 I_{dss}。

④ 直流输入电阻 $R_{gs(DC)}$：$R_{gs(DC)}$ 等于栅－源电压与栅极电流之比，MOS 管的输入电阻很高，一般大于 $10^9 \Omega$。

2. 交流参数

① 低频跨导 g_m：数值的大小表示 u_{gs} 对 i_d 控制作用的强弱。当管子工作在恒流区且 u_{ds} 为常量的条件下时，i_d 的微小变化量 Δi_d 与引起它变化的 Δu_{gs} 之比，称为低频跨导。即

$$g_m = \left. \frac{\Delta i_d}{\Delta u_{gs}} \right|_{u_{ds}=常数} \tag{7-2}$$

g_m 的单位是 S（西门子）或 mS。g_m 是转移特性曲线上某一点的切线的斜率。g_m 与切点的位置密切相关，由于转移曲线的非线性，因而 i_d 愈大，g_m 也愈大。

② 极间电容：场效应管的 3 个极之间均存在极间电容。通常，栅－源电容 C_{gs} 和栅－漏电容 C_{gd} 约为 $1\sim 3pF$，而漏－源电容 C_{ds} 约为 $0.1\sim 1pF$。在高频电路中，应考虑极间电容的影响。管子的最高工作频率 f_M 是综合考虑了 3 个电容的影响而确定的工作频率的上限值。

3. 极限参数

① 最大漏极电流 I_{dM}：I_{dM} 是 MOS 管正常工作时漏极电流的上限值。

② 击穿电压：MOS 管进入恒流区后，使 i_d 骤然增大的 u_{ds} 称为漏－源击穿电压 $U_{(BR)ds}$，u_{ds} 超过此值会使管子损坏。使绝缘层击穿的 u_{gs} 称为栅－源击穿电压 $U_{(BR)ds}$。

③ 最大耗散功率 P_{dM}：P_{dM} 决定于 MOS 管允许的温升。P_{dM} 确定后，便可在 MOS 管的输出特性上画出临界最大功耗线；再根据 I_{dM} 和 $U_{(BR)ds}$，便可得到 MOS 管的安全工作区。

对于 MOS 管，栅－衬之间的电容容量很小，只要有少量的感应电荷就可产生很高的电压。而 $R_{gs(DC)}$ 又很大，感应电荷难于释放，以至于感应电荷所产生的高压会使很薄的绝缘层击穿，造成 MOS 管损坏。因此，无论是存放还是在工作电路中，都应为栅－源之间提供直流通路，避免栅极悬空；同时在焊接时，要将电烙铁良好接地。

7.4.3　场效应管与晶体管的比较

场效应管的栅极 g、源极 s、漏极 d 对应于晶体管的基极 B、发射极 E、集电极 C，它们的作

用相类似。

① 场效应管用栅—源电压 u_{gs} 控制漏极电流 i_d，栅极基本不取电流。而晶体管工作时，基极总要索取一定的电流。因此，要求输入电阻高的电路应选用场效应管；而若信号源可以提供一定的电流，则可选用晶体管。

② 场效应管只有多子参与导电。晶体管内既有多子又有少子参与导电，而少子数目受温度、辐射等因素影响较大，因而场效应管比晶体管的温度稳定性好、抗辐射能力强。所以在环境条件变化很大的情况下，应选用场效应管。

③ 场效应管的噪声系数很小，所以低噪声放大器的输入级及要求信噪比较高的电路应选用场效应管。当然，也可选用特制的低噪声晶体管。

④ 场效应管的漏极与源极可以互换使用，互换后特性变化不大。而晶体管的发射极与集电极互换后特性差异很大，因此只在特殊需要时才互换。

⑤ 场效应管比晶体管的种类多，特别是耗尽型 MOS 管，栅—源电压 u_{gs} 可正、可负、可零，均能控制漏极电流，因而在组成电路时场效应管比晶体管更灵活。

⑥ 场效应管和晶体管均可用于放大电路和开关电路，它们构成了品种繁多的集成电路，但由于场效应管集成工艺更简单，且具有耗电省、工作电源电压范围宽等优点，因此场效应管越来越多地应用于大规模和超大规模集成电路中。

7.5 晶 闸 管

晶闸管也称为可控整流器(SCR)，是一种工作在开关状态下的大功率半导体电子器件。晶闸管既具有二极管的单向导电性，又具有可控的导通特性，主要用于整流、逆变、变频、调压及开关等方面。

7.5.1 晶闸管的结构与符号

晶闸管与二极管相比，它的单向导电能力还受到控制极上的信号控制。如图 7.5.1 所示为晶闸管的外形、结构与图形符号。从外形看，较大额定电流的晶闸管主要有螺栓型和平板型两种封装结构，而小电流的晶闸管还有塑封结构，均引出阳极 A、阴极 K 和控制极（或称门极）G 3 个连接端。晶闸管的内部由 PNPN 4 层半导体交替叠合而成，中间形成 3 个 PN 结。阳极 A 从上端 P 区引出，阴极 K 从下端 N 区引出，又在中间 P 区上引出控制极 G。晶闸管中通过阳极的电流比控制极中的电流大得多，所以一般晶闸管控制极的导线比阳极和阴极的导线要细。在通过大电流时，都要带上散热片。

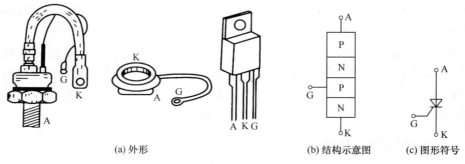

(a) 外形　　　　　　　　(b) 结构示意图　(c) 图形符号

图 7.5.1　晶闸管的外形、结构与图形符号

7.5.2 晶闸管的工作原理

在如图 7.5.2 所示的晶闸管导通实验中,可以反映出晶闸管的导通条件及关断方法。图 7.5.2(a)中,晶闸管阳极经灯接电源正极,阴极接电源负极。当控制极不加电压时,灯不亮,说明晶闸管没有导通。如果在控制极上加正电压(即图 7.5.2(b)中合上开关 S),则灯亮,说明晶闸管导通。然后将开关 S 断开,如图 7.5.2(c)所示,去掉控制极上的电压,灯继续亮。若要熄灭灯,可以减小阳极电流,或阳极加负电压,如图 7.5.2(d)所示。通过这些实验可得出以下结论:

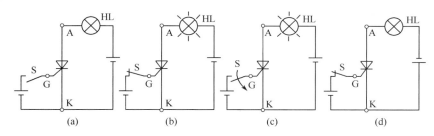

图 7.5.2 晶闸管导通实验

① 晶闸管导通的条件是在阳极和阴极之间加正向电压,同时控制极和阴极之间加适当的正向电压(实际工作中,控制极加正触发脉冲信号)。

② 导通以后的晶闸管,关断的方法是在阳极上加反向电压或将阳极电流减小到足够小的程度(维持电流 I_H 以下)。

晶闸管的这种特性可以用如图 7.5.3 所示的工作原理来解释。因为晶闸管具有 3 个 PN 结,所以可以把晶闸管看成由一只 NPN 晶体管与一只 PNP 晶体管组成,在阳极 A 和阴极 K 之间加上正向电压以后,VT_1、VT_2 两只晶体管因为没有基极电流,所以晶体管中均无电流通过,此时若在 VT_1 的基极 G 加上正向电压,使基极产生电流 I_G,此电流经晶体管 VT_1 放大以后,在 VT_1 的集电极上就产生 $\beta_1 I_G$ 电流,又因为 VT_1 的集电极就是 VT_2 的基极,所以经过 VT_2 再次放大,在 VT_2 集电极上的电流达到 $\beta_1\beta_2 I_G$。而此电流重新反馈到 VT_1 基极,又一次被 VT_1 放大,如此反复下去,VT_1 与 VT_2 之间因为强烈的正反馈,使两只晶体管迅速饱和导通。此时,它的压降约 1V。以后由于 VT_1 基极上已经有正反馈电流,所以即使去掉 VT_1 基极 G 上的正向电压,VT_1 与 VT_2 仍能继续保持饱和导通状态。

由此可知,晶闸管是一个可控单向导电开关,欲使晶闸管导通,需在阳极与阴极上加正向电压外,还需要在控制极与阴极之间加正向电压。晶闸管一旦导通,控制极即失去控制作用,所以晶闸管是半控型器件。

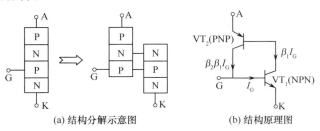

(a) 结构分解示意图   (b) 结构原理图

图 7.5.3 晶闸管的工作原理

7.5.3 晶闸管的伏安特性

晶闸管的阳极电压 U_A 与阳极电流 I_A 之间的关系曲线称为晶闸管的伏安特性曲线,如图 7.5.4 所示。控制极上的电压称为晶闸管的触发电压,触发电压可以是直流、交流或脉冲信号。在无触发信号时,如果在阳极和阴极之间加上额定的正向电压,则在晶闸管内只有很小的正向漏电流通过,它对应特性曲线的 Oa 段,以后逐渐增大阳极电压到 b 点,此时晶闸管会从阻断状态突然转向导通状态。b 点所对应的阳极电压称为无触发信号时的正向转折电压(或称"硬开通"电压),用 U_{BO} 表示。晶闸管导通后,阳极电流 I_A 的大小就由电路中的阳极电压 U_A 和负载电阻来决定。如果晶闸管上实际承受的阳极电压大于"硬开通"电压,就会使晶闸管的性能变坏,甚至损坏晶闸管。在工作时,这种导通是不允许的。

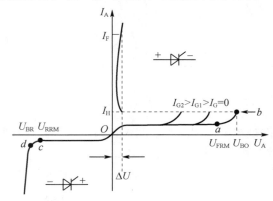

图 7.5.4 晶闸管的伏安特性

晶闸管导通后,减小阳极电流 I_A,并使 $I_A < I_H$,晶闸管会突然从导通状态转向阻断状态。在正常导通时,阳极电流必须大于维持电流 I_H。

当晶闸管的控制极上加上适当大小的触发电压 U_G(触发电流 I_G)时,晶闸管的正向转折电压会大大降低,如图 7.5.4 中 I_{G1}、I_{G2} 所示。触发信号电流越大,晶闸管导通的正向转折电压就降得越低。例如,某晶闸管在 $I_G = 0$ 时,正向转折电压为 800V,但是当 $I_G = 5$mA 时,导通需要的正向转折电压就下降到 200V;在 $I_G = 15$mA 时,导通需要的正向转折电压就只有 5V。

晶闸管的反向特性与二极管十分相似。当晶闸管的阳极和阴极两端加上不太大的反向电压时,管中只有很小的反向漏电流通过,如图中 Oc 段所示,这说明管子处在反向阻断状态。如果把反向电压增加到 d 点时,反向漏电流将会突然急剧增加,这个反向电压称为反向击穿电压 U_{BR}(或称为反向转折电压)。

7.5.4 晶闸管的主要参数

为了正确地选择和使用晶闸管,还必须了解它的电压、电流等主要参数的意义。晶闸管的主要参数有以下几项。

1. 正向平均电流 I_F

在规定的散热条件和环境温度及全导通的条件下,晶闸管可以连续通过的工频正弦半波电流在一个周期内的平均值,称为正向平均电流 I_F,如 50A 晶闸管就是指 I_F 值为 50A。如果正弦半波电流的最大值为 I_m,则

$$I_F = \frac{1}{2\pi}\int_0^\pi I_m \sin\omega d\omega = \frac{I_m}{\pi} \tag{7-3}$$

然而,这个电流值并不是一成不变的,晶闸管容许通过的最大工作电流还受冷却条件、环境温度、导通角、每个周期的导电次数等因素的影响。工作中,阳极电流不能超过此值,以免PN结的结温过高,使晶闸管烧坏。

2. 维持电流 I_H

在规定的环境温度和控制极断开情况下,维持晶闸管导通状态的最小电流称为维持电流。当晶闸管正向工作电流小于 I_H 时,晶闸管自动关断。

3. 正向重复峰值电压 U_{FRM}

在控制极断路和晶闸管正向阻断的条件下,可以重复加在晶闸管两端的正向峰值电压,称为正向重复峰值电压,用 U_{FRM} 表示。按规定此电压为正向转折电压 U_{BO} 的 80%。

4. 反向重复峰值电压 U_{RRM}

在额定结温和控制极断开时,可以重复加在晶闸管两端的反向峰值电压,用 U_{RRM} 表示。按规定此电压为反向转折电压 U_{BR} 的 80%。

5. 控制极触发电压 U_G 和电流 I_G

在晶闸管的阳极和阴极之间加 6V 直流正向电压后,能使晶闸管完全导通所必需的最小控制极电压和控制极电流,称为晶闸管的控制极触发电压 U_G 和电流 I_G。U_G 一般为 1~5V,I_G 为 5~300mA。

6. 浪涌电流 I_{FSM}

在规定时间内,晶闸管中允许通过的最大正向过载电流,此电流应不致使晶闸管因结温过高而损坏。在元件的寿命期内,浪涌的次数有一定的限制。

7.6 数制与编码

数字信号具有在数值上和时间上都不连续的特点,对数字信号进行传输、处理、运算和存储的电子电路称为数字电路。本节介绍数字电路中的数制与编码,为后续章节打下基础。

7.6.1 常用数制

数制是人们对数量计算的一种统计规律。在日常生活中,人们最熟悉的是十进制,而在数字系统中广泛使用的是二进制、八进制和十六进制。

1. 十进制

十进制的数每一位有 0、1、2、3、4、5、6、7、8、9 共 10 个数码,即基数为 10,它的进位规律是"逢十进一"。

十进制数 1234.56 可表示成多项式形式

$$(1234.56)_{10} = 1\times 10^3 + 2\times 10^2 + 3\times 10^1 + 4\times 10^0 + 5\times 10^{-1} + 6\times 10^{-2}$$

任意一个十进制数可表示为

$$(N)_{10} = \sum_{i=-m}^{n-1} a_i \times 10^i$$

式中,a_i 是第 i 位的系数,它可能是 0~9 中的任意数码,n 表示整数部分的位数,m 表示小数部分的位数,10^i 表示数码在不同位置的大小,称为权。

2. 二进制

在数字电路中,数字以电路的状态来表示。找一个具有 10 种状态的电子器件比较难,而找一个具有两种状态的器件都很容易,故在数字电路中广泛使用二进制。

二进制的数每一位只有 0 和 1 数码,即基数为 2,它的进位规律是"逢二进一",即 $1+1=10$。

二进制数 1011.01 可以表示成多项式形式

$$(1011.01)_2 = 1\times 2^3 + 0\times 2^2 + 1\times 2^1 + 1\times 2^0 + 0\times 2^{-1} + 1\times 2^{-2}$$

任意一个二进制数可表示为

$$(N)_2 = \sum_{i=-m}^{n-1} a_i \times 2^i$$

式中,a_i 是第 i 位的系数,它可能是 0、1 中的任意数码,n 表示整数部分的位数,m 表示小数部分的位数,2^i 表示数码在不同位置的大小,称为权。

3. 八进制和十六进制

用二进制表示一个较大数值时,位数太多。在数字系统中,采用八进制和十六进制作为二进制的缩写形式。

八进制的数码是:0、1、2、3、4、5、6、7,即基数是 8,它的进位规律是"逢八进一",即"$1+7=10$"。十六进制的数码是:0、1、2、3、4、5、6、7、8、9、A、B、C、D、E、F,即基数是 16,它的进位规律是"逢十六进一",即"$1+F=10$"。不管是八进制数还是十六进制数,都可以像十进制数和二进制数那样用多项式的形式来表示。

十进制数、二进制数、八进制数、十六进制数的对应关系见表 7-2。

表 7-2 十进制数、二进制数、八进制数、十六进制数的对应关系

十进制数	二进制数	八进制数	十六进制数	十进制数	二进制数	八进制数	十六进制数
0	0000	0	0	8	1000	10	8
1	0001	1	1	9	1001	11	9
2	0010	2	2	10	1010	12	A
3	0011	3	3	11	1011	13	B
4	0100	4	4	12	1100	14	C
5	0101	5	5	13	1101	15	D
6	0110	6	6	14	1110	16	E
7	0111	7	7	15	1111	17	F

7.6.2 不同数制间的转换

计算机中存储数据和对数据进行运算采用的是二进制数,当把数据输入计算机中或者从计算机中输出数据时,主要采用的是十进制数,而人们在编写程序时为方便起见又常用到八进制数或十六进制数,因此,不同数制间的转换是必不可少的。

1. 非十进制数到十进制数的转换

非十进制数转换成十进制数一般采用的方法是按权相加,这种方法按照十进制数的运算规则,将非十进制数各位的数码乘以对应的权再累加起来。

例 7-5 将 $(1101.101)_2$ 和 $(6E.4)_{16}$ 转换成十进制数。

解: $(1101.101)_2 = 1\times 2^3 + 1\times 2^2 + 0\times 2^1 + 1\times 2^0 + 1\times 2^{-1} + 0\times 2^{-2} + 1\times 2^{-3}$

$= (13.625)_{10}$

$$(6E.4) = 6\times 16^1 + 14\times 16^0 + 4\times 16^{-1} = (110.25)_{10}$$

在二进制数到十进制数的转换过程中,要频繁地计算 2 的整次幂。常用的 2 的整次幂见表 7-3。

表 7-3 常用的 2 的整次幂

n	-4	-3	-2	-1	0	1	2	3	4	5	6	7	8	9	10
2^n	0.0625	0.125	0.25	0.5	1	2	4	8	16	32	64	128	256	512	1024

2. 十进制数到非十进制数的转换

将十进制数转换成非十进制数时,必须对整数部分和小数部分分别进行转换。整数部分的转换一般采用"除基取余"法,小数部分的转换一般采用"乘基取整"法。

(1) 十进制整数转换成非十进制整数

例 7-6 将 $(41)_{10}$ 转换成二进制数和八进制数。

解:(1) 转化为二进制数

$41/2 = 20$ ……余数为 1,最低位 $a_0 = 1$
$20/2 = 10$ ……余数为 0, $a_1 = 0$
$10/2 = 5$ ……余数为 0, $a_2 = 0$
$5/2 = 2$ ……余数为 1, $a_3 = 1$
$2/2 = 1$ ……余数为 0, $a_4 = 0$
$1/2 = 0$ ……余数为 1,最高位 $a_5 = 1$

所以,$(41)_{10} = (a_5 a_4 a_3 a_2 a_1)_2 = (101001)_2$。

(2) 转化为八进制数

$41/8 = 5$ ……余数为 1,最低位 $a_0 = 1$
$5/8 = 0$ ……余数为 5,最高位 $a_1 = 5$

所以,$(41)_{10} = (a_1 a_0)_8 = (51)_8$。

例 7-7 将 $(0.625)_{10}$ 转换成二进制数。

解:$0.625 \times 2 = 1 + 0.25$ ……$a_{-1} = 1$
   $0.25 \times 2 = 0 + 0.5$ ……$a_{-2} = 0$
   $0.5 \times 2 = 1 + 0$ ……$a_{-3} = 1$

所以,$(0.625)_{10} = (0.a_{-1}a_{-2}a_{-3})_2 = (0.101)_2$。

由于不是所有的十进制小数都能用有限位 R 进制小数来表示,因此,在转换过程中可根据精度要求取一定的位数即可。若要求误差小于 R^{-n},则转换时取小数点后 n 位就能满足要求。

例 7-8 将 $(0.7)_{10}$ 转换成二进制数,要求误差小于 2^{-6}。

解:$0.7 \times 2 = 1 + 0.4$ ……$a_{-1} = 1$
   $0.4 \times 2 = 0 + 0.8$ ……$a_{-2} = 0$
   $0.8 \times 2 = 1 + 0.6$ ……$a_{-3} = 1$
   $0.6 \times 2 = 1 + 0.2$ ……$a_{-4} = 1$
   $0.2 \times 2 = 0 + 0.4$ ……$a_{-5} = 0$
   $0.4 \times 2 = 0 + 0.8$ ……$a_{-6} = 0$

所以,$(0.7)_{10} = (0.a_{-1}a_{-2}a_{-3}a_{-4}a_{-5}a_{-6})_2 = (0.101100)_2$。

最后剩下的未转换部分就是误差,由于它在转换过程中扩大了 2^6,所以真正的误差应是 0.8×2^{-6},其值小于 2^{-6},满足精度要求。

3. 非十进制数之间的转换

(1) 二进制数和八进制数之间的转换

二进制数的基数是2,八进制数的基数是8,正好有 $2^3=8$,因此,任意一位八进制数可以转换成3位二进制数。当要把一个八进制数转换成二进制数时,可以直接将每位八进制数转换成3位二进制数。而二进制数到八进制数的转换可按相反的过程进行,转换时,从小数点开始向两边分别将整数和小数每3位划分成一组,整数部分的最高一组不够3位时,在高位补0;小数部分的最后一组不足3位时,在末位补0,然后将每组的3位二进制数转换成一位八进制数即可。

例 7-9 将 $(354.76)_8$ 转换成二进制数,$(1010110.0111)_2$ 转换成八进制数。

解:

011101100.111110

所以,$(354.76)_8=(11101100.111110)_2$。

001010110.011100
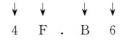
1 2 6 . 3 4

所以,$(1010110.0111)_2=(126.34)_8$。

(2) 二进制数和十六进制数之间的转换

二进制数的基数是2,十六进制数的基数是16,正好有 $2^4=16$,因此,任意一位十六进制数可以转换成4位二进制数。当要把一个十六进制数转换成二进制数时,可以直接将每位十六进制数转换成4位二进制数。对二进制数到十六进制数的转换可按相反的过程进行,转换时,从小数点开始向两边分别将整数和小数每4位划分成一组,整数部分的最高一组不够4位时,在高位补0;小数部分的最后一组不足4位时,在末位补0,然后将每组的4位二进制数转换成一位十六进制数即可。

例 7-10 将 $(8E.5A)_{16}$ 转换成二进制数,将 $(1001111.1011011)_2$ 转换成十六进制数。

解: 8 E. 5 A
↓ ↓ ↓ ↓
10001110.01011010

所以,$(8E.5A)_{16}=(10001110.01011010)_2$。

01001111.10110110
↓ ↓ ↓ ↓
4 F . B 6

所以,$(1001111.1011011)_2=(4F.B6)_{16}$。

(3) 八进制数和十六进制数之间的转换

八进制数和十六进制数之间的转换,直接进行比较困难,可用二进制数作为转换中介,即先转换成二进制数,再进行转换就比较容易了。

例 7-11 将 $(345.27)_8$ 转换成十六进制数，$(2B.A6)_{16}$ 转换成八进制数。

解：　　3　4　5 . 2　7
　　　　↓　↓　↓　↓　↓　先转换成二进制数
　　011100101 . 010111
　　11100101 . 01011100
　↓　　↓　　↓　　↓　重新分组，转换为十六进制数
　　E　　5 . 5　　C

所以，$(345.27)_8 = (5E.5C)_{16}$。

　　　　2　B . A　6
　　　　↓　↓　↓　↓　先转换成二进制数
　　00101011 . 10100110
　　101011 . 101001100
　↓　↓　↓　↓　转换成八进制数
　　5　3 . 5　1　4

所以，$(2B.A6)_{16} = (53.514)_8$。

7.6.3 编码

在数字电路及计算机中，用二进制数码表示十进制数或其他特殊信息如字母、符号等的过程，称为编码。编码在数字系统中经常使用，例如通过计算机键盘将命令、数据等输入后，首先将它们转换为二进制码，然后才能进行信息处理。

1. 二-十进制编码（BCD 码）

用 4 位二进制数码表示一位十进制数的编码称为二-十进制编码（Binary Coded Decimal），也称为 BCD 码。4 位二进制数码有 $2^4 = 16$ 种不同的组合，因而，从 16 种组合状态中选出其中 10 种组合状态来表示一位十进制数的编码方法很多。

（1）8421BCD 码

8421BCD 码是用 4 位二进制数 0000～1001 来表示十进制数的 0～9。它的每一位都有固定的权，从高位到低位的权值分别为 2^3、2^2、2^1、2^0，即 8、4、2、1。由于具有自然二进制数的特点，容易识别，转换方便，所以是最常用的一种二-十进制编码。几种常用的 BCD 码见表 7-4。

表 7-4　几种常用的 BCD 码

十进制数	8421 码	5421 码	2421 码 A	2421 码 B	余 3 码
0	0000	0000	0000	0000	0011
1	0001	0001	0001	0001	0100
2	0010	0010	0010	0010	0101
3	0011	0011	0011	0011	0110
4	0100	0100	0100	0100	0111
5	0101	1000	0101	1011	1000
6	0110	1001	0110	1100	1001
7	0111	1010	0111	1101	1010
8	1000	1011	1110	1110	1011
9	1001	1100	1111	1111	1100
权	8421	5421	2421	2421	无

(2) 余3码

余3码也是用4位二进制数表示一位十进制数,但对于同样的十进制数,比8421BCD码多0011,所以称为余3码。余3码用0011～1100这10种编码表示十进制数的0～9,是一种无权码。由表7-4可以看出:0和9、1和8、2和7、3和6、4和5这5对代码互为反码。

2. 可靠性编码

表示信息的代码在形成、存储和传送过程中,由于某些原因可能会出现错误。为了提高信息的可靠性,需要采用可靠性编码。可靠性编码具有某种特征或能力,使得代码在形成过程中不容易出错。循环码是常用的可靠性编码。

循环码又称为格雷码(Gray码),具有多种编码形式,但都有一个共同的特点,就是任意两个相邻的循环码仅有一位不同。例如,4位二进制计数器在从0101变成0110时,最低两位都要发生变化。当两位不是同时变化时,如最低位先变,次低位后变,就会出现一个短暂的误码0100。采用循环码表示时,因为只有一位发生变化,就可以避免出现这类错误。

循环码是一种无权码,每一位都按一定的规律循环。表7-5给出了一种4位循环码的编码方案。可以看出,任意两个相邻的编码仅有一位不同,而且存在一个对称轴(在7和8之间),对称轴上边和下边的编码,除最高位是互补外,其余各个数位都是以对称轴为中线镜像对称的。

表 7-5 4 位循环码的编码方案

十进制数	二进制数	循环码	十进制数	二进制数	循环码
0	0000	0000	8	1000	1100
1	0001	0001	9	1001	1101
2	0010	0011	10	1010	1111
3	0011	0010	11	1011	1110
4	0100	0110	12	1100	1010
5	0101	0111	13	1101	1011
6	0110	0101	14	1110	1001
7	0111	0100	15	1111	1000

7.7 基本逻辑

本节介绍逻辑运算与基本逻辑门。

1. 与运算和与门

当决定事物结果的所有条件同时具备时,结果才会发生,这种因果关系称为与逻辑,其运算符号用"·"表示。

如图7.7.1所示电路,两个开关A、B和灯Y串联到电源上,只有两个开关同时闭合时,灯才会亮,这样的因果关系称为与逻辑。表7-6为与运算功能表。

开关A、B有两种工作状态,开关闭合用1表示,开关断开用0表示,灯Y有两种状态,灯亮用1表示,灯不亮用0表示,得出结果见表7-7。这种用0、1表示输入/输出之间关系的表称为真值表。

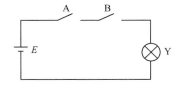

图 7.7.1 与运算电路

表 7-6　与运算功能表

A	B	Y
断开	断开	不亮
断开	闭合	不亮
闭合	断开	不亮
闭合	闭合	亮

表 7-7　与运算真值表

A	B	Y
0	0	0
0	1	0
1	0	0
1	1	1

实现与运算的门电路称为与门。与门符号如图 7.7.2 所示,与运算又称为与逻辑、逻辑乘。

输入 A 与 B 都为 1 时,输出 Y 为 1。可以写成逻辑函数式为

$$Y = A \cdot B$$

函数式中的"·"表示与运算,常省略。

与门的逻辑关系也可以用波形图描述,如图 7.7.3 所示。

图 7.7.2　与门符号

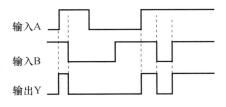

图 7.7.3　与门输入 A、B 与输出 Y 的波形图

例 7-12　已知输入 A、B 波形,试确定与门的输出波形。

解:按照与门的逻辑功能,只要有一个输入信号为低电平,输出就是低电平,两个输入信号都是高电平时,输出才是高电平,所以可以画出如图 7.7.3 所示的与门输出波形。

2. 或运算和或门

决定事物结果的几个条件中,只要有一个或一个以上条件具备时,结果就会发生,这种因果关系称为或逻辑,其运算符号用"+"表示。

如图 7.7.4 所示电路,两个开关 A、B 并联,和灯 Y 串联到电源上,两个开关中只要有一个闭合时,灯就会亮,这样的因果关系称为或逻辑。表 7-8 为或运算功能表。

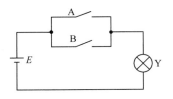

图 7.7.4　或运算电路

表 7-8　或运算功能表

A	B	Y
断开	断开	不亮
断开	闭合	亮
闭合	断开	亮
闭合	闭合	亮

开关 A、B 有两种工作状态,开关闭合用 1 表示,开关断开用 0 表示,灯 Y 有两种状态,灯亮用 1 表示,灯不亮用 0 表示,得出或运算的真值表,见表 7-9。

实现或运算的门电路是或门。或门符号如图 7.7.5 所示,或运算又称为或逻辑、逻辑加。

图 7.7.5　或门符号

由真值表可知输入变量 A 与 B 中只要有一个为 1,则输出 Y 为 1。写成逻辑函数式为
$$Y = A + B$$
或门的逻辑关系也可以用波形图描述,如图 7.7.6 所示。

表 7-9　或运算真值表

A	B	Y
0	0	0
0	1	1
1	0	1
1	1	1

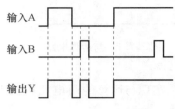

图 7.7.6　或门输入 A、B 波形与输出 Y 的波形图

例 7-13　已知输入 A、B 波形,试画出或门的输出波形。

解:输入 A 与输入 B 的波形中,只要有高电平,输出就是高电平,所以输出波形如图 7.7.6 所示。

3. 非运算和非门

决定事物结果的条件不具备时,结果才会发生,这种因果关系称为非逻辑,其运算符用"—"表示。

如图 7.7.7 电路,开关 A 和灯 Y 并联到电源上,当开关断开时,灯才会亮,这样的因果关系称为非逻辑。表 7-10 为非运算功能表。

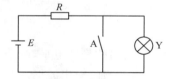

图 7.7.7　非门运算电路

表 7-10　非运算功能表

A	Y
断开	亮
闭合	不亮

开关 A 闭合用 1 表示,断开用 0 表示,灯 Y 有两种状态,灯亮用 1 表示,灯不亮用 0 表示,得出非运算的真值表,见表 7-11。

实现非运算的门电路是非门,非门又称为反相器。非门符号如图 7.7.8 所示。

非门输入变量 A 与输出变量 Y 之间的关系可写成逻辑函数式
$$Y = \overline{A}$$
该函数式中,A 是输入变量,Y 为输出变量,$\overline{A}$ 顶部的横杠表示非运算,读作"A 非"或"非 A"。而 A 常称为原变量,$\overline{A}$ 称为反变量。

非门的逻辑关系可以用波形图描述,如图 7.7.9 所示。

例 7-14　如图 7.7.8 所示,一串方波加在非门输入端,试画出非门输出端的波形。

解:因为非门的输出与输入相位相反,所以输出波形如图 7.7.9 所示。

表 7-11　非运算真值表

A	Y
0	1
1	0

图 7.7.8　非门符号

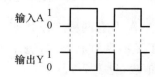

图 7.7.9　非门的输入与输出波形

4. 与非门

与非门可实现与门和非门的复合运算，与非门符号如图 7.7.10 所示。

与非门实现的运算，如真值表 7-12 所示。输入 A 与 B 都为 1 时，输出 Y 为 0。写成逻辑函数式为

$$Y=\overline{A \cdot B}$$

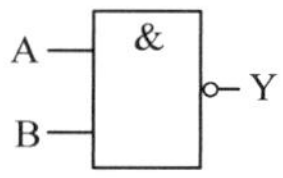

图 7.7.10 与非门符号

表 7-12 与非门真值表

输	入	输 出
A	B	Y
0	0	1
0	1	1
1	0	1
1	1	0

5. 或非门

或非门可实现或门和非门的复合运算，或非门符号如图 7.7.11 所示。

或非门实现的运算，如真值表 7-13 所示。输入变量 A 与 B 中有一个或一个以上为 1 时，输出 Y 为 0；输入 A 与 B 都为 0，输出 Y 为 1。写成逻辑函数式为

$$Y=\overline{A+B}$$

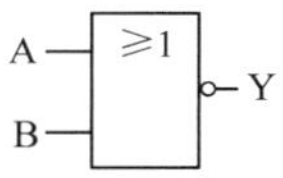

图 7.7.11 或非门

表 7-13 或非门真值表

输	入	输 出
A	B	Y
0	0	1
0	1	0
1	0	0
1	1	0

6. 异或门

异或门实现异或运算，其符号如图 7.7.12 所示。异或门实现的运算，如真值表 7-14 所示。输入变量 A 与 B 中，输入相异时，输出 Y 为 1；输入相同时，输出为 0。写成逻辑函数式为

$$Y=\overline{A}B+A\overline{B}$$

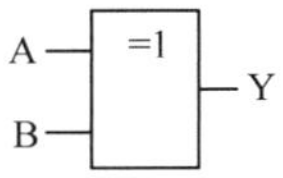

图 7.7.12 异或门符号

表 7-14 异或门真值表

输	入	输 出
A	B	Y
0	0	0
0	1	1
1	0	1
1	1	0

7. 同或门

同或门实现同或运算，其符号如图 7.7.13 所示。

同或门实现的运算，如真值表 7-15 所示。

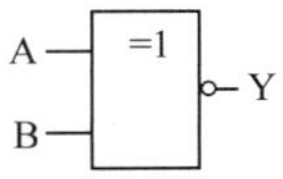

图 7.7.13 同或门符号

表 7-15 同或门真值表

输	入	输 出
A	B	Y
0	0	1
0	1	0
1	0	0
1	1	1

两个输入 A 与 B 都是高电平或低电平时,输出 Y 为 1;输入 A 与 B,一个为 1,另一个为 0,输出 Y 为 0。所以同或门功能是异或门的非。写成逻辑函数式为

$$Y=\overline{A}\,\overline{B}+AB$$

8. 与或非门

与或非门符号如图 7.7.14 所示。

与或非逻辑关系,A、B 之间及 C、D 之间都是与逻辑关系,只要 A、B 或者 C、D 任何一组输入同时为高电平,输出为低电平;当 A、B 或者 C、D 两组输入任何一组都不全是高电平,输出为高电平。

与或非门的逻辑表达式为 $Y=\overline{AB+CD}$,真值表见表 7-16。

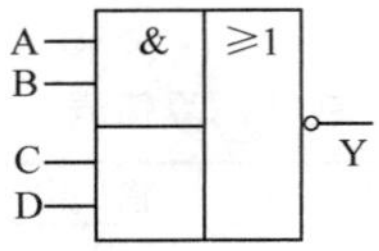

表 7-16 与或非门真值表

输入				输出
A	B	C	D	Y
0	0	0	0	1
0	0	0	1	1
0	0	1	0	1
0	0	1	1	0
0	1	0	0	1
0	1	0	1	1
0	1	1	0	1
0	1	1	1	0
1	0	0	0	1
1	0	0	1	1
1	0	1	0	1
1	0	1	1	0
1	1	0	0	0
1	1	0	1	0
1	1	1	0	0
1	1	1	1	0

图 7.7.14 与或非门符号

习 题

7-1 何为本征半导体?何为 N 型半导体?何为 P 型半导体?

7-2 PN 结的特点是什么?

7-3 判断如题 7-3 所示电路中的二极管是导通还是截止,并求出输出电压 U_o。(设二极管为硅管,电阻 R 为 100Ω)。

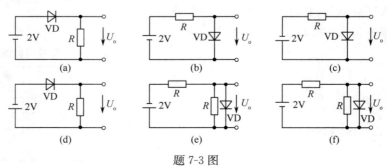

题 7-3 图

7-4 电路如题 7-4 图所示，$E=4\text{V}$，$u_i=8\sin\omega t\text{V}$。二极管的正向压降可忽略不计，试根据给出的输入波形绘出相应输出电压 u_o 的波形。

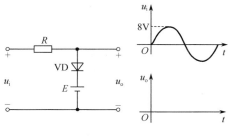

题 7-4 图

7-5 如题 7-5 图所示电路中硅稳压管 VD_1 和 VD_2 的稳压值 $U_{Z1}=7\text{V}$，$U_{Z2}=12\text{V}$，求各电路的输出电压 U_o。

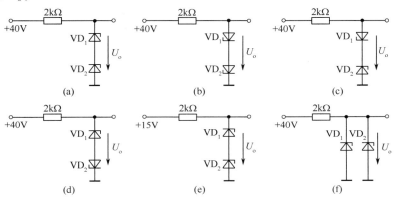

题 7-5 图

7-6 某人检修电子设备时，用测电位的办法，测出引脚①对地电位为 -6.2V；引脚②对地电位为 -6V；引脚③对地电位为 -9V，如图 7.3.5 所示。试判断各引脚所属电极及管子类型（PNP 或 NPN）。

7-7 如题 7-7 图所示为硅三极管在工作时实测的各极对地电压值，试根据各极对地电压判断三极管的工作状态。

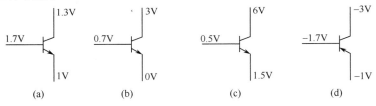

题 7-7 图

7-8 将下列二进制数转换为十进制数。
(1) $(01101)_2$　　(2) $(0.0101101)_2$　　(3) $(110.101)_2$

7-9 将下列二进制数转换为八进制数和十六进制数。
(1) $(1110.0111)_2$　　(2) $(1001.1101)_2$　　(3) $(101.011)_2$

7-10 将下列十六进制数转换为二进制数。
(1) $(8C)_{16}$　　(2) $(8F.FF)_{16}$　　(3) $(10.00)_{16}$

7-11 将下列十进制数转换为二进制数和十六进制数。

(1) $(17)_{10}$　　(2) $(127)_{10}$　　(3) $(255)_{10}$

7-12 将下列十进制数转换为二进制数和十六进制数,要求二进制数保留小数点后 4 位有效数字。

(1) $(25.7)_{10}$　　(2) $(188.875)_{10}$　　(3) $(107.39)_{10}$

7-13 写出与门、与非门、或非门的真值表,画出它们的逻辑符号。

7-14 写出同或门、异或门的真值表,画出它们的逻辑符号。

第 8 章　数字电路基础

本章包括逻辑门电路、触发器、逻辑代数。

在数字电路中,实现基本逻辑运算和常用逻辑运算的单元电路称为逻辑门电路,是构成数字电路的基本单元。本章主要介绍基本逻辑门,在此基础上重点介绍 TTL 逻辑门和 CMOS 逻辑门电路。

构成数字电路的另一种基本单元是触发器,本章强调说明触发器的电路结构和逻辑功能。

逻辑代数是分析和设计数字电路的数学工具,本章主要介绍逻辑代数的公式和定律,然后应用这些公式和定律简化逻辑函数。

8.1　基本分立元件门电路

8.1.1　二极管门电路

二极管具有单向导电特性,二极管正向导通时,内阻很小,忽略管压降 0.7V,相当于开关接通;而在反向截止时,内阻很大,相当于开关断开,因此二极管可作为开关器件。

1. 二极管或门

二极管或门如图 8.1.1 所示。图中 A、B 是输入信号,Y 是输出信号。基于二极管的钳位作用,A 或 B 信号中任何一个信号为高电平 5V 时,输出 Y 为高电平 5V(忽略管压降 0.7V);若 A 或 B 都是低电平 0V,输出 Y 为低电平 0V。

2. 二极管与门

二极管与门如图 8.1.2 所示。图中 A、B 是输入信号,Y 是输出信号。基于二极管的钳位作用,A 和 B 信号同为高电平 5V 时,输出 Y 为高电平 5V;若 A 或 B 信号中有一个为低电平 0V,输出 Y 为低电平 0V。

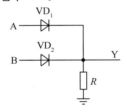

图 8.1.1　二极管或门

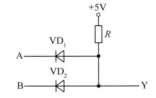

图 8.1.2　二极管与门

8.1.2　三极管非门电路

在数字信号作用下,三极管不是工作在饱和状态,就是工作在截止状态,相当于开关的闭合和断开,逻辑门电路就是使用三极管的这两个工作状态。

由三极管构成非门电路,三极管非门即反相器,如图 8.1.3 所示电路。

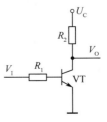

图 8.1.3　三极管非门

如果输入端电压 V_I 足够高,则三极管饱和,输出端电压 $V_O \approx 0$,相当于逻辑低电平;
如果输入端电压 V_I 足够低,则三极管截止,输出端电压 $V_O \approx V_{CC}$,相当于逻辑高电平。
因此,三极管非门实现逻辑非功能。

8.2 集成门电路

现代数字电路多数采用集成电路,集成电路按照内部有源器件的不同可以分为两大类:一类为晶体管—晶体管集成电路,其主要代表是 TTL 逻辑门;另一类为场效应管集成电路,其主要代表是 CMOS 逻辑门。TTL 逻辑门和 CMOS 逻辑门是目前应用最广泛的集成逻辑门电路。

8.2.1 CMOS 门电路

金属—氧化物—半导体场效应晶体管(简称 MOS 管)分为 4 种类型:N 沟道增强型、P 沟道增强型、N 沟道耗尽型、P 沟道耗尽型。在数字电路中,MOS 管可作为开关使用,通常采用增强型 MOS 管组成开关电路,MOS 管是电压型控制器件,由栅源电压 U_{gs} 控制 MOS 管的导通和截止。利用 MOS 管的开关特性,组成各种集成 CMOS 门电路。

1. CMOS 非门

由 NMOS 管和 PMOS 管组成的 MOS 电路称为互补 MOS 电路,也称为 CMOS 电路。

由一个 NMOS 管和一个 PMOS 管组成的反相器(非门)如图 8.2.1 所示。其电源电压范围 V_{DD} 为 2~6V,通常选择 $V_{DD}=5V$。

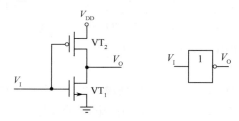

图 8.2.1 CMOS 非门电路与符号

非门的工作情况如下:

当 $V_I=0V$ 时,NMOS 管 VT_1 的 $V_{gs}=0V$,所以截止;而 PMOS 管 VT_2 由于 $V_{gs}=-5V$,所以导通。导通后的 VT_2 管呈现小的电阻值,使输出端 $V_O=V_{DD}=5V$。

当 $V_I=5V$ 时,NMOS 管 VT_1 的 $V_{gs}=5V$,所以导通;而 PMOS 管 VT_2 由于 $V_{gs}=0V$,所以截止。导通后的 VT_1 管呈现小的电阻值,使输出端与地之间相连,$V_O=0V$。

CMOS 非门输入和输出之间的关系可以由表 8-1 所示的功能表描述。

如果把 CMOS 中的 PMOS 管和 NMOS 管抽象成开关,则 CMOS 非门的等效电路如图 8.2.2 所示,其中图(a)是输入信号 $V_I=L$(低电平)的情况,而图(b)是 $V_I=H$(高电平)的情况。

2. CMOS 与非门

CMOS 与非门电路如图 8.2.3 所示。

如果输入 A 为 L,则可以知道 VT_1 断开、VT_2 导通;如果输入 B 为 L,可以知道 VT_3 断开、VT_4 导通,最终结果是输出 Y 为 H。将两个输入端 A 和 B 的所有组合都列出,就得到如表 8-2 所示的功能表。

表 8-1 CMOS 非门的输入与输出功能表

V_I	VT_1	VT_2	V_O
0V(L)	断	通	5V(H)
5V(H)	通	断	0V(L)

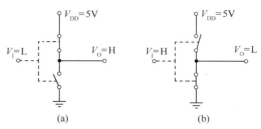

图 8.2.2 把 PMOS 管和 NMOS 管看成开关的非门等效电路

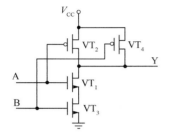

图 8.2.3 CMOS 与非门电路

表 8-2 CMOS 与非门的功能表

A	B	VT_1	VT_2	VT_3	VT_4	Y
L	L	断	通	断	通	H
L	H	断	通	通	断	H
H	L	通	断	断	通	H
H	H	通	断	通	断	L

3. CMOS 或非门

CMOS 或非门电路如图 8.2.4 所示。

分别分析输入端 A 和 B 的 4 种逻辑组合,可以得到如表 8-3 所示的功能表。

从输入 A、B 及输出 Y 之间的关系可以看出,有一个或一个以上输入为高电平时,则输出为低电平,两个输入都为低电平时,输出为高电平,因此是或非门。

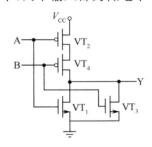

表 8-3 CMOS 或非门的功能表

A	B	VT_1	VT_2	VT_3	VT_4	Y
L	L	断	通	断	通	H
L	H	断	通	通	断	L
H	L	通	断	断	通	L
H	H	通	断	通	断	L

图 8.2.4 CMOS 或非门电路

4. 传输门

将 N 沟道和 P 沟道 MOS 管按照图 8.2.5 所示的电路连接起来,就形成了逻辑控制开关,通常称为 CMOS 传输门或模拟开关。

传输门由控制端 EN_L 和 EN 控制,EN_L 和 EN 是互补信号。当 EN_L=L、EN=H 时,传输门导通,A、B 两端之间呈现很小的电阻(几欧到几十欧之间),相当于导通;当 EN_L=H、EN=L 时,传输门不导通,A、B 两端之间呈现很大的电阻。

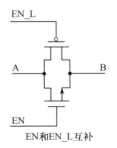

图 8.2.5 CMOS 传输门

8.2.2 TTL 门电路

1. TTL 与非门

两输入 TTL 与非门电路结构(74 系列)如图 8.2.6 所示,输入管 VT_1 为多发射极三极管。

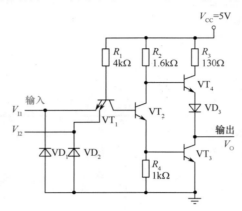

图 8.2.6 两输入 TTL 与非门电路结构图

输入 V_{I1} 与 V_{I2} 中有一个或两个都是低电平时,输入与输出之间的逻辑关系:如果 VT_1 的任何一个或两个发射极输入为低电平(低于 0.8V),则 VT_1 的基极产生的电位不够高,因此 VT_2 和 VT_3 截止,VT_4 导通,使输出端与电源之间形成低阻通道,输出端输出高电平。

输入 V_{I1} 与 V_{I2} 都是高电平时,输入与输出之间的逻辑关系:如果 VT_1 的两个发射极都是高电平(高于 2.0V),则 VT_1 的基极电位足够高,使 VT_2 和 VT_3 导通,VT_4 截止,在输出端与地线之间形成低阻通道,输出端输出低电平。

由以上分析可知,当电路输入端都是高电平时,输出低电平;只要输入端有一个为低电平,输出就为高电平,这样就实现了与非逻辑功能。

2. TTL 非门

TTL 非门电路如图 8.2.7 所示,输入级由多发射极晶体管改为单发射极晶体管,其余部分和与非门电路相同。

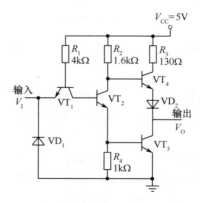

图 8.2.7 TTL 非门电路

如果输入端为高电平(高于 2V),使 VT_1 的基极电位足够高,使 VT_2 导通和 VT_3 导通,并将 VT_1 基极电位钳位在 2.1V;而 VT_2 的导通,一方面使 VT_4 截止;另一方面使 VT_3 导通,从而使输出端与地线之间形成低阻通道,输出端呈现低电平;

如果输入端为低电平(低于0.8V)，VT_1的基极电位只有1.5V，使VT_2与VT_3的发射结不导通，由于不能形成I_{C1}电流，因此使VT_1处于深度饱和状态；VT_2处于截止状态，一方面使VT_3截止，另一方面使VT_4导通，输出端与电源V_{CC}之间形成低阻通道，输出端呈现高电平。

这样电路实现了非逻辑功能。

3. TTL 或非门

两输入端或非门电路如图 8.2.8 所示。

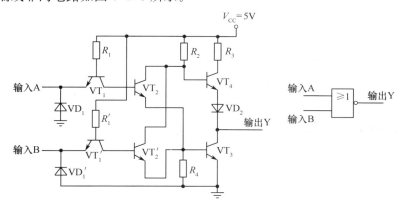

图 8.2.8　两输入端或非门电路

当输入 A 为高电平时，VT_2、VT_3 导通，VT_4 截止，输出 Y 为低电平；当输入 B 为高电平时，VT_2'、VT_3 导通，VT_4 截止，输出 Y 为低电平；只有输入 A 和 B 同时为低电平时，VT_2、VT_2' 截止，使 VT_3 截止，VT_4 导通，输出 Y 为高电平，这样就实现了或非逻辑功能。

4. 集电极开路门

集电极开路门(OC门)电路，即采用集电极开路结构的门电路。如图 8.2.9 所示为标准的 TTL 集电极开路门电路及其符号。

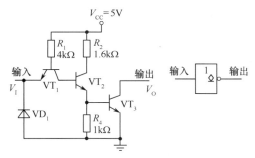

图 8.2.9　TTL 集电极开路门电路及其符号

电路中三极管 VT_3 的集电极呈开路状态，没有任何连接。当输入为高电平时，VT_3 呈现低阻，输出端与地线相连；当输入为低电平时，VT_3 截止，呈现高阻，输出端对外只有微安级的集－射极间漏电流，就像断开一样。

需要特别注意的是，集电极开路门可以实现线与逻辑，只有输出端经外接电阻 R_L 与电源接通后，OC 门才能正常工作。

R_L 的选取方法如下：

(1) R_{Lmax} 计算

$$I_R = 10 \times I_{IH} = 10 \times 20\mu A = 0.2mA$$

$$R_{max}=(5V-V_{OH})/I_R=(5V-2.4V)/0.2mA=13k\Omega$$

(2) R_{Lmin} 计算

$$I_R=I_{OL}-(10\times I_{IL})=16mA-(10\times 0.4mA)=12mA$$

$$R_{min}=(5V-V_{OL})/I_R=(5V-0.35V)/12mA=387.5\Omega$$

OC 门(74 系列)的参数为：$V_{OL}=0.35V$，$I_{OL}=16mA$，$I_{IL}=400\mu A$，$V_{IH}=2V$，$I_{IH}=20\mu A$。V_{OH} 取标准 74 TTL 系列的最小输出高电平。

5. 三态门

TTL 三态非门及其符号如图 8.2.10 所示，该电路有两个输入，一个是正常的非门输入端，另一个就是低电平有效的三态使能输入端 EN。

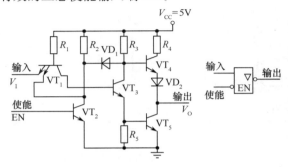

图 8.2.10　TTL 三态非门及其符号

当使能端 EN 为低电平时，VT_2 截止，其集电极电位约等于 V_{CC}，使与多发射极晶体管 VT_1 相连的发射极呈现高电平，所以多发射极晶体管完全在输入信号的控制之下。另外，二极管 VD_1 反偏截止，因此对晶体管 VT_4 的基极电位也没有影响。这时的电路就是正常的非门。

当使能端为高电平时，VT_2 导通，其集电极电位约等于 0，使与多发射极晶体管 VT_1 相连的发射极呈现低电平，所以多发射极晶体管 VT_1 的基极电位太低，致使 VT_3 和 VT_5 截止；同时，二极管 VD_1 正偏导通，使晶体管 VT_4 的基极呈现低电位，VT_4 截止。VT_4 和 VT_5 同时截止，呈现很大的电阻，因此输出端处于高阻状态。在高阻状态下即使输出端外加电压，也只有微安级的漏电流流入输出端，因此就像断开一样，这时输出端的电压由外电路决定。

总之，三态门的使能端在有效电平时，三态门就是普通门电路；当使能端不是有效电平时，三态门输出为高阻态。

8.3　布尔代数及其化简

逻辑代数是分析和设计数字逻辑电路的数学工具，逻辑代数又称作布尔代数，得名于英国数学家乔治·布尔于 19 世纪提出的逻辑系统。逻辑代数用字母表示变量，按一定规律进行运算，逻辑代数的变量(称为逻辑变量)只取 0 或 1 两个值，逻辑函数的取值也只有 0 和 1 两个值，把 1 称为逻辑 1，把 0 称为逻辑 0，这里 0 和 1 不再表示数量大小，而只表示两种不同的逻辑状态。

布尔代数是把事物的逻辑关系用数学公式描述出来的方法，广泛应用于开关电路及数字逻辑电路的分析和设计中。

逻辑可以表示各种事物之间的因果关系，描述逻辑的方式有以下几种。

1. 逻辑函数

逻辑函数与一般的数学函数一样,用于描述输入与输出变量之间的逻辑关系,函数中的逻辑变量常用大写或小写字母表示,但取值只能为 0 或 1。通常取值为 1 的变量称为原变量,取值为 0 的变量称为反变量。

2. 真值表

真值表是将所有可能情况下的输入取值与对应的输出值列成的表格,是逻辑关系的表格表示。通常表格左侧为输入变量,按照二进制数增序排列所有取值,右侧为输出变量。

如果用数字 0、1 表示输入与输出变量的取值,则真值表描述输入逻辑与输出变量之间的关系。如果用高电平 H、低电平 L 表示输入信号与输出信号的取值,则真值表描述门电路输入与输出之间的电平关系,称为电平真值表。

3. 逻辑电路图

逻辑电路图又称为逻辑图,逻辑图用图形的方式描述逻辑输入变量与输出变量之间的关系,逻辑门符号是逻辑图的基本元素。

在逻辑电路图中,常用逻辑非(小圆圈)表示该信号是低电平或逻辑 0 有效的信号;如果不用小圆圈符号,则表示该信号是高电平或逻辑 1 有效的信号。

逻辑信号既可以用高电平 H 或逻辑 1 表示有效,也可以用低电平 L 或逻辑 0 表示有效。

若用逻辑 1 代表高电平 H,用逻辑 0 代表低电平 L,则称为正逻辑;若用逻辑 1 代表低电平 L,用逻辑 0 代表高电平 H,则称为负逻辑。

8.3.1 逻辑代数的定律与公式

1. 基本定律和常用公式

逻辑代数的基本定律和常用公式见表 8-4。

表 8-4 逻辑代数的基本定律和常用公式

名　称	公式 1	公式 2
0-1 律	$A \cdot 0 = 0$ $A \cdot 1 = A$	$A + 0 = A$ $A + 1 = 1$
重叠律	$A \cdot A = A$	$A + A = A$
互补律	$A \cdot \overline{A} = 0$	$A + \overline{A} = 1$
交换律	$A + B = B + A$	$A \cdot B = B \cdot A$
结合律	$(A+B)+C = A+(B+C)$	$(AB) \cdot C = A \cdot (BC)$
分配律	$A(B+C) = AB+AC$	$A+BC = (A+B)(A+C)$
德·摩根定律	$\overline{AB} = \overline{A} + \overline{B}$	$\overline{A+B} = \overline{A} \cdot \overline{B}$
还原律	$\overline{\overline{A}} = A$	
吸收律	$A(A+B) = A$ $(A+B)(A+C) = A+BC$	$A+AB = A$ $A+\overline{A}B = A+B$
冗余律	$(A+B)(\overline{A}+C)(B+C) = (A+B)(\overline{A}+C)$ $AB+\overline{A}C+BC = AB+\overline{A}C$	

以上基本定律和常用公式都可以用真值表证明,方法是分别做等式两侧表达式的真值表,若两真值表相等,则说明等式两侧相等。

2. 基本规则

(1) 代入规则

任何一个逻辑等式中,如果将等式两边所有出现的某一逻辑变量,都用同一个逻辑函数来代替,则这个等式仍然成立。这个规则称为代入规则。

代入规则在推导公式中很有用,将基本定律和常用公式中的某一变量用任意一个函数代替后,就可得到新的函数,从而推广了基本定律和常用公式的应用范围。

例如,在 A+AB=A 中,将所有出现 A 的地方都用函数 B+CD 代替,则等式仍成立,即
$$B+CD+(B+CD)B=B+CD$$
$$(B+CD)(1+B)=B+CD$$

(2) 反演规则

将一个逻辑函数式 Y 中所有的"·"换成"+","+"换成"·","1"换成"0","0"换成"1",原变量换成反变量,反变量换成原变量,这样得到的新逻辑函数式就是原函数 Y 的反函数 $\overline{Y}$。这个规则称为反演规则。

(3) 对偶规则

将一个逻辑函数式 Y 中所有的"·"换成"+","+"换成"·","1"换成"0","0"换成"1",则得到一个新的逻辑函数式 Y′ 就是原函数 Y 的对偶式。

对偶规则:若两逻辑函数式相等,则它们的对偶式也相等。

例如,Y=A(B+C),则对偶式为:Y′=A+BC。

又例如,欲证明 $A+\overline{A}\cdot B=A+B$,则可以证明该式的对偶式:$A(\overline{A}+B)=AB$。对偶式左侧:$A(\overline{A}+B)=A\overline{A}+AB=AB$,可见对偶式相等,因此可以证明 $A+\overline{A}\cdot B=A+B$ 成立。

8.3.2 逻辑代数化简

1. 标准逻辑函数

(1) 逻辑函数的标准与或式

若与或逻辑函数式中的与(乘积)项中包含所有输入变量,且每个变量以原变量或反变量出现 1 次,则该与项称为最小项。

与项采用最小项写法的与或函数式称为标准与或函数式。

例如,将与或函数式 $Y=AB+\overline{A}C$ 转换成标准与或函数式,转换方法是使非最小项的与项和其缺失变量的原、反变量相或后相与。例如,与项 AB,缺失变量 C,则使与项 AB 和 $C+\overline{C}$ 相与,就得到最小项 $ABC+AB\overline{C}$。由此有
$$Y=AB+\overline{A}C=AB(C+\overline{C})+\overline{A}(B+\overline{B})C=ABC+AB\overline{C}+\overline{A}BC+\overline{A}\,\overline{B}C$$

为书写简单,还可以将最小项与或表达式写成
$$Y=ABC+AB\overline{C}+\overline{A}BC+\overline{A}\,\overline{B}C=m_7+m_6+m_3+m_1=\sum m(1,3,6,7)$$

这里用 m 表示最小项,其下标是用十进制数表示的最小项编号,如 $AB\overline{C}$,与 110 相对应,而 110 表示十进制数的 6,所以该最小项为 m_6。

对于任意一个最小项,只有一组输入变量使其为 1。在与或函数式中,只要有一个最小项为 1,则与或函数式等于 1。

例如,对于与或函数式 $Y=ABCD+A\overline{B}\,\overline{C}D+\overline{A}BC+\overline{A}\,\overline{B}\,\overline{C}\,\overline{D}$,其中
$$ABCD=1\cdot1\cdot1\cdot1=1$$

$$A\bar{B}\bar{C}D = 1 \cdot \bar{0} \cdot \bar{0} \cdot 1 = 1$$
$$\bar{A}\bar{B}\bar{C}\bar{D} = \bar{0} \cdot \bar{0} \cdot \bar{0} \cdot \bar{0} = 1$$

所以与或函数式 Y 在输入变量 ABCD 的组合为 1111 或 1001 或 0000 时输出 1。

(2) 逻辑函数的标准或与式

若或与函数式中的或(和)项包含所有变量,且每个变量以原变量或反变量出现 1 次,则该或项称为最大项。

或项采用最大项表达的或与函数式称为标准或与函数式。方法是在非标准或与式中的或项中,和缺失变量的原变量、反变量相与后再相或,例如或项中缺失变量 D,则增加 $D\bar{D}$,然后用分配律 $A+BC=(A+B)(A+C)$,就可以将或项转换成最大项。

例 8-1 转换或与函数式 $Y=(A+\bar{B}+C)(\bar{B}+C+\bar{D})(A+\bar{B}+\bar{C}+D)$ 到标准或与函数式。

解:$Y=(A+\bar{B}+C)(\bar{B}+C+\bar{D})(A+\bar{B}+\bar{C}+D)$
$=(A+\bar{B}+C+D\bar{D})(A\bar{A}+\bar{B}+C+\bar{D})(A+\bar{B}+\bar{C}+D)$
$=(A+\bar{B}+C+D)(A+\bar{B}+C+\bar{D})(A+\bar{B}+C+\bar{D})(\bar{A}+\bar{B}+C+\bar{D})(A+\bar{B}+\bar{C}+D)$
$=(A+\bar{B}+C+D)(A+\bar{B}+C+\bar{D})(\bar{A}+\bar{B}+C+\bar{D})(A+\bar{B}+\bar{C}+D)$

为书写简单,还可以将最大项或与表达式写成

$Y=(A+\bar{B}+C+D)(A+\bar{B}+C+\bar{D})(\bar{A}+\bar{B}+C+\bar{D})(A+\bar{B}+\bar{C}+D)=M_4 M_5 M_{13} M_6$
$= \prod M(4,5,6,13)$

这里用 M 表示最大项,其下标是用十进制数表示的最大项编号,例如,$A+\bar{B}+\bar{C}+D$ 与 0110 相对应,而 0110 表示十进制数的 6,所以该最大项为 M_6。

对于任意一个最大项,只有一组变量,使最大项为 0,例如,$A+\bar{B}+C+\bar{D}=0+\bar{1}+0+\bar{1}=0$,则 0101 可使该最大项为 0。如果一个或与函数式中有一个或项为 0,则函数式为 0。

最大项与最小项之间的关系为
$$M_i = \overline{m_i}$$

例如 $m_0=\bar{A}\bar{B}$,则 $\overline{m_0}=\overline{\bar{A}\bar{B}}=A+B=M_0$。

(3) 标准与或函数式转换成或与函数式

在真值表中,输出为 1 的组合可以写成与或函数式,输出为 0 的组合可以写成最大项函数式,因此可以首先确定所有与或函数式中最小项的编号,然后得到所有最大项编号,按照最大项编号写出最大项后,就可以得到或与函数式。

例如,$Y=\bar{A}\bar{B}\bar{C}+\bar{A}B\bar{C}+\bar{A}BC+A\bar{B}C+ABC=m_0+m_2+m_3+m_5+m_7$,因此只有 001、100、110 为最大项,所以或与函数式为 $Y=(A+B+\bar{C})(\bar{A}+B+C)(\bar{A}+\bar{B}+C)=M_1 M_4 M_6$。

2. 用代数法化简逻辑函数

化简函数的目的就是使逻辑函数式简单,逻辑函数式中,最常用的是与或形式。最简与或式的标准是:乘积项(与项)数量最少,每个乘积项中的变量个数最少。

逻辑代数法化简就是用逻辑代数的定律与公式进行化简,下面举例说明。

例 8-2 试化简函数式 $Y=\bar{A}\bar{B}\bar{C}+\bar{A}BC+A\bar{B}\bar{C}$。

解:$Y=\bar{A}\bar{B}\bar{C}+\bar{A}BC+A\bar{B}\bar{C}$
    $=\bar{A}\bar{B}(\bar{C}+C)+A\bar{B}\bar{C}$ ············提取相同变量 $\bar{A}\bar{B}$
    $=\bar{A}\bar{B}(1)+A\bar{B}\bar{C}$ ············互补:$(\bar{C}+C)=1$
    $=\bar{A}\bar{B}+A\bar{B}\bar{C}$

$\qquad =\overline{B}(\overline{A}+A\overline{C})$ ……………提取相同变量$\overline{B}$
$\qquad =\overline{B}(\overline{A}+\overline{C})$ ……………吸收:$\overline{A}+A\overline{C}=\overline{A}+\overline{C}$
$\qquad =\overline{A}\,\overline{B}+\overline{B}\,\overline{C}$

例 8-3 试化简函数式 $Y=[A\overline{B}(C+BD)+\overline{A}\,\overline{B}]C$。

解:$Y=[A\overline{B}(C+BD)+\overline{A}\,\overline{B}]C$
$\qquad =(A\overline{B}C+A\overline{B}BD+\overline{A}\,\overline{B})C$
$\qquad =(A\overline{B}C+A0D+\overline{A}\,\overline{B})C$ ……………互补:$\overline{B}B=0$
$\qquad =(A\overline{B}C+0+\overline{A}\,\overline{B})C$
$\qquad =A\overline{B}CC+\overline{A}\,\overline{B}C$ ……………重叠:$CC=C$
$\qquad =A\overline{B}C+\overline{A}\,\overline{B}C$
$\qquad =\overline{B}C(A+\overline{A})$ ……………互补:$A+\overline{A}=1$
$\qquad =\overline{B}C$

例 8-4 试化简函数式 $Y=\overline{AB+AC}+\overline{A}\,BC$。

解:$Y=\overline{AB+AC}+\overline{A}\,BC$
$\qquad =\overline{AB}\,\overline{AC}+\overline{A}\,BC$ ……………德·摩根定理
$\qquad =(\overline{A}+\overline{B})(\overline{A}+\overline{C})+\overline{A}\,BC$ ……………德·摩根定理
$\qquad =\overline{A}\,\overline{A}+\overline{A}\,\overline{C}+\overline{A}\,\overline{B}+\overline{B}\,\overline{C}+\overline{A}\,BC$ ……………$\overline{A}\,\overline{A}=\overline{A}$ 和 $\overline{A}\,\overline{B}+\overline{A}\,BC=\overline{A}\,\overline{B}$
$\qquad =\overline{A}+\overline{A}\,\overline{C}+\overline{A}\,\overline{B}+\overline{B}\,\overline{C}$ ……………$\overline{A}+\overline{A}\,\overline{C}=\overline{A}(1+\overline{C})=\overline{A}$
$\qquad =\overline{A}+\overline{A}\,\overline{B}+\overline{B}\,\overline{C}$
$\qquad =\overline{A}+\overline{B}\,\overline{C}$

例 8-5 试化简函数式 $Y=A\overline{B}+\overline{C\,\overline{B}C}$。

解:$Y=A\overline{B}+\overline{C\,\overline{B}C}$ ……………德·摩根定理
$\qquad =AB\overline{C}(\overline{B}+\overline{C})$ ……………分配律
$\qquad =AB\overline{B}\,\overline{C}+AB\overline{C}\,\overline{C}$ ……………$B\overline{B}=0$ 和 $\overline{C}\,\overline{C}=\overline{C}$
$\qquad =A0\overline{C}+AB\overline{C}$ ……………0-1 律
$\qquad =AB\overline{C}$

例 8-6 化简函数式 $Y=AC+\overline{A}B+B\overline{C}$。

解:$Y=AC+\overline{A}B+B\overline{C}$
$\qquad =AC+\overline{A}B+BC+B\overline{C}$ ……………冗余律 $AC+\overline{A}B=AC+\overline{A}B+BC$
$\qquad =AC+\overline{A}B+B(C+\overline{C})$ ……………互补律 $C+\overline{C}=1$
$\qquad =AC+\overline{A}B+B$
$\qquad =AC+B(1+\overline{A})$ ……………0-1 律 $1+\overline{A}=1$
$\qquad =AC+B$

3. 用卡诺图化简逻辑函数

(1) 卡诺图

首先学习最小项概念。在具有 n 个变量的逻辑函数表达式中,如果某一乘积项包含了全部变量,并且每个变量在这个乘积项中以原变量或反变量的形式出现一次,且仅出现一次,则这个乘积项称为最小项。n 个变量的最小项有 2^n 个,为表述方便,用 m_i 表示最小项,其下标为最小项编号,编号方法为:最小项中原变量用 1 表示,反变量用 0 表示,将得到的一组二进制

数转换成十进制数,就是最小项编号。

最小项性质:
- 对于任意一个最小项,有且仅有一组变量取值,使它的值为 1;
- 任意两个最小项之积为 0;
- 全体最小项之和为 1。

如果两个最小项中只有一个变量互为反变量,则这两个最小项具有逻辑相邻关系,称它们为相邻项。最小项的逻辑相邻性在卡诺图化简中具有重要作用,即两个相邻项相加可合并成一项,消去一个变量。

卡诺图是按照一定的规律画出的一种方格图,n 个变量的 2^n 个最小项用 2^n 个小方格表示,而且使逻辑相邻的最小项在几何位置上也相邻,将构成函数的最小项填入相应的方格中,即可得到函数的卡诺图,它是化简逻辑函数的专用工具图。

三变量卡诺图如图 8.3.1(a)所示。图中 A、B 和 C 是输入变量,因此图中每个方格都代表一个最小项,图(b)表示了每个方格代表的最小项,图(c)表示的是每个方格代表的最小项编号,图(d)是三变量卡诺图的另一种表示法。

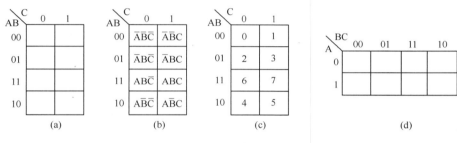

图 8.3.1　三变量卡诺图

卡诺图的特征是图中每两个相邻格之间只有一个变量不同,或者说总有一个变量是互补的。互补的变量相或等于 1,例如 000 方格和 001 方格的两个最小项 $\overline{A}\,\overline{B}\,\overline{C}$ 和 $\overline{A}\,\overline{B}C$ 中,变量 C 互补,因此这两个方格的最小项相或,则可以消除变量 C,就是 $\overline{A}\,\overline{B}\,\overline{C}+\overline{A}\,\overline{B}C=\overline{A}\,\overline{B}(\overline{C}+C)=\overline{A}\,\overline{B}$。

每 4 个方格之间有两个变量是互补的,如 000、001、100 和 101 这 4 个方格中,最小项 $\overline{A}\,\overline{B}\,\overline{C}$、$\overline{A}\,\overline{B}C$、$A\overline{B}\,\overline{C}$、$A\overline{B}C$ 中变量 A 和 C 互补,因此,这 4 个最小项相或,则可以简化为 $\overline{B}$。

若 8 个方格相邻,则有 3 个变量互补,则逻辑函数简化为 1。

四变量卡诺图如图 8.3.2 所示。图(a)是空卡诺图,图(b)是标有最小项的卡诺图,图(c)是每个方格中填有最小项编号的卡诺图。

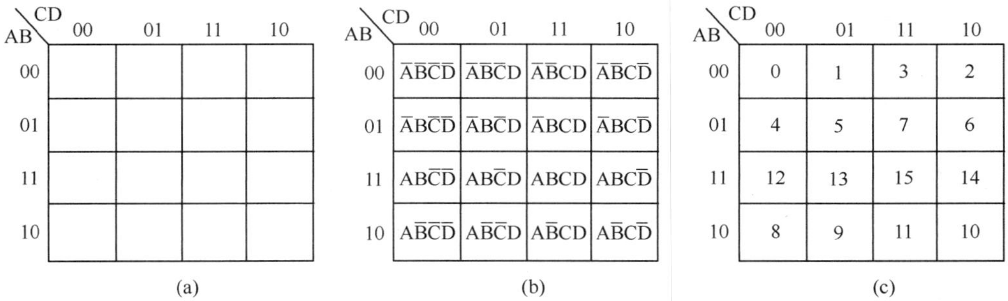

图 8.3.2　四变量卡诺图

对于卡诺图来说,除两相邻格、四相邻格、八相邻格的最小项互补外,顶行格与底行格、左列格与右列格也是相邻格;4 个角的方格也相邻。若 16 个方格都相邻,则相当于 4 个变量互补,逻辑函数输出为 1。

(2) 用卡诺图化简逻辑函数

用卡诺图化简逻辑函数的步骤:

① 将逻辑函数转换成最小项之和形式;

② 画出逻辑函数的卡诺图;

③ 合并最小项,把相邻最小项方格用包围圈画成一组,然后把每个包围圈写成一个新的乘积项;

④ 把所有包围圈对应的乘积项相加。

画包围圈的原则:

① 每个包围圈必须含有 2^n 个方格,$n=0,1,2,\cdots$;

② 包围圈内的方格数要尽量多,包围圈的数目要尽量少;

③ 同一方格可以被不同的包围圈重复包围,但是新增的包围圈中,一定要有不同的新方格,否则这个包围圈是多余的;

④ 卡诺图中所有取值为 1 的方格都需要被圈过。

例 8-7 化简函数 $Y=A\overline{B}C+\overline{A}BC+\overline{A}\,\overline{B}C+\overline{A}\,\overline{B}\,\overline{C}+A\overline{B}\,\overline{C}$。

解:由函数式画出如图 8.3.3 所示的卡诺图。

根据卡诺图,可以得到圈①的与项为$\overline{B}$,圈②的与项为$\overline{A}C$。所以化简后的函数式为

$$Y=\overline{B}+\overline{A}C$$

例 8-8 化简函数式 $Y(A,B,C,D)=\sum m(2,4,5,6,7,11,12,14,15)$。

解:把函数式的最小项填到卡诺图中,如图 8.3.4 所示。

画出包围圈,合并最小项,把包围圈对应的乘积项相加,得到最简与或式为

$$Y=\overline{A}B+B\overline{D}+ACD+\overline{A}C\overline{D}$$

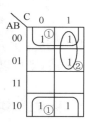 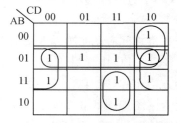

图 8.3.3　例 8-7 的卡诺图　　　　图 8.3.4　例 8-8 的卡诺图

4. 具有无关项的逻辑函数化简

实现某些逻辑功能时,不允许输入变量的某些组合出现,这些输入变量组合对逻辑函数没有作用,则这些输入变量的组合称为约束项;某些输入变量组合的取值不影响逻辑功能的实现,则这样的输入变量组合称为任意项。无论是约束项还是任意项,都不能使逻辑函数有确定的输出值,也不影响逻辑函数的功能,因此称为逻辑函数的无关项。

在卡诺图中,无关项常用×表示。卡诺图中的无关项,可以根据需要取 1 或取 0,因此也可以根据需要与输出为 1 的最小项圈在一起。

例 8-9 用卡诺图化简逻辑函数 $Y(A,B,C,D) = \sum m(5,6,7,8,9) + \sum d(10,11,12,13,14,15)$。这里 $d(10,11,12,13,14,15)$ 称为无关项,表示这些输入变量组合的函数值是任意的。

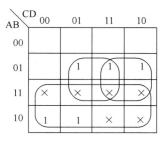

图 8.3.5　例 8-9 的卡诺图

解: 画出该函数式的卡诺图,如图 8.3.5 所示。由卡诺图可得到逻辑函数式为

$$Y(A,B,C,D) = A + BD + BC$$

8.4　触　发　器

在数字电路中,不仅需要对二值信号进行算术运算或逻辑运算,而且还经常需要将这些信号和运算结果保存起来。为此,需要使用具有记忆功能的基本逻辑单元,我们把能够存储一位二值信号的基本单元电路称作触发器。

为了实现记忆一位二值信号的功能,触发器必须具备以下基本特点:

① 具有两个能自行保持的稳定状态,用来表示逻辑状态 1 和 0;
② 根据不同的输入信号可以置成 1 或 0 状态;
③ 在输入信号消失以后,能把新的状态保存起来。

根据触发器在电路结构上的不同特点,可以把它们分为基本 RS 触发器、同步 RS 触发器、主从触发器、维持阻塞触发器和边沿触发器等;也可以按照触发器的逻辑功能,分为 RS 触发器、D 触发器、JK 触发器、T 触发器等。

8.4.1　基本 RS 触发器

基本 RS 触发器是各种触发器中电路结构最简单的一种,同时也是其他复杂电路结构触发器的一个组成部分。

1. 由或非门组成的基本 RS 触发器

(1) 电路结构

由或非门组成的基本 RS 触发器的逻辑电路图和图形符号如图 8.4.1 所示。

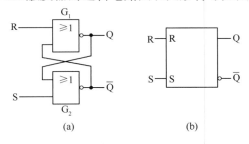

图 8.4.1　由或非门组成的基本 RS 触发器的逻辑电路图和图形符号

(2) 工作原理

如果输入信号 R=S=0 时,电路通电,由于两个或非门电路参数不同,两个或非门通过竞争,结果总有一个或非门输出为 1,另外一个或非门输出为 0。例如:

如果 G_1 门输出 Q=0,因此 G_2 门输出 $\overline{Q} = \overline{Q+S} = 1$;而 $\overline{Q}=1$ 又保持 G_1 门输出 $Q = \overline{R+\overline{Q}} = 0$。正是由于两个门之间的反馈连线使两个门的输出状态保持不变。若输入信号不变,就一直维

持 Q 的状态保持 0 态。这里 Q=0 称为 0 态，Q=1 称为 1 态。

置 1：若输入信号 S=1，R=0，G_2 门输出 $\overline{Q}$ 无论为 1 还是 0，均有 $\overline{Q}=\overline{Q+S}=0$，并使 $Q=\overline{R+\overline{Q}}=1$。由于 Q=1，所以称为 1 态，而输入信号 S=1、R=0 称为置位或置 1 信号。

置 0：若输入信号 S=0，R=1，G_1 门输出 Q 无论为 1 还是 0，均有 G_1 门输出端 $Q=\overline{R+\overline{Q}}=0$，使 $\overline{Q}=\overline{Q+S}=1$。由于 Q=0，所以称为 0 态，而输入信号 S=0、R=1 称为复位或置 0 信号。

不允许输入情况：若输入信号 R=S=1，则有 $Q=\overline{Q}=0$，虽然两个输出端有确定的低电平，但触发器不是 1 态，也不是 0 态；若此情况下使输入信号 R=S=0，则输出状态不能确定。因此，应避免使输入信号 R、S 同时为 1。为使这种情况不出现，特给触发器加一个约束条件 RS=0。

由于 S 信号与 R 信号都是高电平起作用，因此或非门 RS 触发器的输入信号高电平有效。把以上的分析用表格表示，就得到或非门 RS 触发器的特性表，见表 8-5。

根据特性表，考虑约束条件 RS=0，可以作出如图 8.4.2 所示的 Q 端次态卡诺图。

表 8-5　或非门 RS 触发器的特性表

S	R	Q^n	Q^{n+1}	说　明
0	0	0	0	保持
0	0	1	1	
0	1	0	0	复位
0	1	1	0	
1	0	0	1	置位
1	0	1	1	
1	1	0	×	不允许输入情况
1	1	1	×	

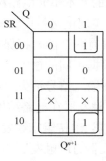

图 8.4.2　Q 端的次态卡诺图

由卡诺图，可得到或非门 RS 触发器的特性方程为

$$Q^{n+1}=S+\overline{R}Q \text{（具有约束条件 RS=0）}$$

由特性方程可得出如图 8.4.3 所示的状态图。状态图是用图形方式描述触发器状态转换规律的一种方法，图中两圆圈内是触发器的两个状态，具有箭头的弧线表示状态转移方向，弧线旁的文字是状态转移的条件，这里×表示任意，可以是 1 或 0。

在给定 S、R 波形时，或非门 RS 触发器动作时序图如图 8.4.4 所示。

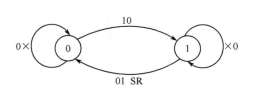

图 8.4.3　或非门 RS 触发器的状态图

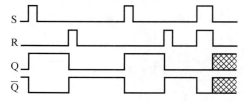

图 8.4.4　或非门 RS 触发器动作时序图

2. 由与非门组成的基本 RS 触发器

(1) 电路结构

由与非门组成的 RS 触发器逻辑电路图和图形符号，如图 8.4.5 所示。

(2) 工作原理

由与非门组成的 RS 触发器是输入信号为低电平有效。图 8.4.5 中用 $\overline{S}$、$\overline{R}$ 分别表示置 1 和置 0 输入端，在图形符号上以小圆圈表示低电平输入有效。

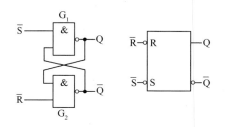

图 8.4.5　与非门组成的 RS 触发器的逻辑电路图和图形符号

通电状态:若 $\overline{S}=1$、$\overline{R}=1$,则两个与非门通过竞争,触发器输出一个稳定状态。

当 $\overline{S}=1$、$\overline{R}=1$ 时,两个与非门解除封锁,各自的输出由反馈线确定,触发器输出状态不变。

当 $\overline{S}=0$、$\overline{R}=1$ 时,$Q=1$,由于 $\overline{R}=1$,所以 $\overline{Q}=0$。

当 $\overline{S}=1$、$\overline{R}=0$ 时,$\overline{Q}=1$,由于 $\overline{S}=1$,所以 $Q=0$。

当 $\overline{S}=0$、$\overline{R}=0$ 时,$\overline{Q}=1$,$Q=1$。不是状态 1,也不是状态 0,因此 $\overline{S}=0$、$\overline{R}=0$ 的输入情况不允许出现。

通过以上分析,可知与非门 RS 触发器的特性表见表 8-6。

由特性表得到与非门 RS 触发器的次态卡诺图,如图 8.4.6 所示。

表 8-6　与非门 RS 触发器的特性表

$\overline{S}$	$\overline{R}$	Q^n	Q^{n+1}	说　明
1	1	0	0	保持
1	1	1	1	
1	0	0	0	复位
1	0	1	0	
0	1	0	1	置位
0	1	1	1	
0	0	0	×	不允许输入情况
0	0	1	×	

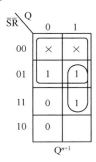

图 8.4.6　与非门 RS 触发器次态卡诺图

由次态卡诺图得到与非门 RS 触发器的特性方程为
$$Q^{n+1}=\overline{\overline{S}}+\overline{R}Q^n\ (具有约束条件\ \overline{R}+\overline{S}=1)$$

由特性方程可得到如图 8.4.7 所示的状态图。

由上可知,给定 S、R 端输入波形的与非门 RS 触发器动作时序图如图 8.4.8 所示。

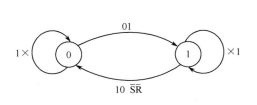

图 8.4.7　与非门 RS 触发器的状态图

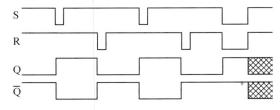

图 8.4.8　与非门 RS 触发器动作时序图

8.4.2　电平触发的触发器

1. 电平触发的 RS 触发器

在基本 RS 触发器基础上,常常要求触发电路按一定的时间节拍进行工作,这就需要用一个控制端进行同步控制,这个控制端一般称为触发端或门控端。当触发信号有效时,触发器的输入才影响输出。

(1) 电路结构

电平触发 RS 触发器的电路图和图形符号如图 8.4.9 所示。

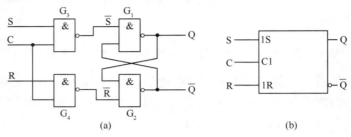

图 8.4.9 电平触发 RS 触发器的电路图和图形符号

(2) 工作原理

当触发信号 C 为低电平(C=0)时,与非门 G_3 和 G_4 的输出为 1,与非门 G_1 和 G_2 组成的电路处于保持状态;当触发信号 C 为高电平(C=1)时,与非门 G_3 输出为 $\overline{S}$,与非门 G_4 的输出为 $\overline{R}$,这时与非门 G_1 和 G_2 组成的电路输出由 $\overline{S}$ 和 $\overline{R}$ 信号确定,这时 RS 触发器的功能同或非门组成的基本 RS 触发器。

由以上分析得出电平触发 RS 触发器的特性表,见表 8-7。

根据特性表得出电平触发 RS 触发器次态卡诺图,如图 8.4.10 所示。

表 8-7 电平触发 RS 触发器的特性表

C	S	R	Q^n	Q^{n+1}	说明
0	×	×	0	0	保持
0	×	×	1	1	
1	0	0	0	0	不变
1	0	0	1	1	
1	0	1	0	0	复位
1	0	1	1	0	
1	1	0	0	1	置位
1	1	0	1	1	
1	1	1	0	×	不允许
1	1	1	1	×	

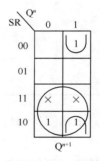

图 8.4.10 电平触发 RS 触发器次态卡诺图

由次态卡诺图可得到电平触发 RS 触发器的特性方程为

$$Q^{n+1}=S+\overline{R}Q^n (约束条件 RS=0)$$

电平触发 RS 触发器的状态图如图 8.4.11 所示。

给定 S、R 信号的电平触发 RS 触发器动作时序如图 8.4.12 所示。由图可以看出,只需要考虑触发信号 C=1 期间时的 S、R 输入信号,就可以画出输出端 Q 的时序波形。

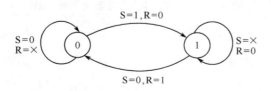

图 8.4.11 电平触发 RS 触发器的状态图

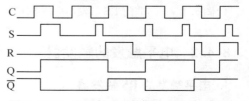

图 8.4.12 电平触发 RS 触发器动作时序图

2. 电平触发的 D 触发器

（1）电路结构

在电平触发 RS 触发器电路的输入端 R 与 S 之间接一个非门，就构成电平触发的 D 触发器，其电路图和图形符号如图 8.4.13 所示。

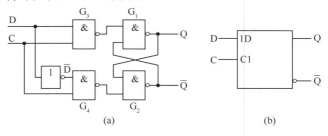

图 8.4.13　电平触发 D 触发器的电路图和图形符号

（2）工作原理

当触发信号 C 为低电平时，G_3 与 G_4 两门被封锁输出高电平，触发器输出保持不变。当触发信号 C 为高电平时，D 信号控制触发器输出，当 D=0 时，G_3 门输出 1，G_4 门输出 0，使触发器输出 $\overline{Q}=1$、Q=0；当 D=1 时，G_3 门输出 0，G_4 门输出 1，使触发器输出 Q=1，$\overline{Q}=0$。

电平触发 D 触发器的特性表见表 8-8。

由 D 触发器特性表，可以得到如图 8.4.14 所示的 D 触发器次态卡诺图。

由 D 触发器的次态卡诺图，可以得到 D 触发器特性方程为

$$Q^{n+1}=D$$

由此得出 D 触发器的状态图，如图 8.4.15 所示。

表 8-8　电平触发 D 触发器的特性表

C	D	Q^{n+1}	说　明
0	×	Q^n	保持
1	0	0	置 0
1	1	1	置 1

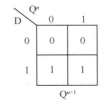

图 8.4.14　D 触发器次态卡诺图

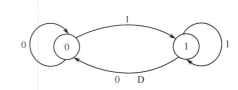

图 8.4.15　D 触发器的状态图

8.4.3　脉冲触发的触发器

1. 脉冲触发的 JK 触发器

（1）电路结构

脉冲触发的 JK 触发器的电路图和图形符号如图 8.4.16 所示。图中"⌐"符号表示该触发器为脉冲信号触发，在 CLK 高电平时主触发器动作，低电平时从触发器动作。

从图中看出，触发电路具有 Q 到 G_8 门和 $\overline{Q}$ 到 G_7 门的反馈线，正是这两条反馈线，使 JK 触发器消除了关于 J、K 输入信号的约束条件，J 端起作用的条件是 $\overline{Q}=1$，K 端起作用的条件是 Q=1。

（2）工作原理

当 CLK=0 时，G_7 与 G_8 两门被封锁，因此触发器保持原状态。

当 CLK=1 时，G_7 与 G_8 两门解除封锁，则有：

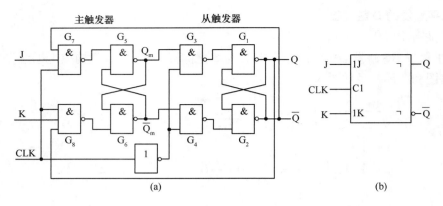

图 8.4.16 脉冲触发的 JK 触发器的电路图和图形符号

1) J＝0、K＝0 时保持

这时 G_7 与 G_8 两门输出 1,主触发器输出保持不变;当 CLK＝0 时,从触发器输出 Q 保持原状态。

2) J＝0、K＝1 时置 0

若从触发器 Q＝1,$\overline{Q}$＝0,则 G_7 门输出 1,G_8 门输出 0,主触发器 Q_m＝0,$\overline{Q_m}$＝1;当 CLK＝0 时,从触发器输出 Q＝0。

若从触发器 Q＝0、$\overline{Q}$＝1,则 G_7 门输出 1,G_8 门输出 1,主触发器输出保持不变;当 CLK＝0 时,从触发器输出 Q 保持。

3) J＝1、K＝0 时置 1

若从触发器 Q＝1、$\overline{Q}$＝0,则 G_7 门输出 1,G_8 门输出 1,主触发器输出保持不变;当 CLK＝0 时,从触发器输出 Q 保持。

若从触发器 Q＝0、$\overline{Q}$＝1,则 G_7 门输出 0,G_8 门输出 1,主触发器输出 Q_m＝1,$\overline{Q_m}$＝0;当 CLK＝0 时,从触发器输出 Q＝1。

4) J＝1、K＝1 时翻转

若 Q＝1、$\overline{Q}$＝0,则 G_7 门输出 1,G_8 门输出 0,主触发器输出 Q_m＝0,$\overline{Q_m}$＝1;当 CLK＝0 时,从触发器输出 Q＝0。

若 Q＝0、$\overline{Q}$＝1,则 G_7 门输出 0,G_8 门输出 1,主触发器输出 Q_m＝1,$\overline{Q_m}$＝0;当 CLK＝0 时,从触发器输出 Q＝1。

根据以上分析得出,脉冲触发的 JK 触发器的特性表见表 8-9。

表 8-9 脉冲触发的 JK 触发器的特性表

J	K	CLK	Q^n	Q^{n+1}	说　明
0	0	⊓	0	0	保持
0	0		1	1	
0	1	⊓	0	0	置 0
0	1		1	0	
1	0	⊓	0	1	置 1
1	0		1	1	
1	1	⊓	0	1	翻转
1	1		1	0	

根据 JK 触发器的特性表,可以得到如图 8.4.17 所示的 JK 触发器次态卡诺图。
由 JK 触发器的次态卡诺图,可以得到 JK 触发器的特性方程为

$$Q^{n+1}=J\overline{Q}^n+\overline{K}Q^n$$

如图 8.4.18 所示为 JK 触发器的状态图。

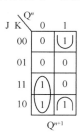

图 8.4.17 JK 触发器次态卡诺图

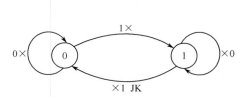

图 8.4.18 JK 触发器的状态图

8.4.4 边沿触发的 JK 触发器

边沿触发的 JK 触发器是基于时钟边沿触发的 JK 触发器,如图 8.4.19 所示。图中 G_1、G_3 两个门组成 J 端时钟边沿触发电路,G_2、G_4 两个门组成 K 端时钟边沿触发电路。

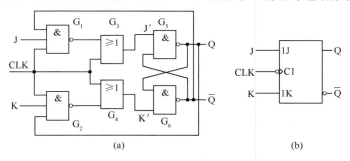

图 8.4.19 边沿触发的 JK 触发器

其工作原理,只考虑 CLK 下降沿,J、K 输入信号与触发器输出状态之间的逻辑关系与上述脉冲触发的 JK 触发器相同。

8.4.5 T 触发器

所谓 T 触发器就是有一个控制信号 T,当 T 信号为 1 时,触发器在时钟脉冲的作用下不断地翻转,而当 T 信号为 0 时,触发器状态保持不变。

如图 8.4.20 所示,将 JK 触发器的 J、K 端连接在一起作为 T 端,就是 T 触发器。T 触发器的特性表见表 8-10,由此得到 T 触发器的状态图如图 8.4.21 所示。

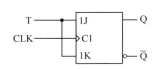

图 8.4.20 JK 触发器改为 T 触发器

表 8-10 T 触发器特性表

T	Q^n	Q^{n+1}	说　明
0	0	0	保持
0	1	1	
1	0	1	翻转
1	1	0	

由特性表，得到 T 触发器的特性方程为
$$Q^{n+1} = T\overline{Q}^n + \overline{T}Q^n$$

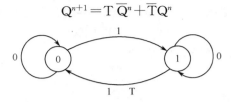

图 8.4.21　T 触发器的状态图

习　　题

8-1　CMOS 非门电路采用什么类型的 MOS 管？

8-2　某逻辑门的输入低电平信号范围为 $-3 \sim -12\text{V}$，输入高电平范围为 $3 \sim 12\text{V}$。若该逻辑门的输入电压值为 -5V、-7V、$+5\text{V}$、$+10\text{V}$，使用正逻辑分析，这些电压值各代表什么逻辑值？如果使用负逻辑分析，这些电压值各代表什么逻辑值？

8-3　试分析如题 8-3 图所示 MOS 电路的逻辑功能，写出 Y 端的逻辑函数式，并画出逻辑图。

8-4　证明如下逻辑函数等式。

(1) $A\overline{B} + A\overline{B}C = A\overline{B}$

(2) $AB(C+\overline{C}) + AC = AB + AC$

8-5　用代数法化简如下逻辑函数式。

(1) $Y_1 = \overline{A}B + \overline{A}B\overline{C} + \overline{A}BCD + \overline{A}B\overline{C}DE$

(2) $Y_2 = AB + \overline{A}BC + A$

(3) $Y_3 = AB + (\overline{A}+\overline{B})C + AB$

8-6　用卡诺图化简如下逻辑函数式。

(1) $Y_1 = ABC + AB\overline{C} + \overline{B}$

(2) $Y_2 = A + A\overline{B}C + AB$

(3) $Y_3 = A\overline{C} + A\overline{B} + AB$

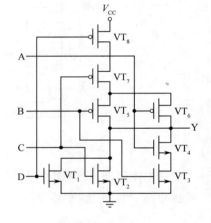

题 8-3 图

8-7　列出下列逻辑函数式的真值表。

(1) $Y_1 = AB + BC$

(2) $Y_2 = (A+B)C$

(3) $Y_3 = (A+B)(\overline{B}+C)$

8-8　在下列逻辑的表达式中，变量 A、B、C 为何值时函数值为 1？

(1) $Y = AB + BC + AC$

(2) $Y = (A+B+C)(\overline{A}+B+\overline{C})$

(3) $Y = ABC + A\overline{B}\overline{C} + \overline{A}BC + \overline{A}B\overline{C}$

8-9　将下列函数展开成最小项表达式。

(1) $Y(A,B,C) = AB + AC$

(2) $Y(A,B,C,D) = AD + BC\overline{D} + \overline{A}BC$

8-10 用卡诺图化简以下具有任意项的逻辑函数式。

(1) $F(A,B,C,D) = \sum m(3,5,8,9,10,12) + \sum d(0,1,2,13)$

(2) $F(A,B,C,D) = \sum m(4,5,6,13,14,15) + \sum d(8,9,10,12)$

(3) $F(A,B,C,D) = \sum m(0,2,9,11,13) + \sum d(4,8,10,15)$

8-11 画出如题 8-11 图所示的边沿 D 触发器输出端 Q 端的波形,输入端 D 与 CLK 的波形如图所示。(设 Q 的初始状态为 0)

(1)

(2)

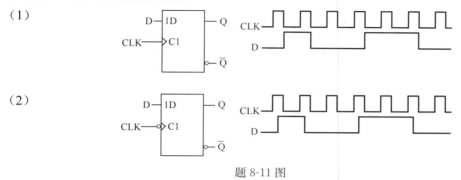

题 8-11 图

8-12 画出如题 8-12 图所示的 JK 触发器输出 Q 端的波形,输入端 J、K 与 CLK 的波形如图所示。(设 Q 的初始状态为 0)

(1)

(2)

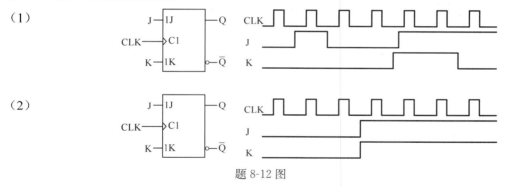

题 8-12 图

8-13 画出如题 8-13 图所示的边沿 D 触发器输出 Q 端的波形,CLK 的波形如图所示。(设 Q 的初始状态为 0)

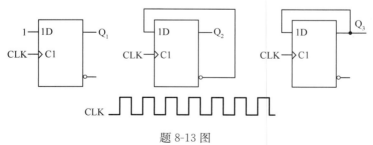

题 8-13 图

8-14 画出题 8-14 图所示的 JK 触发器输出 Q 端的波形,CLK 的波形如图所示。(设 Q 的初始状态为 0)

8-15 写出 D、T 触发器的特征方程,然后将 D 触发器转换成 T 触发器,作出电路连线图。

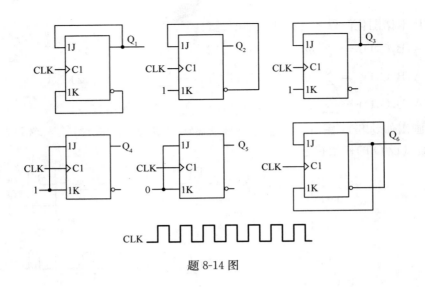

题 8-14 图

第 9 章 数字逻辑电路

本章包括组合逻辑电路和时序逻辑电路两个部分。组合逻辑电路部分介绍组合逻辑电路的特点、分析方法和设计方法,之后,介绍几种常用组合逻辑电路(编码器、译码器、数据选择器、加法器、数值比较器等)的工作原理及其集成电路器件;时序逻辑电路部分概要介绍分析时序逻辑电路功能和设计时序逻辑电路的一般方法,然后对寄存器和计数器常用时序逻辑电路的工作原理进行介绍。

9.1 组合逻辑电路

9.1.1 组合逻辑电路概述

根据逻辑功能的不同特点,我们把数字电路分成两大类,一类称作组合逻辑电路(简称组合电路),另一类称作时序逻辑电路(简称时序电路)。

在组合电路中,任意时刻的输出信号仅取决于该时刻的输入信号,与信号作用前电路原来的状态无关,这就是组合电路在逻辑功能上的特点。一个多输入多输出的组合电路可以用方框图表示。如图 9.1.1 所示,图中 $a_1,a_2,\cdots,a_n$ 表示输入逻辑变量,$y_1,y_2,\cdots,y_n$ 表示输出逻辑变量。输入与输出之间的函数关系可以表示为

$$\begin{cases} y_1 = f_1(a_1, a_2, \cdots, a_n) \\ y_2 = f_2(a_1, a_2, \cdots, a_n) \\ y_3 = f_3(a_1, a_2, \cdots, a_n) \\ y_4 = f_4(a_1, a_2, \cdots, a_n) \end{cases}$$

或写成向量函数的形式

$$Y = F(A)$$

图 9.1.1 组合电路框图

从组合电路逻辑功能的特点可以看出,既然它的输出与电路的历史状态无关,那么电路中就不能包含记忆性器件,它只能由各种门电路构成。

9.1.2 组合逻辑电路分析

组合电路分析就是由给定的逻辑电路图,写出输出函数逻辑表达式,确定输入、输出之间的逻辑关系,并且说明组合电路的逻辑功能。

组合电路的分析步骤:
① 根据给定的逻辑电路图写出输出逻辑函数表达式;

② 化简和变换逻辑函数表达式；
③ 列出真值表；
④ 根据真值表和逻辑函数表达式对逻辑电路进行分析,确定逻辑电路功能。

例 9-1 分析如图 9.1.2 所示组合电路的逻辑功能。

解：由电路图,得到逻辑函数表达式

$$Y=\overline{\overline{\overline{A}B}\cdot\overline{\overline{A}C}}$$

由德·摩根定理有

$$Y=\overline{\overline{\overline{A}B}}\cdot\overline{\overline{\overline{A}C}}=\overline{A}B+\overline{A}C$$

转换成标准与或式为

$$Y=\overline{A}\,\overline{B}+\overline{A}\,C=\overline{A}\,\overline{B}\,\overline{C}+\overline{A}\,\overline{B}C+\overline{A}B\,\overline{C}+\overline{A}BC+\overline{A}\,\overline{B}\,\overline{C}+\overline{A}\,\overline{B}C+\overline{A}B\,\overline{C}$$

真值表见表 9-1。

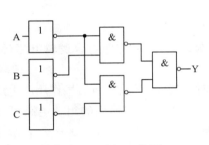

图 9.1.2　例 9-1 的图

表 9-1　例 9-1 的真值表

A	B	C	Y
0	0	0	1
0	0	1	1
0	1	0	1
0	1	1	0
1	0	0	0
1	0	1	0
1	1	0	0
1	1	1	0

由真值表可知,该电路是数值检测电路,如果数值小于 3,该电路输出 1,否则输出 0。

例 9-2　分析如图 9.1.3 所示组合电路的逻辑功能。

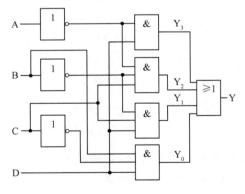

图 9.1.3　例 9-2 的图

解：按照从输入开始逐级写出各级逻辑函数表达式的分析方法,最后写出输出 Y 的逻辑函数表达式为

$$Y=B\,\overline{C}D+\overline{B}CD+\overline{A}\,\overline{B}C+\overline{A}D$$

转换成标准与或式为

$$Y = AB\overline{C}D + \overline{A}B\overline{C}D + A\overline{B}CD + \overline{A}\overline{B}CD + \overline{A}BCD +$$
$$\overline{A}\,\overline{B}C\overline{D} + \overline{A}\,\overline{B}CD + \overline{A}B\overline{C}D + \overline{A}B\overline{C}D + \overline{A}BCD$$
$$= AB\overline{C}D + \overline{A}B\overline{C}D + A\overline{B}CD + \overline{A}\overline{B}CD + \overline{A}\,\overline{B}C\overline{D} +$$
$$\overline{A}\,\overline{B}CD + \overline{A}BCD$$

再写成最小项形式为

$$Y = \sum m(1,2,3,5,7,11,13)$$

由以上分析可知，这是一个素数判别电路，当素数出现在电路输入端时，该电路输出 Y=1。

9.2 组合逻辑电路的设计

组合电路的设计就是根据给定的实际逻辑问题，确定实现这一逻辑功能的最简电路。所谓最简，是指电路所使用器件数量和种类最少。

组合电路的设计步骤：（组合电路设计与分析过程相反）

① 进行电路功能描述，分析事件的因果关系，确定输入变量和输出变量，对各变量进行逻辑赋值；
② 根据给定的实际逻辑问题因果关系列出真值表；
③ 由真值表写出逻辑函数表达式；
④ 化简或变换逻辑函数表达式，画出逻辑电路图。

例 9-3 设计一个三人表决电路，多数赞成则表决通过。

解：设 A、B、C 分别表示 3 个人，Y 表示输出表决结果。A、B、C 为 1 时，表示赞成，为 0 时，表示不赞成；多数赞成时，输出 Y 为 1，反之 Y 为 0。

根据题意列出真值表，见表 9-2。由真值表画出卡诺图，如图 9.2.1 所示。

表 9-2 例 9-3 真值表

输入变量			输出结果
A	B	C	Y
0	0	0	0
0	0	1	0
0	1	0	0
0	1	1	1
1	0	0	0
1	0	1	1
1	1	0	1
1	1	1	1

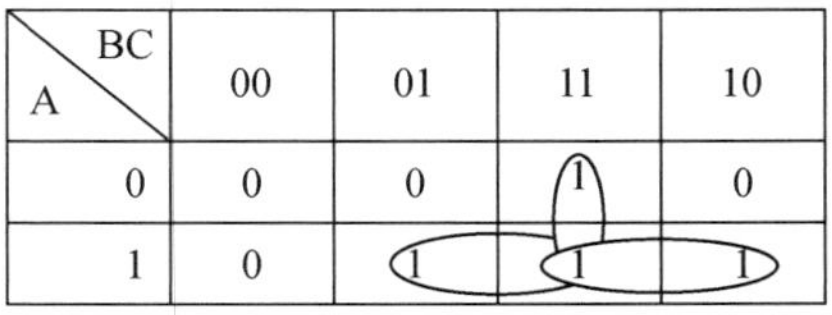

A\BC	00	01	11	10
0	0	0	1	0
1	0	1	1	1

图 9.2.1 例 9-3 的卡诺图

根据卡诺图得输出端的逻辑函数表达式为

$$Y = AB + BC + AC$$

再由逻辑函数表达式画出逻辑电路图,如图 9.2.2 所示。

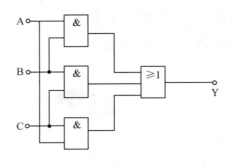

图 9.2.2 例 9-3 逻辑电路图

例 9-4 设计一个三输入信号的判别电路,要求 3 个输入信号有奇数个高电平时,输出高电平信号,有偶数个高电平时,输出低电平信号。

解:设 A、B、C 表示 3 个输入变量,输出结果用 Y 表示,高电平用 1 表示,低电平用 0 表示。根据题意,列出真值表,见表 9-3。由真值表画出卡诺图,如图 9.2.3 所示。

由卡诺图得到输出端的逻辑函数表达式为

$$Y = A \oplus B \oplus C$$

根据输出端的逻辑函数表达式画出逻辑电路图,如图 9.2.4 所示。

表 9-3 例 9-4 真值表

输入变量			输出结果
A	B	C	Y
0	0	0	0
0	0	1	1
0	1	0	1
0	1	1	0
1	0	0	1
1	0	1	0
1	1	0	0
1	1	1	1

A \ BC	00	01	11	10
0	0	1	0	1
1	1	0	1	0

图 9.2.3 例 9-4 的卡诺图

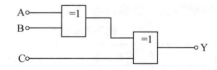

图 9.2.4 例 9-4 的逻辑电路图

9.3 组合电路的应用电路

9.3.1 编码器

在数字系统中,把具有某种特定含义的信号用二进制数表示,称为编码,完成编码功能的逻辑电路称为编码器。编码器是一个多输入多输出电路,输入信号进入编码器后输出二进制代码,其结构框图如图 9.3.1 所示,图中 $I_0 \sim I_{2^n-1}$ 是输入,$Y_0 \sim Y_{n-1}$ 是输出。若编码器有 2^n 个输入,则应该有 n 个输出。

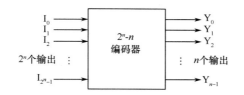

图 9.3.1　编码器的结构框图

常用的编码器有普通编码器和优先编码器两类。普通编码器要求任何时刻只允许有一个输入信号,如果同时输入一个以上的信号,则输出端将会出现逻辑错误。

1. 8 线-3 线普通编码器

8 线-3 线编码器能够实现对 8 个输入信号编成 3 位二进制代码输出。设编码器的 8 个输入信号为 $I_7 \sim I_0$,3 个输出信号为 Y_2、Y_1、Y_0,根据 8 线-3 线编码器的逻辑功能列出真值表,见表 9-4。

表 9-4　8 线-3 线编码器真值表

I_7	I_6	I_5	I_4	I_3	I_2	I_1	I_0	Y_2	Y_1	Y_0
0	0	0	0	0	0	0	1	0	0	0
0	0	0	0	0	0	1	0	0	0	1
0	0	0	0	0	1	0	0	0	1	0
0	0	0	0	1	0	0	0	0	1	1
0	0	0	1	0	0	0	0	1	0	0
0	0	1	0	0	0	0	0	1	0	1
0	1	0	0	0	0	0	0	1	1	0
1	0	0	0	0	0	0	0	1	1	1

根据真值表写出输出信号的逻辑表达式分别为

$$Y_2 = I_4 + I_5 + I_6 + I_7$$

$$Y_1 = I_2 + I_3 + I_6 + I_7$$

$$Y_0 = I_1 + I_3 + I_5 + I_7$$

由输出逻辑表达式画出 8 线-3 线编码器的逻辑电路图,如图 9.3.2 所示,其逻辑符号如图 9.3.3 所示。

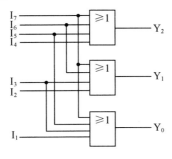

图 9.3.2　逻辑电路图

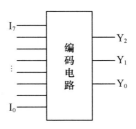

图 9.3.3　逻辑符号图

2. 优先编码器

优先编码器允许在同一时刻输入两个或两个以上的有效信号,并且按照优先级别对输入信号中优先权最高的信号进行编码。优先编码器既不会造成输出端的逻辑错误,又解决了普通编码器只允许一个信号有效的问题,因此在逻辑电路中得到了广泛应用。以下说明 8 线-3 线优先编码器的工作原理。

设 8 线-3 线优先编码器的 8 个输入信号为 $I_7 \sim I_0$,3 个输出信号为 Y_2、Y_1、Y_0,在 8 个输入信号中,I_7 的编码优先级最高,I_6 次之,以此类推,I_0 的编码优先级最低。

8 线-3 线优先编码器的真值表见表 9-5。

表 9-5 8 线-3 线优先编码器真值表

I_7	I_6	I_5	I_4	I_3	I_2	I_1	I_0	Y_2	Y_1	Y_0
0	0	0	0	0	0	0	1	0	0	0
0	0	0	0	0	0	1	×	0	0	1
0	0	0	0	0	1	×	×	0	1	0
0	0	0	0	1	×	×	×	0	1	1
0	0	0	1	×	×	×	×	1	0	0
0	0	1	×	×	×	×	×	1	0	1
0	1	×	×	×	×	×	×	1	1	0
1	×	×	×	×	×	×	×	1	1	1

8 线-3 线优先编码器 74LS148 的符号如图 9.3.4 所示,其真值表见表 9-6。该编码器的输入与输出都是低电平有效。

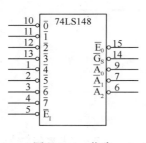

图 9.3.4 优先编码器 74LS148

表 9-6 74LS148 优先编码器的真值表

$\overline{E_I}$	$\overline{0}$	$\overline{1}$	$\overline{2}$	$\overline{3}$	$\overline{4}$	$\overline{5}$	$\overline{6}$	$\overline{7}$	$\overline{A_2}$	$\overline{A_1}$	$\overline{A_0}$	$\overline{G_S}$	$\overline{E_0}$
1	×	×	×	×	×	×	×	×	1	1	1	1	1
0	1	1	1	1	1	1	1	1	1	1	1	1	0
0	×	×	×	×	×	×	×	0	0	0	0	0	1
0	×	×	×	×	×	×	0	1	0	0	1	0	1
0	×	×	×	×	×	0	1	1	0	1	0	0	1
0	×	×	×	×	0	1	1	1	0	1	1	0	1
0	×	×	×	0	1	1	1	1	1	0	0	0	1
0	×	×	0	1	1	1	1	1	1	0	1	0	1
0	×	0	1	1	1	1	1	1	1	1	0	0	1
0	0	1	1	1	1	1	1	1	1	1	1	0	1

9.3.2 译码器

译码是编码的逆过程,将二进制代码翻译成与代码对应的高、低电平或是另一种代码的电路称为译码器。译码器是一个多输入多输出的组合电路。如图 9.3.5 所示,其中 I_0,I_1,$\cdots$,I_{n-1} 是输入信号,Y_0,Y_1,$\cdots$,Y_{2^n-1} 是输出信号。具有 n 个输入信号,2^n 个输出信号,对应每一组输入代码,只有一个输出信号有效,其余的输出信号均为无效。或者说,每个输出信号对应着一个输入信号的最小项。

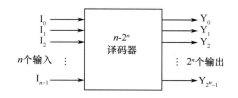

图 9.3.5 译码器的逻辑电路图

1. 2线-4线译码器

2线-4线译码器的逻辑电路如图 9.3.6 所示。

从电路中可以得到其输出为

$$Y_0 = \overline{B}\,\overline{A}$$
$$Y_1 = \overline{B}A$$
$$Y_2 = B\,\overline{A}$$
$$Y_3 = BA$$

译码器的输出根据器件类型的不同,可以是高电平有效或低电平有效。

2. 3线-8线译码器 74LS138

74LS138 是 3线-8线译码器,其逻辑符号如图 9.3.7 所示。真值表见表 9-7。

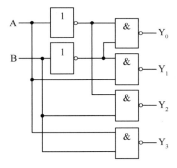 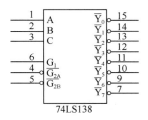

图 9.3.6 2线-4线译码器的逻辑电路　　图 9.3.7 3线-8线译码器的逻辑符号

表 9-7　74LS138 真值表

使 能 端		输 入 端			输　出							
G_1	$\overline{G_{2A}}+\overline{G_{2B}}$	C	B	A	$\overline{Y_7}$	$\overline{Y_6}$	$\overline{Y_5}$	$\overline{Y_4}$	$\overline{Y_3}$	$\overline{Y_2}$	$\overline{Y_1}$	$\overline{Y_0}$
×	1	×	×	×	1	1	1	1	1	1	1	1
0	×	×	×	×	1	1	1	1	1	1	1	1
1	0	0	0	0	1	1	1	1	1	1	1	0
1	0	0	0	1	1	1	1	1	1	1	0	1
1	0	0	1	0	1	1	1	1	1	0	1	1
1	0	0	1	1	1	1	1	1	0	1	1	1
1	0	1	0	0	1	1	1	0	1	1	1	1
1	0	1	0	1	1	1	0	1	1	1	1	1
1	0	1	1	0	1	0	1	1	1	1	1	1
1	0	1	1	1	0	1	1	1	1	1	1	1

其中，C、B 和 A 是译码器的输入端，$\overline{Y_0}$，$\overline{Y_1}$，…，$\overline{Y_7}$ 是输出端，也就是输入端 C、B、A 的各个最小项，G_1，$\overline{G_{2A}}$，$\overline{G_{2B}}$ 是使能端。

当 $G_1=1$，同时 $\overline{G_{2A}}+\overline{G_{2B}}=0$ 时，每个输出端的输出函数为

$$Y_i = \overline{m_i}$$

这里 m_i 为输入 C、B、A 的最小项。

当 $G_1=1$，同时 $\overline{G_{2A}}+\overline{G_{2B}}=0$ 的条件不满足时，不进行译码，所有输出都是高电平。

例 9-5 用 74LS138 实现下列逻辑函数表达式。

$$Y_1 = A\,\overline{C} + \overline{A}BC + A\,\overline{B}C$$
$$Y_2 = BC + \overline{A}\,\overline{B}C$$

解：逻辑函数表达式可以变换为

$$Y_1 = A\,\overline{C} + \overline{A}BC + A\,\overline{B}C = AB\,\overline{C} + A\,\overline{B}\,\overline{C} + \overline{A}BC + A\,\overline{B}C$$
$$= m_6 + m_4 + m_5 + m_3 = \overline{\overline{m_6}\,\overline{m_5}\,\overline{m_4}\,\overline{m_3}}$$
$$Y_2 = BC + \overline{A}\,\overline{B}C = ABC + \overline{A}BC + \overline{A}\,\overline{B}C$$
$$= m_7 + m_3 + m_1 = \overline{\overline{m_7}\,\overline{m_3}\,\overline{m_1}}$$

实现逻辑函数表达式的电路如图 9.3.8 所示。

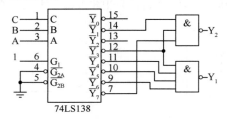

图 9.3.8　例 9-5 的图

9.3.3　数据选择器

数据选择器又称多路选择器或多路开关，是从多个输入信号中选择一个作为输出。

1. 4 选 1 数据选择器

4 选 1 数据选择器的逻辑电路与符号如图 9.3.9 所示。

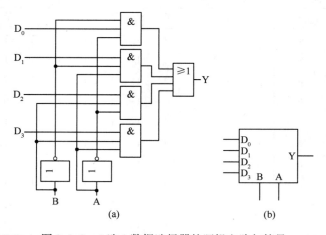

图 9.3.9　4 选 1 数据选择器的逻辑电路与符号

由 4 选 1 数据选择器的逻辑电路可以得到输出 Y 的逻辑函数表达式为

$$Y = (\overline{B}\,\overline{A})D_0 + (\overline{B}A)D_1 + (B\overline{A})D_2 + (BA)D_3$$

从逻辑函数表达式可以看出：

当选择信号 B=0、A=0 时，$Y=D_0$，这就相当于将输入信号 D_0 连接到了输出端 Y；

当选择信号 B=0、A=1 时，$Y=D_1$，这就相当于将输入信号 D_1 连接到了输出端 Y；

当选择信号 B=1、A=0 时，$Y=D_2$，这就相当于将输入信号 D_2 连接到了输出端 Y；

当选择信号 B=1、A=1 时，$Y=D_3$，这就相当于将输入信号 D_3 连接到了输出端 Y。

2. 8 输入选择器 74LS151

8 输入选择器 74LS151 具有 8 个输入信号 $D_0 \sim D_7$，一对互补输出信号 Y 和 W，3 个数据选择信号 C、B、A 和使能信号 $\overline{G}$。74LS151 的逻辑符号如图 9.3.10 所示，真值表见表 9-8。

表 9-8 数据选择器 74LS151 的真值表

输入				输出	
选择端			选通端	Y	$\overline{W}$
C	B	A	$\overline{G}$		
×	×	×	1	0	1
0	0	0	0	D_0	$\overline{D}_0$
0	0	1	0	D_1	$\overline{D}_1$
0	1	0	0	D_2	$\overline{D}_2$
0	1	1	0	D_3	$\overline{D}_3$
1	0	0	0	D_4	$\overline{D}_4$
1	0	1	0	D_5	$\overline{D}_5$
1	1	0	0	D_6	$\overline{D}_6$
1	1	1	0	D_7	$\overline{D}_7$

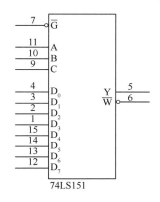

图 9.3.10 8 输入选择器 74LS151 的逻辑符号

根据真值表得到 8 选 1 逻辑电路的输出为

$$Y = \sum_{i=0}^{7} m_i D_i$$

例 9-6 用数据选择器 74LS151 实现函数 $Y(C,B,A) = \sum m(0,2,3,5)$。

解：数据选择器 74LS151 具有 3 个选择信号输入端，与要实现的逻辑函数变量数相同，因此，要使用选择信号最小项的方法，使输入信号 $D_0 = D_2 = D_3 = D_5 = 1$，其余为 0，这样就可以使选择信号的最小项 m_0、m_2、m_3、m_5 保留。实现的逻辑电路如图 9.3.11 所示。

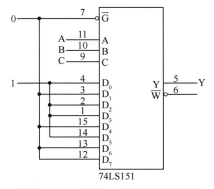

图 9.3.11 例 9-6 的逻辑电路图

9.3.4 数据分配器

数据分配器又称为多路分配器,是单输入多输出的组合电路,用于将输入信号按要求分配到指定的输出端。数据分配器有一个输入数据端,n 个地址选择端,2^n 个输出端。由地址选择端来决定输入数据分配到哪个输出端输出。

下面以 1 路-4 路数据分配器为例进行介绍。

1 路-4 路数据分配器有一个信号输入端 D,2 个地址选择端 A_1、A_0,4 个信号输出端 Y_3、Y_2、Y_1、Y_0,电路符号图如图 9.3.12 所示,其真值表见表 9-9。

根据真值表,写出数据分配器输出信号的逻辑表达式为

$$Y_3 = A_1 A_0 D, \quad Y_2 = A_1 \overline{A_0} D, \quad Y_1 = \overline{A_1} A_0 D, \quad Y_0 = \overline{A_1}\, \overline{A_0} D$$

由输出逻辑表达式画出逻辑电路图,如图 9.3.13 所示。

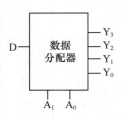

表 9-9 1 路-4 路数据分配器真值表

A_1	A_0	Y_3	Y_2	Y_1	Y_0
0	0	0	0	0	D
0	1	0	0	D	0
1	0	0	D	0	0
1	1	D	0	0	0

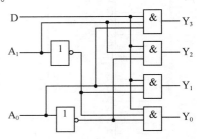

图 9.3.12 1 路-4 路数据分配器电路符号图

图 9.3.13 1 路-4 路数据分配器逻辑电路图

9.3.5 数值比较器

用于比较两个二进制数值大小的逻辑电路称为数值比较器。

对于两个多位二进制数比较的情况,先比较高位(从高位到低位逐位比较),若高位比较已经产生结果,则低位不用再比较,若高位相等,则需要进行次高位比较,直至产生确定的结果。

下面以比较两个一位二进制数为例,建立真值表,见表 9-10。

根据真值表得到输出逻辑表达式为

$$(A = B) = AB + \overline{A}\,\overline{B}$$
$$(A > B) = A\overline{B}$$
$$(A < B) = \overline{A}B$$

由表达式画出逻辑电路图,如图 9.3.14 所示。

表 9-10 一位数值比较器真值表

输入		输出		
A	B	A=B	A<B	A>B
0	0	1	0	0
0	1	0	1	0
1	0	0	0	1
1	1	1	0	0

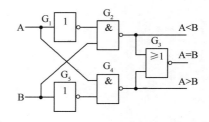

图 9.3.14 一位数值比较器的逻辑电路图

9.3.6 加法器

加法器是数字系统中的基本算术运算单元,用于实现两个二进制数的加、减、乘、除算术运算,这些运算都可转换成加法运算,用作计算机算术逻辑部件。

加法器分为半加器和全加器两种,以下分别说明。

1. 半加器

两个1位二进制数相加,不考虑来自低位的进位,称为半加,实现半加运算的电路称为半加器。根据二进制数的运算规则,可以得到表9-11所示的真值表。

A、B代表输入,表示两个1位二进制数,S和C代表输出,S表示两个数相加和,C是两个数相加产生的进位。

由真值表得到逻辑表达式为

$$S=\overline{A}B+A\overline{B}=A\oplus B$$
$$C=AB$$

由输出逻辑表达式画出半加器的逻辑电路图,如图9.3.15所示,其符号如图9.3.16所示。

表9-11 半加器真值表

输	入	输	出
A	B	S	C
0	0	0	0
0	1	1	0
1	0	1	0
1	1	0	1

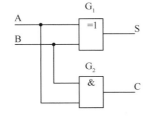

图9.3.15 半加器逻辑电路图

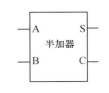

图9.3.16 半加器逻辑符号

2. 全加器

两个1位二进制数相加,除了两个加数,还要考虑来自低位的进位,这种加法运算称为全加,实现全加功能的电路称为全加器。由此可见,全加器有3个输入变量:两个加数A和B,低位来的进位C_I;有两个输出变量:全加和S,进位输出C_O。全加器的真值表见表9-12。

由真值表得到输出逻辑表达式为

$$S=A\oplus B\oplus C_I$$
$$C_O=AB+AC_I+BC_I$$

由逻辑表达式画出逻辑电路图及其符号,如图9.3.17所示。

表9-12 全加器真值表

A	B	C_I	全加和S	进位输出C_O
0	0	0	0	0
0	0	1	1	0
0	1	0	1	0
0	1	1	0	1
1	0	0	1	0
1	0	1	0	1
1	1	0	0	1
1	1	1	1	1

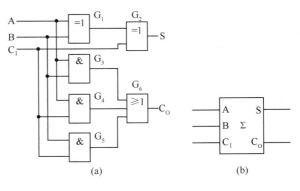

图9.3.17 全加器逻辑电路及其符号

9.4 时序逻辑电路的分析

9.4.1 概述

时序逻辑电路是指任一时刻的输出信号不仅取决于当时的输入信号,而且还取决于电路原来的状态(即具有记忆功能),或者还与以前输入有关,我们把具有这种逻辑功能特点的电路称作时序逻辑电路(简称时序电路)。

时序电路在电路结构上有两个特点:第一,时序电路通常包含组合电路和存储电路两个组成部分,而存储电路必不可少;第二,存储电路的输出状态必须反馈到输入端,与输入信号一起共同决定组合电路的输出。因此,时序电路的框图可以画成如图 9.4.1 所示的形式。

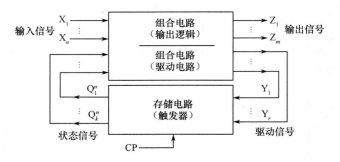

图 9.4.1 时序电路的框图

图 9.4.1 中,$X_1,\cdots,X_n$ 是输入信号,$Z_1,\cdots,Z_m$ 是输出信号;$Q_1^n,\cdots,Q_k^n$ 是触发器的输出信号,又称为状态信号;$Y_1,\cdots,Y_r$ 是触发器的输入信号,又称为驱动信号。它们之间的关系如下

$$Z_i = g_i(X_1,\cdots,X_n,Q_1^n,\cdots,Q_k^n) \quad i=1,\cdots,m$$
$$Y_i = h_i(X_1,\cdots,X_n,Q_1^n,\cdots,Q_k^n) \quad i=1,\cdots,r$$
$$Q_i^{n+1} = f_i(Y_1,\cdots,Y_r,Q_1^n,\cdots,Q_k^n) \quad i=1,\cdots,k$$

其中,$Q_1^n,\cdots,Q_k^n$ 为触发器的现态(原态),$Q_1^{n+1},\cdots,Q_k^{n+1}$ 为触发器的次态(新态)。现态与次态的分界线是时钟 CP 的有效沿,若时钟沿之前为现态,则时钟沿之后为次态,或者说触发器的输出状态称为现态,而在有效时钟沿后,触发器的输出将进入次态。

Z_i 式称为输出方程,Y_i 式称为驱动方程、输入方程或激励方程,Q_i^{n+1} 式称为状态方程或次态方程。3 个方程式的特点是它们都与触发器的现态有关,描述了时序电路的功能。

根据存储电路中存储单元状态变化的特点,可以把时序电路分为同步时序电路和异步时序电路两类。在同步时序电路中,所有存储单元状态的变化都是在同一时钟信号下同时发生的。在异步时序电路中,存储单元状态的变化不是在同一时钟信号下发生的。

根据输出信号的特点,将时序电路划分为梅里型和摩尔型两种。在梅里型电路中,输出信号不仅取决于存储电路的状态,而且还取决于输入变量;在摩尔型电路中,输出信号仅取决于存储电路的状态。由此可见,摩尔型电路是梅里型电路的一种特例。

9.4.2 同步时序逻辑电路的分析方法

1. 时序电路的描述方式

（1）逻辑表达式

通过一组数学方程即逻辑表达式描述时序电路功能。包括：时序电路输出方程、触发器驱动方程、触发器次态方程、触发器时钟方程。

（2）状态表

状态表以表格形式表示时序电路输出、触发器次态和输入信号、触发器现态之间的关系，类似于组合电路真值表。

（3）状态转换图

状态转换图以图的形式表示状态之间的转换以及输入和输出之间的关系。

梅里型时序电路的画法是使用圆圈中的数字或字母表示时序电路的状态，使用箭头表示状态变化并且在箭头旁标记有输入变量 X 和输出变量 Z，标记时将输入变量 X 与输出变量 Z 用斜杠隔开，如图 9.4.2(a)所示。

摩尔型时序电路的画法是使用圆圈中的数字或字母表示时序电路的状态与输出，使用箭头表示状态变化，并且在箭头旁标记有输入变量 X，如图 9.4.2(b)图所示。

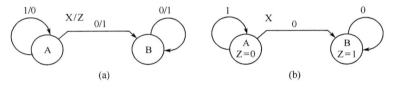

图 9.4.2 状态转换图

（4）时序波形图

在时钟脉冲控制下，时序波形图显示触发器状态和电路输出的变化过程及对比关系。

2. 同步时序电路的分析步骤

① 分清楚时序电路的输入、输出和状态变量，写出触发器的驱动方程。
② 将驱动方程代入触发器特征方程，得到时序电路次态方程。
③ 列出时序电路的输出方程。
④ 根据时序电路的状态方程和输出方程作出状态表，列出每一组的现态、次态与输出。
⑤ 作出状态图。

例 9-7 写出如图 9.4.3 所示电路的驱动方程、状态方程、输出方程，并画出状态表、状态图。

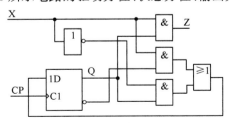

图 9.4.3 例 9-7 的电路图

解：由电路图知输入变量 X、电路输出 Z 和触发器状态 Q。

驱动方程：$D = \overline{X}Q + X\overline{Q}$

状态方程:$Q^{n+1}=D=\overline{X}Q+X\overline{Q}$

输出方程:$Z=XQ$

由以上可知输出 Z 与输入 X 有关,因此电路是梅里型时序电路。根据状态方程和输出方程,作出状态表,见表 9-13。

根据状态表,只有一个触发器,两个状态 0 和 1,把状态转换条件和输出标在图上,作出状态图,如图 9.4.4 所示。

表 9-13 状态表

输入	现态	次态	输出
X	Q	Q^{n+1}	Z
0	0	0	0
0	1	1	0
1	0	1	0
1	1	0	1

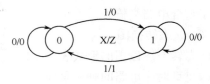

图 9.4.4 例 9-7 的状态图

9.5 时序电路的应用电路

9.5.1 寄存器和移位寄存器

1. 寄存器

寄存器用于存储一组二进制代码,广泛地应用于各类数字系统和计算机中。因为一个触发器可以存储一位二进制代码,所以用 N 个触发器组成的寄存器能存储一组 N 位的二进制代码。为了控制信号的接收和清除,必须有相应的控制电路与触发器配合工作,因此,寄存器包含触发器和控制电路两个组成部分,控制电路由门电路构成。

如图 9.5.1 所示为一个 4 位寄存器电路,由 4 个边沿 D 触发器(上升沿触发)构成,它们的时钟端连接在一起,由同一时钟信号 CP 控制,使触发器同时动作,同时存储数据。

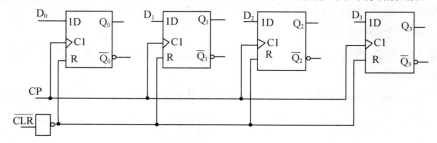

图 9.5.1 4 位寄存器电路

输入端为 D_0、D_1、D_2、D_3,输出端为 Q_0、Q_1、Q_2、Q_3,异步置零端为 $\overline{CLR}$,低电平有效。

当 $\overline{CLR}$ 端加低电平时,清零,4 个 D 触发器置成零状态。

当时钟端 CP 上升沿到来时,D 触发器动作,根据 D 触发器的特征方程知,从输入端接收的二进制代码寄存在电路中,出现在输出端,寄存器的数据可以从 4 个触发器的输出端 Q_0、Q_1、Q_2、Q_3 读出。

2. 移位寄存器

除具有二进制代码寄存功能外,还具有二进制移位功能的寄存器称为移位寄存器。所谓移位功能就是寄存的数据在移位脉冲的作用下左移或右移。由于具有移位功能,数据既可以并行输入、输出,也可以在移位脉冲的作用下,串行输入寄存器、从寄存器串行输出。

移位寄存器分为串行输入串行输出、串行输入并行输出、并行输入串行输出 3 种类型。以下通过串行输入串行输出移位寄存器说明移位寄存器的工作过程。如图 9.5.2 所示,用 4 个 D 触发器(上升沿触发)组成右移位寄存器。

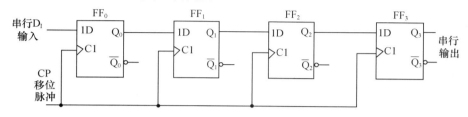

图 9.5.2 移位寄存器

数据 D_I 从 FF_0 的 1D 端即左侧输入端输入,从右侧输出端输出。由于时钟端与每个触发器的时钟端相连,所以在时钟上升沿到来时,根据 D 触发器的特征方程,每个触发器都接收左侧输入端的数据,寄存器内的数据向右移动,同时最左侧的 D 触发器接收输入端的数据,经过 4 个上升沿,输入端的数据 1001 完全移入寄存器中,从 FF_3 的 Q_3 端输出。

以 1001 为例,4 位数据移动情况见表 9-14。

表 9-14 4 位数据移动情况

移位脉冲 CP	输入数据 D_I	Q_3	Q_2	Q_1	Q_0
0	×	0	0	0	0
1	1	0	0	0	1
2	0	0	0	1	0
3	0	0	1	0	0
4	1	1	0	0	1

9.5.2 计数器

在数字系统中,计数器是使用最多的时序电路,不仅用于对时钟脉冲计数,还可用于定时、分频、产生节拍脉冲以及进行数字运算等。

按照计数器是否具有同一时钟分类,可分为同步计数器和异步计数器。具有同一时钟的计数器为同步计数器,否则为异步计数器。按照计数过程中数字增减分类,可以分为加法计数器、减法计数器、可逆计数器。按照计数器的数字编码方式分类,分为二进制计数器、二-十进制计数器等。按照计数容量(或称模数)分类,可分为五进制、十进制、十二进制、六十进制等任意进制计数器。

1. 异步 3 位二进制加法计数器

根据计数规律,得到异步 3 位二进制加法计数器状态表,见表 9-15。

分析状态表得知,当 Q_0 从 1 变为 0 时,Q_1 发生变化,而只有当 Q_1 从 1 变为 0 时,Q_2 才发生变化,由此可以得出结论,异步二进制加法计数器各个触发器的翻转发生在前一个触发器输出端 Q 从 1 变为 0 的时刻。因此,对于下降沿触发的触发器,其时钟端应连接在前一触发器的 Q 端;而对于上升沿触发的触发器,其时钟端应连接到前一触发器的 $\overline{Q}$ 端。

异步 3 位二进制加法计数器电路及时序图,如图 9.5.3 所示。

表 9-15 异步 3 位二进制加法计数器状态表

Q_2	Q_1	Q_0
0	0	0
0	0	1
0	1	0
0	1	1
1	0	0
1	0	1
1	1	0
1	1	1

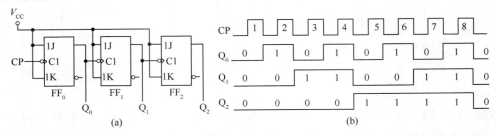

图 9.5.3 异步 3 位二进制加法计数器电路及时序图

2. 异步 3 位二进制减法计数器

根据计数规律,得到异步 3 位二进制减法计数器状态表,见表 9-16。

分析状态表得知,当 Q_0 从 0 变为 1 时,Q_1 发生变化,而只有当 Q_1 从 0 变为 1 时,Q_2 才发生变化,由此可以得出结论,异步二进制减法计数器中各个触发器的翻转发生在前一个触发器输出从 0 变为 1 的时刻。因此,对于上升沿触发的触发器,其时钟端应连接到前一触发器的 Q 端;对于下降沿触发的触发器,其时钟端应连接在前一触发器的 $\overline{Q}$ 端。

如图 9.5.4 所示为异步 3 位二进制减法计数器的电路及时序图。

表 9-16 异步 3 位二进制减法计数器状态表

Q_2	Q_1	Q_0
0	0	0
1	1	1
1	1	0
1	0	1
1	0	0
0	1	1
0	1	0
0	0	1

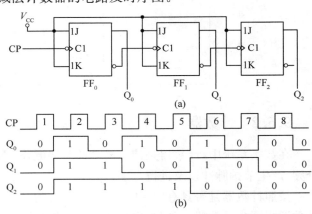

图 9.5.4 异步 3 位二进制减法计数器的电路及时序图

3. 同步 4 位二进制加法计数器

同步 4 位二进制计数器又称为模 16 计数器,因为 4 个触发器的输出状态组合有 $2^4=16$ 种。同步 4 位二进制加法计数器的状态表见表 9-17。

表 9-17 同步 4 位二进制加法计数器状态表

计 数 值	Q_3	Q_2	Q_1	Q_0	计 数 值	Q_3	Q_2	Q_1	Q_0
0	0	0	0	0	8	1	0	0	0
1	0	0	0	1	9	1	0	0	1
2	0	0	1	0	10	1	0	1	0
3	0	0	1	1	11	1	0	1	1
4	0	1	0	0	12	1	1	0	0
5	0	1	0	1	13	1	1	0	1
6	0	1	1	0	14	1	1	1	0
7	0	1	1	1	15	1	1	1	1

由状态表得知,触发器 Q_0 只要有时钟脉冲就翻转,而 Q_1 要在 Q_0 为 1 时翻转,Q_2 要在 Q_1 和 Q_0 都是 1 时翻转,Q_3 要在 Q_2、Q_1 和 Q_0 都为 1 时翻转。以此类推,若要 Q_n 翻转,必须 Q_{n-1}(包含 Q_{n-1})以前的触发器状态都为 1。

用 JK 触发器组成电路图,每个触发器翻转的条件是

$$J_n = K_n = Q_{n-1} \cdot Q_{n-2} \cdots Q_2 \cdot Q_1 \cdot Q_0$$

根据这个计数规律,可以画出如图 9.5.5 所示的同步 4 位二进制加法计数器的电路图。

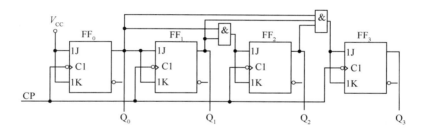

图 9.5.5　同步 4 位二进制加法计数器的电路图

4. 同步 4 位二进制减法计数器

根据二进制减法计数规律,同步 4 位二进制减法计数器状态表见表 9-18。

表 9-18 同步 4 位二进制减法计数器状态表

计 数 值	Q_3	Q_2	Q_1	Q_0	计 数 值	Q_3	Q_2	Q_1	Q_0
0	0	0	0	0	8	1	0	0	0
15	1	1	1	1	7	0	1	1	1
14	1	1	1	0	6	0	1	1	0
13	1	1	0	1	5	0	1	0	1
12	1	1	0	0	4	0	1	0	0
11	1	0	1	1	3	0	0	1	1
10	1	0	1	0	2	0	0	1	0
9	1	0	0	1	1	0	0	0	1

由状态表得知,Q_0 只要有时钟脉冲就翻转,而 Q_1 要在 Q_0 为 0 时翻转,Q_2 要在 Q_1 和 Q_0 都为 0 时翻转,Q_3 要在 Q_2、Q_1 和 Q_0 都为 0 时翻转。以此类推,若要 Q_n 翻转,必须 Q_{n-1}(包含 Q_{n-1})以前的触发器状态都为 0。

如果使用JK触发器组成同步二进制减法计数器,则每个触发器翻转的条件是

$$J_n = K_n = \overline{Q}_{n-1} \cdot \overline{Q}_{n-2} \cdots \overline{Q}_2 \cdot \overline{Q}_1 \cdot \overline{Q}_0$$

根据以上分析,可以画出如图9.5.6所示同步4位二进制减法计数器的电路图。

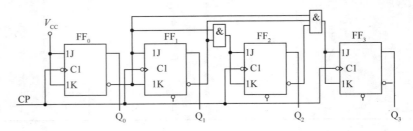

图9.5.6 同步4位二进制减法计数器的电路图

5. 同步十进制加法计数器

同步十进制加法计数器的一个工作循环包括0000～1001共10个状态,因此可以在4位二进制加法计数器电路基础上修改得到。

使用JK触发器构成同步十进制加法计数器,状态表见表9-19。分析状态表可知:

① Q_0 自由翻转,因此 $J_0 = K_0 = 1$。

② 从状态表可以看出,Q_3 为1时,Q_1 和 Q_2 保持为零,因此取 $\overline{Q}_3$ 信号保持 Q_1 为0。JK触发器的驱动方程为:$J_1 = K_1 = Q_0 \overline{Q}_3$。只要 Q_1 为0,Q_2 就保持不变。

③ Q_2 正常翻转,因此 $J_2 = K_2 = Q_1 Q_0$。

④ 使 Q_3 翻转置0,从状态表可以看出,只有当 Q_3 为1,同时 Q_0 也为1时,Q_3 才置0。所以应该在 Q_3 的

表9-19 同步十进制加法计数器状态表

计 数 值	Q_3	Q_2	Q_1	Q_0
0	0	0	0	0
1	0	0	0	1
2	0	0	1	0
3	0	0	1	1
4	0	1	0	0
5	0	1	0	1
6	0	1	1	0
7	0	1	1	1
8	1	0	0	0
9	1	0	0	1

驱动方程中增加翻转条件 $Q_3 Q_0$,所以 $J_3 = K_3 = Q_2 Q_1 Q_0 + Q_3 Q_0$。根据驱动方程,得到同步十进制加法计数器电路图,如图9.5.7所示。

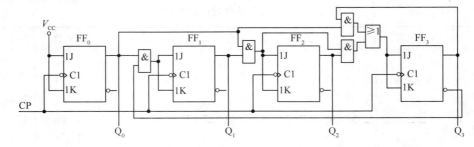

图9.5.7 同步十进制加法计数器电路图

6. 常用集成计数器

(1) 同步4位二进制加法计数器74LS163

计数器74LS163的功能表见表9-20。

74LS163逻辑符号如图9.5.8所示。

计数器74LS163具有同步预置数端$\overline{\text{LOAD}}$,同步清零端$\overline{\text{CLR}}$,使能控制端ENT、ENP和进位端RCO,计数器在时钟CP上升沿时进行预置数、清零和计数操作。

表 9-20 74LS163 功能表

$\overline{CLR}$	$\overline{LOAD}$	ENT	ENP	CP	输出
0	×	×	×	↑	同步清零
1	0	×	×	↑	同步预置数
1	1	1	1	↑	计数
1	1	0	×	×	保持
1	1	×	0	×	保持

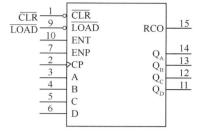

图 9.5.8 74LS163 逻辑符号

当同步清零端 $\overline{CLR}$ 为低电平时，在 CP 上升沿，实现清零；当同步预置数端 $\overline{LOAD}$ 为低电平时，在时钟 CP 上升沿，输出端 Q_D、Q_C、Q_B、Q_A 与数据输入端 D、C、B、A 一致。当计数值为 15 时，计数器的进位端 RCO 输出高电平。

（2）同步 4 位二进制加法计数器 74LS161

74LS161 是异步清零、同步预置数 4 位二进制加法计数器，具有二进制加法计数、异步清零、同步预置数、保持功能。其逻辑功能和工作原理类似于 74LS163。

（3）同步 4 位十进制加法计数器 74LS160

74LS160 是异步清零、同步预置数 4 位十进制加法计数器（8421BCD 码同步加法计数器），其功能表见表 9-21。

表 9-21 74LS160 功能表

$\overline{CLR}$	$\overline{LOAD}$	ENT	ENP	CP	输出
0	×	×	×	×	异步清零
1	0	×	×	↑	同步预置数
1	1	1	1	↑	计数
1	1	0	×	×	保持
1	1	×	0	×	保持

74LS160 具有数据输入端 A、B、C、D，同步预置数端 $\overline{LOAD}$、异步清零端 $\overline{CLR}$ 以及计数控制端 ENT 和 ENP，进位输出端 RCO。

当异步清零端 $\overline{CLR}=0$ 时，异步清零。

当同步预置数端 $\overline{LOAD}=0$、$\overline{CLR}=1$，CP 脉冲上升沿时预置数。

当 $\overline{LOAD}=\overline{CLR}=ENT=ENP=1$ 时，电路工作在计数状态。

当计数器的计数值为 9 时，进位端 RCO 输出高电平。

7. 集成计数器应用——应用集成计数器构成任意进制计数器

因为集成电路中仅有应用最多的 4 位二进制、十进制等几种计数器，在需要其他任意进制计数器时，只能用已有的计数器产品经过外电路的不同连接方法得到。

假定已有 N 进制计数器，而需要得到一个 M 进制计数器。当 $M<N$ 时，就可以令 N 进制计数器在顺序计数过程中跳跃 $N-M$ 个状态，从而得到 M 进制计数器。实现状态跳跃有两种方法——清零法（复位法）和预置数法（置位法）。

清零法就是计数器计数到 M 状态时，将计数器清零。清零方法与计数器的清零端功能有关，一定要知道计数器是异步清零还是同步清零。若为异步清零，则要在 M 状态把计数器清零；若为同步清零，应该在 $M-1$ 状态使计数器清零。

171

预置数法就是计数器计数到某状态时,将计数器预置到某数,使计数器减少 $N-M$ 种状态。预置数的方法与计数器的预置数端功能有关,分为异步预置和同步预置。若为同步预置,应该在 $M-1$ 状态时预置;若为异步预置,则应该在 M 状态预置。

假定已有 N 进制计数器,而需要得到一个 M 进制计数器。当 $N<M$,则需要把多片 N 进制计数器组合起来,构成 M 进制计数器。

第一种方法是用多片 N 进制计数器串联起来,使 $N_1 \cdot N_2 \cdots \cdot N_n > M$,然后使用整体清零或预置数法,构成 M 进制计数器。

第二种方法是假如 M 可分解成两个因数相乘,即 $M=N_1 \times N_2$,则可采用同步或异步方法把一个 N_1 进制计数器和一个 N_2 进制计数器连接起来,构成 M 进制计数器。

计数器的级联方式分为同步级联和异步级联:同步级联是指两个计数器的时钟端连接到一起,低位进位控制高位的计数使能端;异步级联是指低位计数器的进位信号连接到高位计数器的时钟端,该级联方式应该使前级计数器向后级计数器提供正确的时钟沿。

例 9-8 用同步十进制计数器 74LS160 构成六进制计数器。

解:74LS160 具有同步预置数功能,因此可以采用预置数法实现。如图 9.5.9(a)所示电路,当计数值计到 0101 状态时,由与非门 G_1 产生 $\overline{\text{LOAD}}=0$ 信号,下一个时钟脉冲 CP 到达时,把计数器预置到 0000 状态,使计数器跳过 0110~1001 这 4 个状态,得到六进制计数器。状态图如图 9.5.9(b)所示。

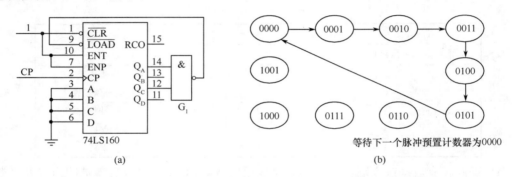

图 9.5.9 六进制计数器电路图和状态图

例 9-9 用同步 4 位二进制计数器 74LS163 组成 $M=13$ 计数器。

解:74LS163 是同步 4 位二进制计数器,具有同步清零端。因此在 $M-1$ 状态清零,当计数值为 1100 时,与非门 G_1 输出低电平,使 $\overline{\text{CLR}}=0$,计数器做好清零准备,等待下一个脉冲到来时实现清零。十三进制计数器电路图如图 9.5.10(a)所示,状态图如图 9.5.10(b)所示。

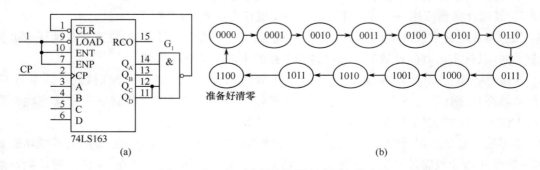

图 9.5.10 十三进制计数器电路图和状态图

习 题

9-1 试用门电路设计一个 2 选 1 数据选择器。

9-2 使用与门、或门和非门实现如下的逻辑表达式。

(1) $Y_1 = AB + \overline{B}C$　　(2) $Y_2 = A(\overline{C} + B)$　　(3) $Y_3 = \overline{AB\overline{C}} + B(EF + \overline{G})$

9-3 试设计一个检测电路，当 4 位二进制数为 1、3、5、7、11、13 时，检测电路输出为 1。

9-4 逻辑电路与其输入端的波形如题 9-4 图所示，画出逻辑电路输出端 Y 的波形。

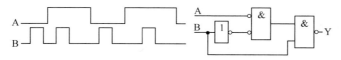

题 9-4 图

9-5 已知电路输入波形如题 9-5 图所示，画出电路输出端的波形。

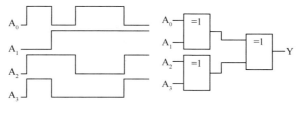

题 9-5 图

9-6 写出如题 9-6 图所示电路的驱动方程、状态方程、输出方程与状态图，并按照所给波形画出输出端 Y 的波形。

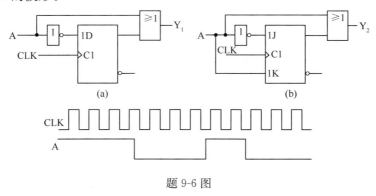

题 9-6 图

9-7 分析如题 9-7 图所示电路，写出驱动方程、状态方程、输出方程，画出状态表和状态图。

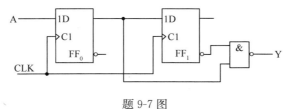

题 9-7 图

9-8 如题 9-8 图所示为具有同步清零功能的同步 4 位二进制加法计数器 74LS163 组成的计数器电路,说明电路是几进制计数器。

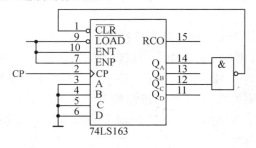

题 9-8 图

9-9 如题 9-9 图所示为具有异步清零功能的同步 4 位二进制加法计数器 74LS161 组成的计数电路,说明电路是几进制计数器。

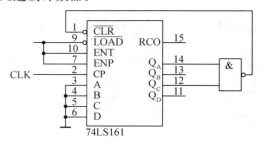

题 9-9 图

9-10 如题 9-10 图所示为具有同步预置功能的同步 4 位二进制加法计数器 74LS161 组成的计数电路,说明电路是几进制计数器。

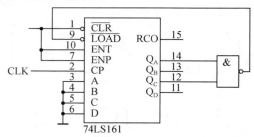

题 9-10 图

9-11 用 3 线-8 线译码器 74LS138 和与非门实现如下函数:
$$F_1(A,B,C)=AB+BC+AC$$
$$F_2(A,B,C)=\sum m(2,5,7)$$

9-12 用 8 选 1 数据选择器 74LS151 实现如下函数:
$$F_1(C,B,A)=AB+BC$$
$$F_2(D,C,B,A)=\overline{A}BD+\overline{A}B\overline{C}$$

9-13 写出如题 9-13 图所示电路的逻辑函数表达式,列出真值表,并分析该电路的逻辑功能。

9-14 时序逻辑电路与组合逻辑电路的根本区别是什么?同步时序逻辑电路与异步时序逻辑电路的区别是什么?

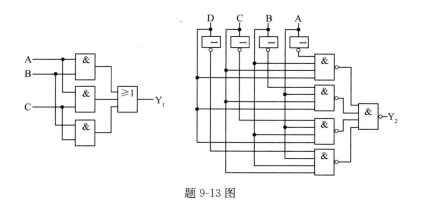

题 9-13 图

9-15 使用 JK 触发器构成同步 3 位二进制加法计数器，要求作出逻辑电路图。

第 10 章　放大电路基础

本章首先介绍放大电路的组成及性能指标,然后介绍由晶体管构成的共发射极、共集电极放大电路,并对共发射极、共集电极、共基极放大电路的性能进行比较,随后介绍多级放大电路、差分放大电路、功率放大电路。通过这些内容的学习,为今后分析和设计各类复杂的电子电路打下良好的基础。

10.1　放大电路概述

10.1.1　放大电路的基本组成

无论哪种类型的放大电路,一般都由放大器件、直流偏置电路、耦合电路和输出负载组成,如图 10.1.1 所示。

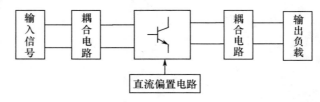

图 10.1.1　放大电路组成框图

放大器件:具有放大作用的半导体器件,如晶体管、场效应管等,它是整个电路的核心。

直流偏置电路:作用是保证半导体器件工作在放大状态。直流偏置电路除为放大器件提供合适的静态工作点 Q 外,还应具有稳定 Q 点的作用。

耦合电路:作用是将输入信号和输出负载分别连接到放大电路的输入端和输出端。为了保证信号不失真地放大,放大电路与输入信号、放大电路与输出负载,以及放大电路的级与级之间的耦合方式必须保证交流信号的正常传输,且尽量减小有用信号在传输过程中的损失。

输出负载:作用是接收放大电路的输出信号,可由将电信号转换成非电信号的输出转换器构成,也可以是下一级电子电路的输入电阻。

10.1.2　放大电路的主要技术指标

1. 符号说明

放大电路中既有直流信号也有交流信号,所以对放大电路分静态和动态两种情况来分析。静态是当放大电路没有输入电压时的状态,分析的对象是直流信号,分析的目的是确定电路的静态值 I_B、I_C 和 U_{CE},这组数据对应晶体管输入和输出特性曲线上的某个点,称其为静态工作点,用 Q 表示,放大电路的质量与静态工作点的位置关系很大。而动态是当放大电路有输入电压时,电路中各处的电压、电流都处于变动的状态,分析的对象是交流信号,分析的目的是确定信号在放大电路中的传输特征,并确定电路的电压放大倍数 A_u、输入电阻 r_i、输出电阻 r_o 等性能指标。

为便于区分,统一约定:直流量主标与下角标均大写(如 I_B、I_C、I_E、U_{BE}、U_{CE}),交流量主标与下角标均小写(如 i_b、i_c、i_e、u_{be}、u_{ce}),交直流混合量主标小写、下角标大写(如 i_B、i_C、i_E、u_{BE}、u_{CE}),而交流量的有效值为主标大写、下角标小写(如 I_b、I_c、I_e、U_{be}、U_{ce})。

2. 主要技术指标

放大电路放大信号性能的优劣是用它的性能指标来衡量的。一个放大电路的输入端总是与信号源(或前一级放大电路)相连,其输出端总是与负载(或后一级放大电路)相接。如图 10.1.2 表示它们之间的联系,放大电路的主要性能指标有电压放大倍数 A_u、输入电阻 r_i、输出电阻 r_o 等。

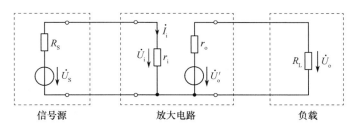

图 10.1.2 放大电路与信号源及前后级电路的联系

(1) 输入电阻 r_i

放大电路是信号源(或前一级放大电路)的负载,其输入端的等效电阻就是信号源(或前一级放大电路)的负载电阻,也就是放大电路的输入电阻 r_i。其定义为输入电压与输入电流之比,即

$$r_i = \frac{\dot{U}_i}{\dot{I}_i} \tag{10-1}$$

一般输入电阻越大越好。原因是:第一,较小的 r_i 需从信号源取用较大的电流而增加信号源的负担;第二,电压信号源内阻 R_S 和输入电阻 r_i 为串联关系,r_i 上得到的分压才是放大电路的输入电压 $\dot{U}_i$,显然应为 $r_i \gg R_S$。

(2) 输出电阻 r_o

放大电路是负载(或后级放大电路)的等效信号源,其等效内阻就是放大电路的输出电阻 r_o,它的大小影响本级和后级放大电路的工作情况。输出电阻 r_o 即从放大电路输出端看进去的戴维南等效电阻。由于一般情况下放大电路含有受控源,所以实际中常采用加压求流法计算输出电阻:去掉输入信号源,保留信号源内阻,在输出端加一电压 $\dot{U}'_o$,以产生一个电流 $\dot{I}'_o$,则放大电路的输出电阻为

$$r_o = \left. \frac{\dot{U}'_o}{\dot{I}'_o} \right|_{\substack{U_S=0 \\ R_L=\infty}} \tag{10-2}$$

一般输出电阻越小越好。原因是:第一,对后一级放大电路来说,前级的等效信号源的内阻 r_o 越小,后一级放大电路的有效输入电压信号越大,使后一级放大电路的源电压放大倍数增大;第二,放大电路的负载发生变动,若 r_o 较高,必然引起放大电路输出电压有较大的波动,也即放大电路的带负载能力变差。所以 r_o 越小,带载能力越强。

(3) 电压放大倍数 A_u

电压放大倍数 A_u 是指放大电路的输出电压 $\dot{U}_o$ 与输入电压 $\dot{U}_i$ 的比值,它是放大电路的

主要技术指标之一。设输入为正弦信号，则

$$A_u = \frac{\dot{U}_o}{\dot{U}_i} \quad (10\text{-}3)$$

输出电压$\dot{U}_o$与输入信号源电压$\dot{U}_S$之比，称为源电压放大倍数A_{us}，即

$$A_{us} = \frac{\dot{U}_o}{\dot{U}_S} = \frac{\dot{U}_o}{\dot{U}_i} \cdot \frac{\dot{U}_i}{\dot{U}_S} = A_u \cdot \frac{r_i}{R_S + r_i} \quad (10\text{-}4)$$

可见R_S愈大，源电压放大倍数愈低。一般共发射极放大电路为提高源电压放大倍数，总希望信号源内阻R_S小一些。

（4）通频带 BW

由于放大电路含有耦合电容元件C_1、C_2，当频率太高或太低时，微变等效电路不再是电阻性电路，输出电压与输入电压的相位发生了变化，电压放大倍数也将降低。当电压放大倍数A_u下降到$\frac{1}{\sqrt{2}}A_{um} = 0.707 A_{um}$时，所对应的两个频率分别称为上限频率$f_H$和下限频率$f_L$，$f_H - f_L$的频率范围称为放大电路的通频带（或称带宽）BW。它是放大电路频率特性的一个重要指标，如图10.1.3(a)所示，通频带越宽，放大电路的工作频率范围越大。

$$BW = f_H - f_L \quad (10\text{-}5)$$

图10.1.3(a)为电压放大倍数A_u与频率f的幅频特性曲线。在低频段，A_u有所下降是因为低频时耦合电容（串联关系）的容抗不可忽略，信号在耦合电容上的电压降增大，因此造成A_u下降；在高频段，由于晶体管存在结电容（与负载并联）以及电流放大倍数的下降也会使A_u下降。

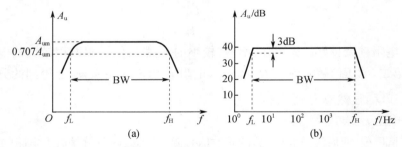

图10.1.3 放大电路的通频带

在研究放大电路的频率响应时，输入信号的频率范围常常设置在几赫兹到上百兆赫兹，而放大倍数也可从几倍到上百万倍，为了在同一坐标系中表示如此宽的变化范围，在画幅频特性曲线时常采用对数坐标，称为波特图。如图10.1.3(b)所示，幅频特性曲线的横轴采用对数刻度$\lg f$，纵轴采用$20\lg A_u$，单位是分贝（dB），即$A_u(\text{dB}) = 20\lg A_u$，因为$20\lg(1/\sqrt{2}) = -3\text{dB}$，所以工程上通常把$(f_H - f_L)$的频率范围称为放大电路的"$-3\text{dB}$"通频带（简称3dB带宽）。

10.2 单级放大电路

晶体管基本放大电路具有3种形式：共发射极、共集电极、共基极放大电路，如图10.2.1所示。

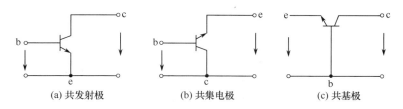

(a) 共发射极　　　(b) 共集电极　　　(c) 共基极

图 10.2.1　3 种基本放大电路

10.2.1　共发射极放大电路

共发射极放大电路是晶体管放大电路中用得最广的一种电路，它主要用于将微弱信号进行电压放大。

1. 电路的组成

在图 10.2.2(a)所示的共发射极放大电路中，输入端接低频交流电压 u_i，输出端接负载电阻 R_L，输出电压用 u_o 表示。电路中各元件作用如下：

(1) 晶体管 VT：放大电路的核心元件。利用晶体管在放大区 $i_c = \beta i_b$ 的电流放大作用，将微弱的电信号进行放大。

(2) 集电极电源 U_{CC}：为放大电路提供能量，并保证发射结处于正向偏置、集电结处于反向偏置，使晶体管工作在放大区。U_{CC} 取值一般为几伏到几十伏。

(3) 基极电阻 R_B：为放大电路提供大小合适的基极电流 I_B，以保证晶体管工作在放大状态。R_B 一般取几十千欧到几百千欧。为满足放大条件，须有 $R_B \gg R_C$。

(4) 集电极负载 R_C：将集电极电流的变化转换为电压的变化，以实现电压放大。R_C 一般取为几千欧到几十千欧。

(5) 耦合电容 C_1、C_2：起隔直流通交流的作用。在信号频率范围内，认为容抗近似为零。所以分析电路时，在直流通路中视电容为开路，在交流通路中视电容为短路。C_1、C_2 一般为几微法到几十微法的极性电容，在连接电路时一定要注意其极性。

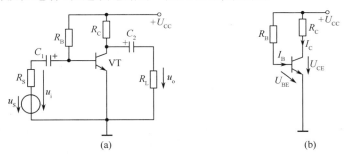

图 10.2.2　共发射极放大电路

2. 静态分析

静态是当放大电路没有输入电压 u_i 时的状态，分析的对象是直流信号，分析的目的是确定电路的静态值 I_B、I_C 和 U_{CE}，称其为静态工作点，用 Q 表示。估算法和图解法是静态分析的基本方法。

(1) 估算法

耦合电容 C_1、C_2 对直流视为开路，由此可画出如图 10.2.2(b)所示的直流通路，进而得出静态工作点近似估算式

$$\begin{cases} I_B = \dfrac{U_{CC}-U_{BE}}{R_B} \approx \dfrac{U_{CC}}{R_B} \\ I_C = \beta I_B \\ U_{CE} = U_{CC} - I_C R_C \end{cases} \quad (10\text{-}6)$$

晶体管导通后,硅管 U_{BE} 的大小约为 $0.6\sim0.7\mathrm{V}$,锗管 U_{BE} 的大小约为 $0.2\sim0.3\mathrm{V}$,U_{CC} 较大时,U_{BE} 可以忽略不计。

(2) 图解法

1) 由输入特性曲线确定 I_{BQ} 和 U_{BEQ}

由图 10.2.2(b) 的输入回路,列出输入回路电压方程

$$U_{CC} = I_B R_B + U_{BE} \quad (10\text{-}7)$$

并表示在输入特性曲线 $I_B = f(U_{BE})|_{U_{CE}=常数}$ 的坐标系中,如图 10.2.3(a) 所示。显然,两线交点 Q 的坐标就是 I_{BQ} 和 U_{BEQ}。

2) 由输出特性曲线确定 I_{CQ} 和 U_{CEQ}

由图 10.2.2(b) 的输出回路,列出输出回路电压方程

$$U_{CC} = I_C R_C + U_{CE} \quad (10\text{-}8)$$

并表示在输出特性曲线的坐标系中,如图 10.2.3(b) 所示,其斜率为 $\tan\alpha = -1/R_C$,称为直流负载线。对于已确定的 I_{BQ},直流负载线与 I_{BQ} 所对应的输出特性曲线交点 Q 的坐标就是 I_{CQ} 和 U_{CEQ}。

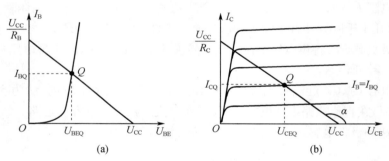

图 10.2.3 静态工作点的图解法

3. 动态分析

当放大电路有输入电压 u_i 时,电路中各处的电压、电流都处于变动的状态,简称动态。动态分析,就是要对放大电路中信号的传输过程、放大电路的性能指标等问题进行分析讨论。微变等效电路法和图解法是动态分析的基本方法。对于多级放大电路,微变等效电路法表现出了其独特的优越性,而图解法虽然直观,但太烦琐,因此不再介绍图解法。

(1) 信号在放大电路中的传输特征

以图 10.2.4(a) 为例来讨论,设输入信号 u_i 为正弦信号,通过耦合电容 C_1 加到晶体管的基极和发射极之间,产生电流 i_b,因而基极电流 $i_B = I_B + i_b$。集电极电流受基极电流的控制,$i_C = \beta(I_B + i_b) = I_C + i_c$。电阻 R_C 上的压降为 $i_C R_C$,它随 i_C 成比例地变化。而集电极和发射极的电压降 $u_{CE} = U_{CC} - i_C R_C = U_{CC} - (I_C + i_c)R_C = U_{CE} - i_c R_C$,随 $i_c R_C$ 的增大而减小。

耦合电容 C_2 隔掉直流分量 U_{CE},将交流分量 $u_{ce} = -i_c R_C$ 送至输出端,这就是放大后的信号电压 $u_o = u_{ce} = -i_c R_C$。u_o 为负值,说明 u_i、i_b、i_c 为正半周时,u_o 为负半周,它与输入信号电压 u_i 反相。

如图 10.2.4(b)~(g)所示为放大电路中各有关电压和电流的信号波形。

综上所述,可归纳为以下几点:

① 无输入信号时,晶体管的电压、电流都是直流分量。有输入信号后,i_B、i_C、u_{CE} 都在原来静态值的基础上叠加了一个交流分量。虽然 i_B、i_C、u_{CE} 的瞬时值是变化的,但它们的方向始终不变,即均是脉动直流量。

② 输出 u_o 与输入 u_i 频率相同,且 u_o 的幅度比 u_i 大得多。

③ 电流 i_b、i_c 与输入 u_i 同相,输出电压 u_o 与 u_i 反相,即共发射极电路具有反相放大作用。

(2) 微变等效分析法

1) 晶体管的线性模型

当晶体管中传输的是微小信号时,认为其工作在特性曲线的线性段,从而可以将晶体管(非线性元件)当作线性元件来处理。

由如图 10.2.5(a)所示的晶体管输入特性曲线可知,在微小信号作用下,静态工作点 Q 附近的 $Q_1 \sim Q_2$ 工作范围内的曲线可视为直线,其斜率不变,可以等效为一个线性电阻。这个电阻称为晶体管的输入电阻,即

$$r_{be} = \frac{\Delta u_{BE}}{\Delta i_B}\bigg|_{U_{CE}=常数} = \frac{u_{be}}{i_b} \quad (10\text{-}9)$$

其等效电路如图 10.2.6(b)所示。根据半导体理论及文献资料,工程中低频小功率晶体管的 r_{be} 可用下式估算

$$r_{be} = 300 + (1+\beta)\frac{26\text{mV}}{I_{EQ}(\text{mA})} \quad (\Omega) \quad (10\text{-}10)$$

这个电阻一般为几百到几千欧。

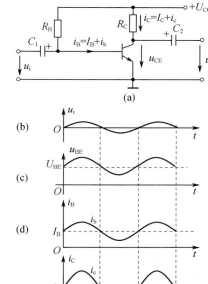

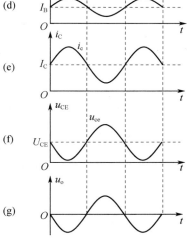

图 10.2.4 放大电路中电压、电流的波形

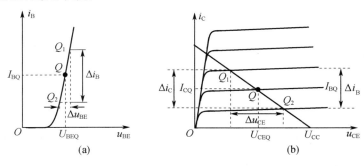

图 10.2.5 线性区工作时晶体管的特性曲线示意图

由如图 10.2.5(b)所示的晶体管的输出特性曲线可知,在小信号作用下的静态工作点 Q 附近的 $Q_1 \sim Q_2$ 工作范围内,放大区的曲线是一组近似平行等距的水平线,它反映了集电极电流 i_C 只随基极电流 i_B 变化而与管子两端电压 u_{CE} 基本无关,因而晶体管的输出回路可等效为

一个受控的电流源，其等效电路如图10.2.6(b)所示。即

$$\Delta i_C = \beta \Delta i_B \quad \text{或} \quad i_c = \beta i_b \tag{10-11}$$

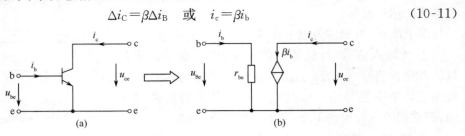

图 10.2.6　晶体管的线性模型

2) 放大电路的微变等效电路

由于耦合电容 C_1、C_2 的容抗很小，对交流信号而言可视作短路。直流电源 U_{CC} 的内阻很小，对交流信号也可视作短路。据此可画出图10.2.2(a)共发射极放大电路的交流通路，如图10.2.7(a)所示。将交流通路中的晶体管用线性化模型来取代，可得如图10.2.7(b)所示共发射极放大电路的微变等效电路。

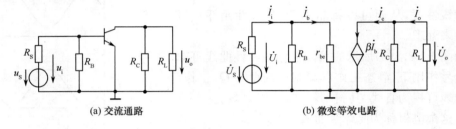

(a) 交流通路　　　　　　　　　　　　(b) 微变等效电路

图 10.2.7　图 10.2.2(a)的交流通路及微变等效电路

(3) 放大电路的动态性能指标计算

图10.2.2(a)的输入电阻可由图10.2.8所示的等效电路得出。即

$$r_i = \frac{\dot{U}_i}{\dot{I}_i} = R_B // r_{be} \approx r_{be} \tag{10-12}$$

图10.2.2(a)的输出电阻可由图10.2.9所示的等效电路得出。当 $\dot{U}_S = 0$ 时，$\dot{I}_b = 0$，$\dot{I}_c = \beta \dot{I}_b = 0$，则 $r_o = R_C$。

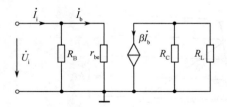

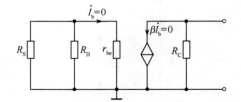

图 10.2.8　放大电路的输入电阻　　　　图 10.2.9　放大电路的输出电阻

由图10.2.7(b)的微变等效电路可得电压放大倍数

$$A_u = \frac{\dot{U}_o}{\dot{U}_i} = \frac{-\beta \dot{I}_b (R_C // R_L)}{\dot{I}_b r_{be}} = -\beta \frac{R'_L}{r_{be}} \tag{10-13}$$

其中 $R'_L = R_C // R_L$，式中负号表示输出电压与输入电压的相位相反。

当放大电路输出端开路时,电压放大倍数为

$$A_{uo} = -\beta \frac{R_C}{r_{be}} \quad (10-14)$$

因为 $R'_L < R_C$,可见接有负载 R_L 时的电压放大倍数降低了,R_L 愈小,电压放大倍数愈低。

另外,源电压放大倍数为

$$A_{us} = \frac{\dot{U}_o}{\dot{U}_S} \approx \frac{-\beta R'_L}{R_S + r_{be}} \quad (10-15)$$

例 10-1 在图 10.2.2(a)所示的共发射极放大电路中,已知 $U_{CC}=12V$,$R_B=300k\Omega$,$R_C=4k\Omega$,$R_L=8k\Omega$,$R_S=100\Omega$,晶体管的 $\beta=40$。(1)估算静态工作点 Q;(2)计算电压放大倍数 A_u;(3)计算输入电阻 r_i 和输出电阻 r_o。

解:(1)由图 10.2.2(b)所示直流通路可得

$$I_{BQ} \approx \frac{U_{CC}}{R_B} = \frac{12}{300 \times 10^3} = 40\mu A$$

$$I_{CQ} = \beta I_{BQ} = 40 \times 40 \times 10^{-6} = 1.6 mA$$

$$U_{CEQ} = U_{CC} - I_{CQ}R_C = 12 - 1.6 \times 10^{-3} \times 4 \times 10^3 = 5.6V$$

(2)由图 10.2.7(b)所示的微变等效电路可得

$$r_{be} = 300 + (1+\beta)\frac{26}{I_{EQ}} = 300 + 41 \times \frac{26}{1.6} = 0.966 k\Omega$$

$$A_u = \frac{\dot{U}_o}{\dot{U}_i} = -\beta \frac{(R_C // R_L)}{r_{be}} = -40 \times \frac{\frac{4 \times 8}{4+8}}{0.966} = -110.4$$

(3)输入电阻 $\quad r_i = \frac{\dot{U}_i}{\dot{I}_i} = R_B // r_{be} \approx r_{be} = 0.966 k\Omega$

输出电阻 $\quad r_o = R_C = 4 k\Omega$

4. 非线性失真与静态工作点的设置

放大电路的质量与静态工作点的合适与否关系很大。放大电路的静态工作点必须合适,才能保证放大效果且不引起非线性失真。

如果静态工作点太低,如图 10.2.10 所示的 Q' 点,从输出特性可以看到,当有(设为正弦)信号输入时,晶体管的工作范围进入了截止区,这样就使 i'_c 的负半周波形和 u'_o 的正半周波形都严重失真。这种失真称为截止失真。

如果静态工作点太高,如图 10.2.10 所示的 Q'' 点,从输出特性可以看到,当有信号输入时,晶体管的工作范围进入了饱和区,这样就使 i'_c 的正半周波形和 u'_o 的负半周波形都严重失真。这种失真称为饱和失真。

消除截止失真的方法是提高静态工作点的位置,适当减小输入信号的幅值。对于图 10.2.2(a)所示的共发射极放大电路,减小 R_B 的阻值,增大 I_{BQ},使静态工作点上移来消除截止失真。消除饱和失真的方法是降低静态工作点的位置,适当减小输入信号的幅值。对于图 10.2.2(a)所示的共发射极放大电路,可增大 R_B 的阻值,减小 I_{BQ},使静态工作点下移来消除饱和失真。

总之,设置合适的静态工作点,可避免放大电路产生非线性失真。如图 10.2.10 所示 Q 点选在放大区的中间,相应的 i_c 和 u_o 都没有失真。但是,还应注意到若输入的信号幅度过大,即使 Q 点设置合适,也可能既产生饱和失真又产生截止失真。

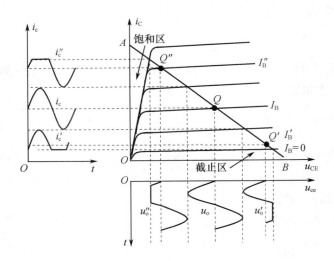

图 10.2.10 静态工作点与非线性失真的关系

10.2.2 静态工作点的稳定电路

如图 10.2.11(a)所示的共发射极放大电路又称为分压式偏置电路。直流通路如图 10.2.11(b)所示,当 $I_1 \approx I_2 \gg I_B$ 时,R_{B1}、R_{B2} 的分压为基极提供了一个固定电压,即

$$U_B = \frac{R_{B2}}{R_{B1}+R_{B2}} U_{CC} \tag{10-16}$$

另外,在发射极串联电阻 R_E,使得当温度升高使 I_C 增加时,由于基极电压 U_B 固定,所以净输入电压 $U_{BE}=U_B-U_E$ 减小,从而最终导致集电极电流 I_C 也减小,稳定了静态工作点。其稳定过程如下所示:

$$温度\ T(℃)\uparrow \to I_C\uparrow \to I_E\uparrow \to U_E\uparrow \to U_{BE}\downarrow$$
$$I_C\downarrow \leftarrow I_B\downarrow$$

由于发射极电阻 R_E 的存在,使得输入电压 u_i 不能全部加在 b、e 两端,使 u_o 减小,造成了 A_u 的减小。为了克服这一不足,在 R_E 两端并联一个旁路电容 C_E,如图 10.2.11(a)中虚线所示。对于直流信号,C_E 相当于开路,仍能稳定静态工作点;而对于交流信号,C_E 相当于短路,如图 10.2.11(c)中虚线所示,输入信号不受损失,电路的放大倍数不会因为稳定了静态工作点而下降。一般旁路电容 C_E 取几十微法到几百微法。

R_E 越大,静态工作点的稳定性越好。但过大的 R_E 会使 U_{CE} 下降,影响 u_o 输出的幅度,通常小信号放大电路中 R_E 取几百到几千欧。

例 10-2 在图 10.2.11(a)所示的分压式偏置放大电路中,已知 $U_{CC}=24V$,$R_{B1}=33k\Omega$,$R_{B2}=10k\Omega$,$R_C=3.3k\Omega$,$R_E=1.5k\Omega$,$R_L=5.1k\Omega$,晶体管的 $\beta=66$,设 $R_S=0$。(1)估算静态工作点 Q;(2)画出微变等效电路;(3)计算电压放大倍数 A_u;(4)计算输入电阻 r_i 和输出电阻 r_o;(5)当 R_E 两端未并联旁路电容时,画出微变等效电路,计算电压放大倍数 A_u、输入电阻 r_i 和输出电阻 r_o。

解:(1)估算静态工作点 Q

直流通路如图 10.2.11(b)所示,由直流通路得

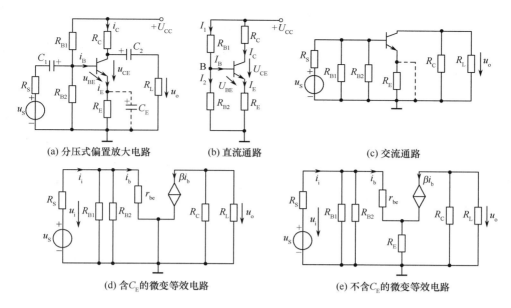

图 10.2.11 分压式偏置的共发射极放大电路

$$U_{BQ} = \frac{R_{B2}}{R_{B1}+R_{B2}} U_{CC} = \frac{10}{33+10} \times 24 = 5.6\text{V}$$

$$I_{CQ} \approx I_{EQ} = \frac{U_{BQ}-U_{BEQ}}{R_E} \approx \frac{U_{BQ}}{R_E} = \frac{5.6}{1.5\times 10^3} = 3.8\text{mA}$$

$$U_{CEQ} \approx U_{CC} - I_{CQ}(R_C+R_E) = 24 - 3.8\times 10^{-3} \times (3.3+1.5)\times 10^3 = 5.8\text{V}$$

(2) 微变等效电路如图 10.2.11(d)所示。

(3) 计算电压放大倍数 A_u

由图 10.2.11(d)微变等效电路可得

$$r_{be} = 300 + (1+\beta)\frac{26}{I_{EQ}} = 300 + (1+66)\times\frac{26}{3.8} = 0.758\text{k}\Omega$$

$$A_u = \frac{\dot{U}_o}{\dot{U}_i} = -\frac{\beta(R_L//R_C)}{r_{be}} = -\frac{66\times\frac{5.1\times 3.3}{5.1+3.3}}{0.758} = -174$$

(4) 计算输入电阻 r_i、输出电阻 r_o。

$$r_i = R_{B1}//R_{B2}//r_{be} = \frac{1}{\frac{1}{33}+\frac{1}{10}+\frac{1}{0.758}} = 0.69\text{k}\Omega$$

$$r_o = R_C = 3.3\text{k}\Omega$$

(5) 当 R_E 两端未并联旁路电容时,微变等效电路如图 10.2.11(e)所示。

① 计算电压放大倍数 A_u

$$A_u = \frac{\dot{U}_o}{\dot{U}_i} = -\frac{\beta(R_L//R_C)}{r_{be}+(1+\beta)R_E} = -\frac{66\times\frac{5.1\times 3.3}{5.1+3.3}}{0.758+(1+66)\times 1.5} = -1.3$$

其中,$(1+\beta)R_E$ 为由发射极回路折算到基极回路的等效电阻。

② 计算输入电阻 r_i 和输出电阻 r_o。

利用上述折算电阻可得

$$r_i = R_{B1}//R_{B2}//[r_{be}+(1+\beta)R_E] = \cfrac{1}{\cfrac{1}{33}+\cfrac{1}{10}+\cfrac{1}{0.758+(1+66)\times 1.5}} = 7.66\text{k}\Omega$$

$$r_o = R_C = 3.3\text{k}\Omega$$

从计算结果可知,去掉旁路电容后,电压放大倍数降低了,输入电阻提高了。

10.2.3 共集电极放大电路

模拟电子电路中常用的另一种放大电路是共集电极放大电路,如图 10.2.12(a)所示。由图可见,放大电路的交流信号由晶体管的发射极经耦合电容 C_2 输出,故又名射极输出器。由图 10.2.12(c)所示的交流通路可见,集电极是输入回路和输出回路的公共端。所以,从电路连接特点而言,射极输出器为共集电极放大电路。

例 10-3 图 10.2.12(a)所示的射极输出器,已知 $U_{CC}=12\text{V}$,$R_B=120\text{k}\Omega$,$R_E=4\text{k}\Omega$,$R_L=4\text{k}\Omega$,$R_S=100\Omega$,晶体管的 $\beta=40$,$U_{BE}=0.6\text{V}$。(1)估算静态工作点 Q;(2)画出微变等效电路;(3)计算电压放大倍数 A_u;(4)计算输入电阻 r_i 和输出电阻 r_o。

解:(1)估算静态工作点 Q

由图 10.2.12(b)的直流通路可得

$$I_{BQ} = \frac{U_{CC}-U_{BEQ}}{R_B+(1+\beta)R_E} = \frac{12-0.6}{[120+(1+40)\times 4]\times 10^3} = 40\mu\text{A}$$

$$I_{EQ} \approx I_{CQ} = \beta I_{BQ} = 40\times 40\times 10^{-6} = 1.6\text{mA}$$

$$U_{CEQ} = U_{CC} - I_{EQ}R_E = 12 - 1.6\times 10^{-3}\times 4\times 10^3 = 5.6\text{V}$$

(2)微变等效电路如图 10.2.12(d)所示。

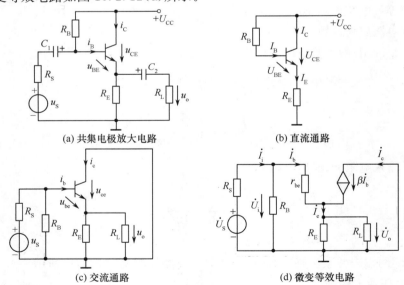

图 10.2.12 共集电极放大电路

(3)计算电压放大倍数 A_u

由图 10.2.12(d)微变等效电路可得

$$r_{be} = 300 + (1+\beta)\frac{26}{I_{EQ}} = 300 + (1+40)\times\frac{26}{1.6} = 0.96\text{k}\Omega$$

$$\dot{U}_\mathrm{i} = \dot{I}_\mathrm{b} r_\mathrm{be} + \dot{U}_\mathrm{o} = \dot{I}_\mathrm{b} r_\mathrm{be} + (1+\beta)\dot{I}_\mathrm{b}(R_\mathrm{E}//R_\mathrm{L})$$

$$\dot{U}_\mathrm{o} = (1+\beta)\dot{I}_\mathrm{b}(R_\mathrm{E}//R_\mathrm{L})$$

$$A_\mathrm{u} = \frac{\dot{U}_\mathrm{o}}{\dot{U}_\mathrm{i}} = \frac{(1+\beta)(R_\mathrm{E}//R_\mathrm{L})}{r_\mathrm{be}+(1+\beta)(R_\mathrm{E}//R_\mathrm{L})} = \frac{(1+40)\times\frac{4\times 4}{4+4}}{0.96+(1+40)\times\frac{4\times 4}{4+4}} \approx 0.99 \quad (10\text{-}17)$$

从式(10-17)可以看出:若$(1+\beta)(R_\mathrm{E}//R_\mathrm{L}) \gg r_\mathrm{be}$,则$A_\mathrm{u} \approx 1$,输出电压$\dot{U}_\mathrm{o} \approx \dot{U}_\mathrm{i}$,即输出电压紧紧跟随输入电压的变化。因此,射极输出器又称为电压跟随器。

(4) 计算输入电阻r_i和输出电阻r_o。

① $r_\mathrm{i} = R_\mathrm{B}//[r_\mathrm{be}+(1+\beta)(R_\mathrm{E}//R_\mathrm{L})] = \dfrac{1}{\dfrac{1}{120}+\dfrac{1}{0.96+(1+40)\times\dfrac{4\times 4}{4+4}}} = 49\mathrm{k}\Omega$

② 求r_o:

令信号源$\dot{U}_\mathrm{S}$为零,其等效电路如图 10.2.13 所示。输出端加上电压$\dot{U}'_\mathrm{o}$,产生电流$\dot{I}'_\mathrm{o}$。

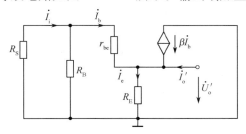

图 10.2.13 共集电极放大电路的输出电阻

一般地,$R_\mathrm{B} \gg R_\mathrm{S}$,$r_\mathrm{be} \gg R_\mathrm{S}$,所以

$$\dot{I}_\mathrm{b} \approx -\frac{\dot{U}'_\mathrm{o}}{r_\mathrm{be}}$$

$$\dot{I}'_\mathrm{o} = -\dot{I}_\mathrm{b} - \beta\dot{I}_\mathrm{b} + \dot{I}_\mathrm{e} = -(1+\beta)\dot{I}_\mathrm{b} + \dot{I}_\mathrm{e} = (1+\beta)\frac{\dot{U}'_\mathrm{o}}{r_\mathrm{be}} + \frac{\dot{U}'_\mathrm{o}}{R_\mathrm{E}}$$

$$r_\mathrm{o} = \frac{\dot{U}'_\mathrm{o}}{\dot{I}'_\mathrm{o}} = R_\mathrm{E}//\frac{r_\mathrm{be}}{1+\beta} \quad (10\text{-}18)$$

通常$R_\mathrm{E} \gg \dfrac{r_\mathrm{be}}{1+\beta}$,则

$$r_\mathrm{o} \approx \frac{r_\mathrm{be}}{\beta} \quad (10\text{-}19)$$

所以$r_\mathrm{o} \approx 24\Omega$。

由例 10-3 不难看出射极输出器具有以下特点:
① 输出u_o与输入u_i同相位,且其电压放大倍数A_u小于 1 但约等于 1;
② 输入电阻r_i很大,高达几十千欧到几百千欧;
③ 输出电阻r_o很小,一般为几欧到几十欧。

值得指出的是,尽管射极输出器无电压放大作用,但发射极电流I_e是基极电流I_b的$(1+\beta)$倍,输出功率也近似为输入功率的$(1+\beta)$倍,所以射极输出器具有一定的电流放大作用和功率放大作用。

10.2.4 3种基本放大电路的比较

晶体管共发射极、共集电极、共基极3种基本放大电路的特点归纳如下：

① 共发射极放大电路既能放大电流又能放大电压，输入电阻居3种电路之中，输出电阻大，频带较窄，常作为低频电压放大电路的单元电路。

② 共集电极放大电路只能放大电流不能放大电压，是3种接法中输入电阻最大、输出电阻最小的电路，并具有电压跟随的特点。常用于电压放大电路的输入级和输出级，在功率放大电路中也常采用射极输出的形式。

③ 共基极放大电路只能放大电压不能放大电流，输入电阻小，电压放大倍数、输出电阻与共发射极放大电路相当，是3种接法中高频特性最好的电路，常作为宽频带放大电路。

10.3 多级放大电路

在实际应用中，常对放大电路的性能提出多方面的要求，仅靠前面介绍的任何一种放大电路都不可能同时满足上述要求，这时就可选择多个基本放大电路，将它们合理连接构成多级放大电路。

放大电路一般由电压放大电路和功率放大电路两个环节组成，如图10.3.1所示。电压放大电路是将信号源信号或由传感器接收到的微弱信号（mV与μV量级）进行放大，而功率放大电路是为了能够驱动负载工作。电压放大电路和功率放大电路都由基本放大电路组成。

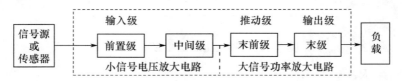

图10.3.1 多级放大电路结构图

10.3.1 多级放大电路的耦合方式

多级放大电路的级间耦合方式是指信号源和放大电路之间，放大电路中各级之间，放大电路与负载之间的连接方式。下面介绍最常用的阻容耦合和直接耦合连接方式。

1. **阻容耦合放大电路**

如图10.3.2所示为两级阻容耦合共发射极放大电路。两级间通过电容C_2将前级的输出电压加在后级的输入电阻上（即前级的负载电阻），故名阻容耦合放大电路。阻容耦合放大电路只能放大交流信号，各级间直流通路互不相通，即每一级的静态工作点各自独立。

2. **直接耦合放大电路**

放大电路各级之间，放大电路与信号源或负载直接或经电阻连接起来，称为直接耦合放大电路，如图10.3.3所示。直接耦合放大电路不仅能放大交流信号，而且能放大低频信号及直流信号。直接耦合放大电路前后级的静态工作点相互影响，但为避免集成大容量电容的困难，集成电路都采用直接耦合连接方式。

通过实验可以发现，在直接耦合放大电路中，即使输入端短接（让输入信号为零），用灵敏的直流表仍可测量出缓慢无规则的输出信号，这种现象称为零点漂移（简称零漂）。零点漂移现象严重时,能够淹没真正的输出信号,使电路无法正常工作。

引起零漂的原因很多,最主要的是温度对晶体管参数的影响造成的静态工作点波动,在直接耦合放大电路中,前级静态工作点微小的波动都能被逐级放大并且输出。因而,整个放大电路的零漂程度主要由第一级决定。因为温度变化对零漂的影响最大,故常称零漂为温漂。

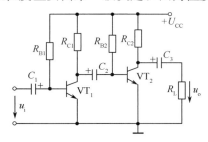 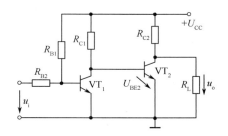

图 10.3.2 两级阻容耦合共发射极放大电路　　图 10.3.3 两级直接耦合放大电路

10.3.2 多级放大电路的分析

从图 10.3.1 所示的多级放大电路的结构图可以看出:放大电路中前级的输出电压就是后级的输入电压。多级放大电路的电压放大倍数等于组成它的各级放大电路的电压放大倍数的乘积。计算各级电压放大倍数时,必须考虑到后级的输入电阻对前级的负载效应,因为后级的输入电阻就是前级的负载电阻。多级放大电路的输入电阻就是第一级的输入电阻,多级放大电路的输出电阻就是最后一级的输出电阻。

当多级放大电路的输出波形产生失真时,应首先确定是在哪一级先出现的失真,然后再判断产生的是饱和失真还是截止失真。

例 10-4 两级阻容耦合放大电路如图 10.3.4(a)所示,已知 $U_{CC}=12V$,$R_1=15k\Omega$,$R_2=5k\Omega$,$R_3=5k\Omega$,$R_4=2.3k\Omega$,$R_5=100k\Omega$,$R_6=5k\Omega$,$R_L=5k\Omega$,$\beta_1=\beta_2=\beta=150$,$U_{BEQ1}=U_{BEQ2}=0.7V$。(1)图 10.3.4(a)放大电路中第一级和第二级分别是哪种基本放大电路?(2)计算第一级和第二级放大电路的静态工作点 Q;(3)画出两级放大电路的微变等效电路;(4)计算总电压放大倍数 A_u、输入电阻 r_i 和输出电阻 r_o。

解:(1) 图 10.3.4(a)放大电路中第一级为共发射极放大电路,第二级为共集电极放大电路。

(2) 计算静态工作点:由于电路采用阻容耦合方式,所以每一级的静态工作点都可以按照单级放大电路来求解。

第一级静态工作点:

$$U_{BQ1} \approx \frac{R_2}{R_1+R_2} U_{CC} = \frac{5}{15+5} \times 12 = 3V$$

$$I_{CQ1} \approx I_{EQ1} = \frac{U_{BQ1}-U_{BEQ1}}{R_4} = \frac{3-0.7}{2.3 \times 10^3} = 1mA$$

$$I_{BQ1} = \frac{I_{EQ1}}{1+\beta_1} = \frac{1 \times 10^{-3}}{1+150} = 6.7\mu A$$

$$U_{CEQ1} \approx U_{CC} - I_{CQ1}(R_3+R_4) = 12 - 1 \times 10^{-3} \times (5+2.3) \times 10^3 = 4.7V$$

第二级静态工作点：

$$I_{BQ2} = \frac{U_{CC} - U_{BEQ2}}{R_5 + (1+\beta_2)R_6} = \frac{12-0.7}{[100+(1+150)\times 5]\times 10^3} \approx 13\mu A$$

$$I_{EQ2} = (1+\beta_2)I_{BQ2} \approx (1+150)\times 13\times 10^{-6} \approx 2mA$$

$$U_{CEQ2} = U_{CC} - I_{EQ2}R_6 \approx 12 - 2\times 10^{-3}\times 5\times 10^3 = 2V$$

(3) 微变等效电路如图 10.3.4(b) 所示。

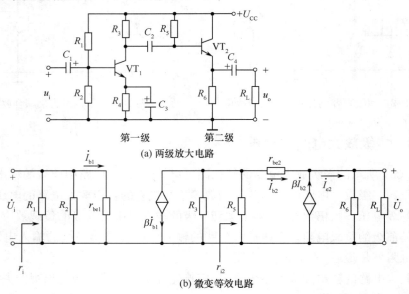

图 10.3.4　例 10-4 两级阻容耦合放大电路

(4) 计算电压放大倍数 A_u、输入电阻 r_i 和输出电阻 r_o。

$$r_{be1} = 300 + (1+\beta_1)\frac{26}{I_{EQ1}} = 300 + (1+150)\times\frac{26}{1} = 4.23k\Omega$$

$$r_{be2} = 300 + (1+\beta_2)\frac{26}{I_{EQ2}} = 300 + (1+150)\times\frac{26}{2} = 2.26k\Omega$$

$$r_{i2} = R_5 // [r_{be2} + (1+\beta_2)(R_6//R_L)] = \frac{1}{\frac{1}{100}+\frac{1}{2.26+(1+150)\times\frac{5\times 5}{5+5}}} \approx 79.2k\Omega$$

$$A_{u1} = -\frac{\beta_1(R_3//r_{i2})}{r_{be1}} = -\frac{150\times\frac{5\times 79.2}{5+79.2}}{4.23} = -177$$

$$A_{u2} = \frac{(1+\beta_2)(R_6//R_L)}{r_{be2}+(1+\beta_2)(R_6//R_L)} = \frac{(1+150)\times\frac{5\times 5}{5+5}}{2.26+(1+150)\times\frac{5\times 5}{5+5}} \approx 0.994$$

$$A_u = A_{u1}\cdot A_{u2} \approx -177\times 0.994 \approx -176$$

$$r_i = R_1//R_2//r_{be1} = \frac{1}{\frac{1}{15}+\frac{1}{5}+\frac{1}{4.23}} = 1.99k\Omega$$

$$r_o = R_6 // \frac{r_{be2}+R_3//R_5}{1+\beta_2} = 5 // \frac{2.26+5//100}{1+150} = 46\Omega$$

10.4 差分放大电路

差分放大电路是抑制零点漂移的有效电路,多级直接耦合放大电路的第一级常采用这种电路。

1. 电路组成

典型的差分放大电路如图 10.4.1 所示,它由两个共发射极放大电路组成,合用一个发射极电阻 R_E。它具有镜像对称的特点,在理想情况下,两个晶体管的参数对称,集电极电阻对称,基极电阻对称,而且两个管子感受完全相同的温度,因而两管的静态工作点必然相同。信号从两管的基极输入,从两管的集电极输出。

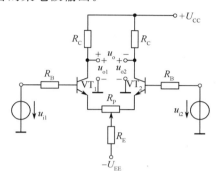

图 10.4.1 差分放大电路

2. 电路工作原理

(1) 抑制零点漂移

若将图 10.4.1 中两边输入端短路($u_{i1}=u_{i2}=0$),则电路工作在静态,此时 $I_{B1}=I_{B2}$,$I_{C1}=I_{C2}$,$V_{C1}=V_{C2}$,输出电压 $u_o=u_{o1}-u_{o2}=0$。当环境温度变化引起两管集电极电流发生变化时,两管的集电极电位也随之变化,这时两管的静态工作点都发生变化,由于对称性,两管的集电极电位变化的大小、方向相同,所以输出电压 $u_o=\Delta u_{o1}-\Delta u_{o2}=0$,所以零点漂移现象消失。

(2) 输入信号

差分放大电路的输入信号,一般有以下 3 种情况。

1) 共模输入

若 $u_{i1}=u_{i2}$,即输入一对大小相等、极性相同的信号时,称为共模输入。这时两管的工作情况完全相同,集电极电位变化的方向与大小也相同,所以输出电压 $u_o=\Delta u_{o1}-\Delta u_{o2}=0$,可见差分放大电路抑制共模信号。

2) 差模输入

若 $u_{i1}=-u_{i2}$,即输入一对大小相等、极性相反的信号时,称为差模输入。设 $u_{i1}<0$,$u_{i2}>0$,这时 u_{i1} 使 VT_1 管的集电极电流减少 Δi_{C1},集电极电位增加 Δu_{o1};u_{i2} 使 VT_2 管的集电极电流增加 Δi_{C2},集电极电位减少 Δu_{o2}。这样,两个集电极电位一增一减,呈现异向变化,其差值便是输出电压 $u_o=\Delta u_{o1}-(-\Delta u_{o2})=2\Delta u_{o1}$,可见差分放大电路能放大差模信号。

3) 差分输入(任意输入)

当输入为任意信号时,即非共模也非差模,总可以将其分解为一对共模信号和一对差模信号的组合:$u_{i1}=u_{id}+u_{ic}$,$u_{i2}=-u_{id}+u_{ic}$,其中 u_{id} 是差模信号,u_{ic} 是共模信号。例如,$u_{i1}=9\text{mV}$,

$u_{i2}=-3\text{mV}$,则有:$u_{ic}=3\text{mV}$,$u_{id}=6\text{mV}$。

由于差分放大电路只能放大差模部分,即 u_{i1} 与 u_{i2} 的差,故其输出电压为

$$u_o = A_u(u_{i1} - u_{i2}) \tag{10-20}$$

(3) 发射极电阻 R_E 及 R_P 的作用

输出 u_o 时为双端输出,此时抑制共模信号依靠的是电路的对称性和 R_E 的负反馈作用。输出 u_{o1} 或 u_{o2} 时为单端输出,此时抑制共模信号依靠的是电阻 R_E。由于共模信号在 R_E 上的电流大小、方向一样,对于每个管子来说就像是在发射极与地之间连接了一个 $2R_E$ 电阻。由共发射极放大电路可知,电阻 R_E 可以降低各个单管对共模信号的放大倍数;并且 R_E 越大,抑制共模信号的能力越强。但是 R_E 太大会使电路的静态电压 U_{CE} 大大减小,因此常在 R_E 下方加接负电源($-U_{EE}$)以补偿这种压降。

对于差模信号,由于两管发射极电流大小一样,但方向相反,所以电阻 R_E 上的差模信号压降为零,即电阻 R_E 对差模信号无作用,两管的发射极相当于接"地"。

电位器 R_P 是为调整电路的对称程度设置的。当输入为零(对地短接)时,调节 R_P 使输出电压也为零,才能确保电路的对称性。

3. 差分放大电路的共模抑制比

差分放大电路在共模信号作用下的输出电压与输入电压之比称为共模电压放大倍数,用 A_{oc} 表示。在理想情况下,电路完全对称,共模信号作用时,由于 R_E 的作用,每管的集电极电流和集电极电压均不变化,因此 $u_o=0$,即 $A_{oc}=0$。但实际上,由于每管的零点漂移依然存在,电路不可能完全对称,因此共模电压放大倍数并不为零。

通常将差模电压放大倍数 A_{od} 与共模电压放大倍数 A_{oc} 之比定义为差分放大电路的共模抑制比,用 K_{CMRR}(Common Mode Rejection Ratio)表示,即

$$K_{CMRR} = \frac{A_{od}}{A_{oc}} \tag{10-21}$$

共模抑制比反映了差分放大电路抑制共模信号的能力,其值越大,电路抑制共模信号(零点漂移)的能力越强。对于差分放大电路,要求既要有大的差模放大倍数,又要有小的共模放大倍数,即共模抑制比 K_{CMRR} 越大越好。

10.5 功率放大电路

为驱动负载,多级放大电路的末级或末前级一般都是功率放大电路。与电压放大电路不同,功率放大电路追求的是,以尽可能小的失真和尽可能高的效率输出尽可能大的功率。功率放大电路主要采用图解分析法。

10.5.1 功率放大电路的种类

1. 按输出级与扬声器的连接方式分类

(1) 变压器耦合

这种电路效率低、失真大、频率响应曲线难以平坦,在高保真功率放大电路中已极少使用。

(2) OCL 电路

OCL(Output Capacitor Less)电路是一种输出级与扬声器之间无电容而直接耦合的功率放大电路,频率响应特性比 OTL 好,是高保真功率放大电路的基本电路。

（3）OTL 电路

OTL(Output Transformer Less)电路是一种输出级与扬声器之间采用电容耦合的无输出变压器功率放大电路，其大容量耦合电容对频率响应也有一定影响，也是高保真功率放大电路的基本电路。

2. 按功率管的工作状态分类

（1）甲类

甲类功率放大电路中晶体管的 Q 点设在放大区的中间，Q 点和电流波形如图 10.5.1(a)所示。管子的静态电流 I_C 较大，没有信号时，电源提供的功率全部消耗在管子上，所以，甲类功率放大电路的缺点是损耗大、效率低，即使在理想情况下，效率也仅为 50%。

（2）乙类

乙类功率放大电路中晶体管的 Q 点如图 10.5.1(b)所示，Q 点在截止区时，管子只在信号的半个周期内导通，称此为乙类状态。乙类状态下，信号等于零时，电源输出的功率也为零。信号增大时，电源供给的功率也随着增大，从而极大地提高了效率。但此时波形也严重失真。

（3）甲乙类

若将功率放大电路的 Q 点设在接近截止区的放大区，管子在信号的半个周期以上的时间内导通，称此为甲乙类状态。因此，甲乙类工作状态接近乙类工作状态。甲乙类状态下的 Q 点与电流波形如图 10.5.1(c)所示。

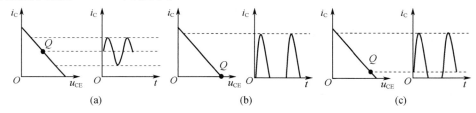

图 10.5.1 功率放大电路的 3 种工作状态

10.5.2 互补对称功率放大电路

1. 乙类 OCL 互补对称功率放大电路

如图 10.5.2 所示为工作于乙类状态的 OCL 互补对称功率放大电路。电路由两个特性及参数完全对称、类型却不同(NPN 和 PNP)的晶体管组成射极输出器。输入信号接于两管的基极，负载 R_L 接于两管的发射极，由正、负等值的双电源供电。

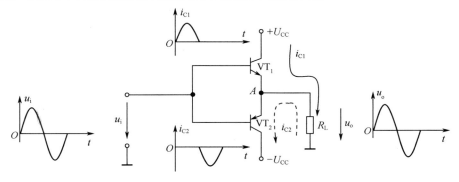

图 10.5.2 乙类 OCL 互补对称功率放大电路

静态时($u_i=0$),两管均无直流偏置,A点电位$V_A=0$,两管处于乙类工作状态。

动态时($u_i\neq 0$),设输入为正弦信号。当$u_i>0$时,VT_1导通,VT_2截止,R_L中有图10.5.2中实线所示的经放大的信号电流i_{C1}流过,R_L两端获得输出电压u_o的正半周;当$u_i<0$时,VT_2导通,VT_1截止,R_L中有虚线所示的经放大的信号电流i_{C2}流过,R_L两端获得输出电压u_o的负半周。可见,在一个周期内两管轮流导通,使输出电压u_o获得完整的正弦信号。VT_1、VT_2在正、负半周交替导通,互相补充故名互补对称电路。采用射极输出器的形式,提高了输入电阻和带负载的能力。互补对称电路中,一管导通、一管截止,截止管承受的最高反向电压接近$2U_{CC}$。

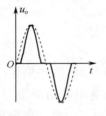

图10.5.3 交越失真

2. 甲乙类OCL功率放大电路

工作在乙类状态的互补对称功率放大电路,由于发射结存在"死区",晶体管没有直流偏置,管子中的电流只有在u_{be}大于死区电压U_T后才会有明显的变化,当$|u_{be}|<U_T$时,VT_1、VT_2都截止,此时负载电阻R_L上电流为零,出现一段死区,使输出电压波形在正、负半周交接处出现失真,如图10.5.3所示,这种失真称为交越失真。

为了克服交越失真,静态时,给两个管子提供较小的能消除交越失真所需的正向偏置电压,使两管均处于微导通状态,如图10.5.4所示。放大电路处于甲乙类工作状态,因此,称为甲乙类互补对称功率放大电路。

图10.5.4中由电阻和二极管组成的偏置电路,给VT_1、VT_2的发射结提供所需的正偏压。静态时,$I_{C1}=I_{C2}$,在负载电阻R_L中无静态压降,所以两管发射极的静态电位$V_E=0$。在输入信号作用下,因VD_1、VD_2的动态电阻都很小,VT_1和VT_2管的基极电位对交流信号而言可认为是相等的,正半周时,VT_1继续导通,VT_2截止;负半周时,VT_1截止,VT_2继续导通,这样,可在负载电阻R_L上输出已消除了交越失真的正弦波。

3. 单电源OTL互补对称功率放大电路

如图10.5.5所示为单电源OTL互补对称功率放大电路。电路中放大元件仍是两个不同类型但特性和参数对称的晶体管,其特点是由单电源供电,输出端通过大电容量的耦合电容C_L与负载电阻R_L相连。

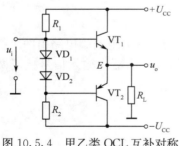

图10.5.4 甲乙类OCL互补对称
功率放大电路

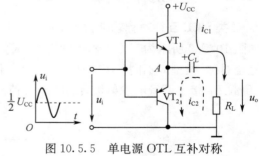

图10.5.5 单电源OTL互补对称
功率放大电路

OTL电路的工作原理与OCL电路的基本相同。静态时,因两管对称,穿透电流$I_{CEO1}=I_{CEO2}$,所以A点电位$V_A=1/2U_{CC}$。动态有信号时,若不计C_L的容抗及电源内阻,在u_i正半周,VT_1导通、VT_2截止,电源U_{CC}向C_L充电并在R_L两端输出正半周波形;在u_i负半周,VT_1截止、VT_2导通,C_L向VT_2放电提供电源,并在R_L两端输出负半周波形。只要C_L容量足够大,放电时间常数R_LC_L远大于输入信号最低工作频率所对应的周期,则C_L两端的电压可认为近似不变,始终保持为$1/2U_{CC}$。因此,VT_1和VT_2的电源电压都是$1/2U_{CC}$。

习 题

10-1 晶体管用微变等效电路来代替,条件是什么?

10-2 分压式偏置放大电路怎样稳定静态工作点?旁路电容 C_E 有何作用?

10-3 对分压式偏置放大电路而言,当更换晶体管时,对放大电路的静态工作点有无影响?

10-4 如何组成射极输出器?射极输出器有何特点?

10-5 共集电极放大电路主要应用在哪些场合?起何作用?

10-6 多级放大电路有哪几种耦合方式?各有什么特点?

10-7 与阻容耦合放大电路相比,直接耦合放大电路有哪些特殊的问题?

10-8 差分放大电路有何特点?为什么能抑制零点漂移?

10-9 与电压放大电路相比,功率放大电路有何特点?

10-10 乙类功率放大电路为什么会产生交越失真?如何消除交越失真?

10-11 试判断题 10-11 图所示各电路对输入的正弦交流信号有无放大作用?原因是什么?

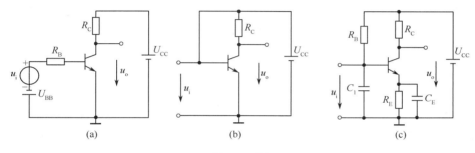

题 10-11 图

10-12 晶体管放大电路如题 10-12 图所示,已知 $\beta=80, R_S=2\text{k}\Omega, R_B=82\text{k}\Omega, R_C=R_L=5\text{k}\Omega, r_{be}=1\text{k}\Omega, U_i=20\text{mV}$,静态时 $U_{BEQ}=0.7\text{V}, U_{CEQ}=4\text{V}, I_{BQ}=20\mu\text{A}$。试判断下列结论是否正确?

(1) $A_u = -\dfrac{4}{20\times 10^{-3}} = -200$ (2) $r_i = \dfrac{20\times 10^{-3}}{20\times 10^{-6}} = 1\text{k}\Omega$ (3) $r_o = 5\text{k}\Omega$

(4) $U_S = 60\text{mV}$ (5) $A_u = -\dfrac{4}{0.7} \approx -5.71$ (6) $r_i = 3\text{k}\Omega$

10-13 电路如题 10-13 图所示。(1)若 $U_{CC}=12\text{V}, R_C=3\text{k}\Omega, \beta=80$,要将静态工作点 I_{CQ} 调到 1.5mA,则 R_B 为多少?(2)在调节电路时,若不慎将 R_B 调到 0,对晶体管有无影响?为什么?通常采取何种措施来防止产生这种情况?

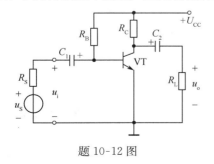

题 10-12 图

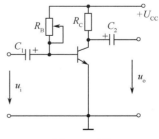

题 10-13 图

10-14 在题 10-14 图(a)所示电路中，输入为正弦信号，输出端得到题 10-14 图(b)的信号波形，试判断放大电路产生何种失真？是何原因？采用什么措施消除这种失真？

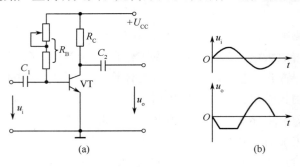

题 10-14 图

10-15 在题 10-15 图所示电路中，$U_{CC}=15V$，$R_S=100\Omega$，$R_B=500k\Omega$，$R_C=5.1k\Omega$，$R_L=5.1k\Omega$，晶体管的 $\beta=42$。(1)估算静态工作点 Q；(2)画出微变等效电路；(3)计算电压放大倍数 A_u、输入电阻 r_i 和输出电阻 r_o。

10-16 在题 10-16 图所示的放大电路中，若出现以下情况，对放大电路的工作会带来什么影响？(1) R_{B1} 断开；(2) R_{B1} 短路；(3) R_{B2} 断开；(4) R_{B2} 短路；(5) C_E 断开；(6) C_E 短路；(7) C_2 断开；(8) C_2 短路。

10-17 在题 10-16 图所示的分压式偏置放大电路中，已知 $U_{CC}=12V$，$R_{B1}=20k\Omega$，$R_{B2}=10k\Omega$，$R_E=2k\Omega$，$R_C=2k\Omega$，$R_L=5.1k\Omega$，$\beta=40$，硅管。(1)估算静态工作点 Q；(2)画出微变等效电路；(3)计算电压放大倍数 A_u、输入电阻 r_i 和输出电阻 r_o；(4)当放大电路输出端开路时，计算电压放大倍数 A_{uo}，并说明负载电阻 R_L 对电压放大倍数的影响。

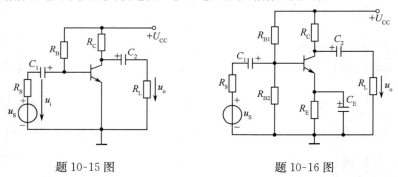

题 10-15 图　　　　　　　　题 10-16 图

10-18 在题 10-18 图所示的分压式偏置放大电路中，已知 $U_{CC}=12V$，$R_{B1}=20k\Omega$，$R_{B2}=10k\Omega$，$R_E=2k\Omega$，$R_C=2k\Omega$，$R_L=5.1k\Omega$，$\beta=40$，硅管。(1)估算静态工作点 Q；(2)画出微变等效电路；(3)计算电压放大倍数 A_u、输入电阻 r_i 和输出电阻 r_o。

10-19 题 10-19 图所示电路为射极输出器。已知 $U_{CC}=20V$，$R_B=200k\Omega$，$R_E=3.9k\Omega$，$R_L=1.5k\Omega$，$\beta=60$，$U_{BE}=0.6V$。试求：(1)静态工作点 Q；(2)画出微变等效电路；(3)计算电压放大倍数 A_u、输入电阻 r_i 和输出电阻 r_o。

10-20 某放大电路不带负载时测得输出电压为 2V，带 $R_L=3.9k\Omega$ 负载电阻时输出电压下降为 1.5V，试求放大电路的输出电阻 r_o。

10-21 某放大电路的输出电阻 $r_o=7.5k\Omega$，不带负载时输出电压为 2V，问该放大电路带 $R_L=2.5k\Omega$ 负载电阻时，输出电压将是多少？

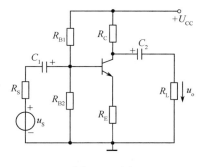
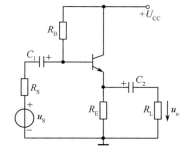

题 10-18 图   题 10-19 图

10-22 在题 10-22 图所示电路中,已知 $U_{CC}=12\text{V}$,$R_B=280\text{k}\Omega$,$R_C=R_E=2\text{k}\Omega$,$r_{be}=1.4\text{k}\Omega$,$\beta=100$,硅管。试求:(1)在 A 端输出时的电压放大倍数 A_{uo1} 及输入电阻 r_i、输出电阻 r_o;(2)在 B 端输出时的电压放大倍数 A_{uo2} 及输入电阻 r_i、输出电阻 r_o;(3)比较在 A 端、B 端输出时,输出与输入的相异处,以及输入电阻 r_i、输出电阻 r_o 的情况。

10-23 两级阻容耦合放大电路如题 10-23 图所示,已知 $U_{CC}=15\text{V}$,$R_1=47\text{k}\Omega$,$R_2=6.8\text{k}\Omega$,$R_3=10\text{k}\Omega$,$R_4=2\text{k}\Omega$,$R_5=200\text{k}\Omega$,$R_6=4.3\text{k}\Omega$,$R_L=8.2\text{k}\Omega$,$\beta_1=80$,$\beta_2=40$,$U_{BEQ1}=U_{BEQ2}=0.7\text{V}$。(1)试问放大电路中第一级和第二级分别是哪种基本放大电路?(2)计算第一级和第二级放大电路的静态工作点 Q;(3)画出两级放大电路的微变等效电路;(4)计算总电压放大倍数 A_u、输入电阻 r_i 和输出电阻 r_o。

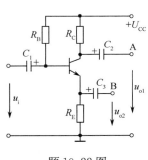
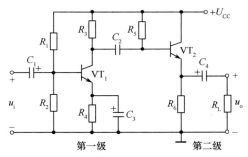

题 10-22 图   题 10-23 图

第 11 章　集成运算放大器

集成运算放大器（简称集成运放）目前在模拟电子技术中得到了广泛应用，成为模拟电子技术领域中的核心器件。本章首先介绍集成运放的组成和基本特性，然后讨论集成运放电路中的反馈问题，最后介绍集成运放的线性应用和非线性应用。

11.1　简　介

11.1.1　集成运放的结构与符号

1. 组成

集成运放是用集成电路工艺制成的高放大倍数的直接耦合的多级放大电路。集成运放由输入级、中间级、输出级和偏置电路 4 部分构成，结构框图如图 11.1.1 所示，它有两个输入端和一个输出端。

图 11.1.1　集成运放结构框图

输入级通常要求有尽可能低的零点漂移、较高的共模抑制能力、输入电阻高，因此一般采用双端输入的差分放大电路。中间级主要承担电压放大任务，多采用共射极放大电路。输出级的主要作用是提供足够大的输出电压和输出电流以满足负载的需要，同时还要具有较低的输出电阻和较高的输入电阻，所以电路常用共集电极放大电路或互补对称输出电路。偏置电路的作用是为上述各级放大电路提供合适的偏置电流，确定各级静态工作点，一般采用恒流源电路组成。

集成电路的工艺特点如下：

① 元器件具有良好的一致性和同向偏差，因而特别有利于实现对称结构的电路；
② 集成电路的芯片面积小，集成度高，所以功耗很小，在毫瓦以下；
③ 不易制造大电阻。需要大电阻时，往往使用有源负载；
④ 只能制作几十皮法以下的小电容，因此，集成运放都采用直接耦合方式。如需要大电容，只能外接；
⑤ 不能制造电感，如需电感，也只能外接；
⑥ 一般无二极管，需要时用晶体三极管代替（集电极和基极接在一起）。

2. 集成运放的外形结构与引脚功能

集成运放的内部电路结构较复杂，使用时主要掌握各引脚的含义和性能参数即可。如图 11.1.2 所示为集成运算 LM741 的外形结构和引脚图，它有 8 个引脚，各引脚的用途分述如下。

(1) 输入端和输出端

LM741 的引脚 2 为反相输入端、引脚 3 为同相输入端,引脚 6 为输出端,信号从反相输入端输入时,输出信号与输入信号反相;信号从同相输入端输入时,输出信号与输入信号同相。这两个输入端对于集成运放的应用极为重要,绝对不能接错。

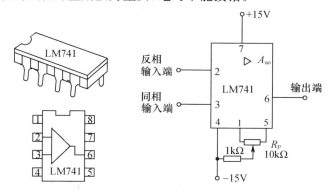

图 11.1.2　LM741 外形与引脚排列图

(2) 电源端

引脚 7 与 4 为外接电源端,为集成运放提供直流电源。集成运放通常采用双电源供电方式,4 脚为负电源端,接 $-3 \sim -18$V 电源,7 脚为正电源端,接 $+3 \sim +18$V 电源,使用时不能接错。

(3) 调零端

引脚 1 和 5 为外接调零补偿电位器端,集成运放的输入级为差分放大电路,但由于晶体管生产工艺的特点,其特性不可能完全对称,当输入信号为零时,输出信号一般不为零。调节电位器 R_P,可使输入信号为零时,输出信号也为零。

实际上,可以把集成运放看作是一个双端输入、单端输出,且具有高差模放大倍数、高输入电阻、低输出电阻和抑制零点漂移能力的放大电路。

3. 集成运放的符号

集成运放的符号如图 11.1.3 所示,图 11.1.3(a) 中的 "▷" 表示信号的传输方向,"∞" 表示放大倍数为理想条件。"−" 是反相输入端,电压用 "u_-" 表示;"+" 是同相输入端,电压用 "u_+" 表示。图 11.1.3(a) 是国内标准符号,图 11.1.3(b) 是国际流行符号。

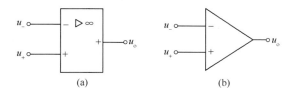

图 11.1.3　集成运放的符号

11.1.2　集成运放的主要技术指标

集成运放的参数是评价其性能好坏的主要指标,是正确选择和使用集成运放的重要依据。主要技术指标如下:

1. **开环差模电压放大倍数 A_{od}**

开环差模电压放大倍数 A_{od} 指在无外加反馈情况下的电压放大倍数,它是决定运算精度的重要指标,通常用分贝(dB)表示,即

$$A_{od} = 20\lg \left| \frac{\Delta U_o}{\Delta U_{i1} - \Delta U_{i2}} \right| \tag{11-1}$$

不同型号的运放,A_{od} 相差悬殊,LM741 约为 106dB,目前高增益型可达 140～200dB(10^7～10^{10}倍)以上。

2. **共模抑制比 K_{CMRR}**

K_{CMRR} 是差模电压放大倍数与共模电压放大倍数之比,LM741 的典型值为 90dB,高质量的运放 K_{CMRR} 可达 180dB。

3. **差模输入电阻 r_{id}**

r_{id} 是集成运放开环时,输入电压变化量与输入电流变化量之比,即从输入端看进去的动态电阻。r_{id} 越大,说明集成运放由差模信号源输入的电流就越小,精度就越高。一般为 MΩ 级,LM741 的 r_{id} 约为 2MΩ,以场效应管为输入级的 r_{id} 可达 10^{11}MΩ。

4. **开环输出电阻 r_o**

r_o 是集成运放开环时,从输出端向里看进去的动态电阻。其值越小,说明集成运放的带负载能力越强。一般 r_o 约为几百欧,LM741 的 r_o 约为 75Ω,性能高的运放 r_o 都小于 100Ω。

5. **最大输出电压 U_{opp}**

最大输出电压 U_{opp} 是指能使输出电压失真不超过允许值时的最大输出电压。它与集成运放的电源电压有关,如 LM741 当电源电压为 ±15V 时,最大输出电压 U_{opp} 约为 ±12～±14V。

11.1.3 集成运放的电压传输特性与理想化模型

1. **实际集成运放的电压传输特性**

集成运放输出电压 u_o 与输入电压 ($u_+ - u_-$) 之间的关系曲线称为电压传输特性。对于采用正负电源供电的集成运放,电压传输特性如图 11.1.4(a)所示。从电压传输特性可以看出,集成运放有两个工作区:线性区和非线性区。

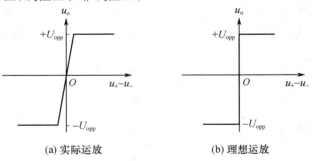

图 11.1.4 集成运放的电压传输特性

当集成运放在线性区工作时,输出电压 u_o 与输入电压 ($u_+ - u_-$) 呈线性关系,即

$$u_o = A_{od}(u_+ - u_-) \tag{11-2}$$

由于集成运放 A_{od} 很高,所以线性区的范围很小。

当集成运放在非线性区工作时,输出电压 u_o 只有两种可能,或等于集成运放的正向最大

输出电压$+U_{opp}$,或等于集成运放的负向最大输出电压$-U_{opp}$。

可见,即使集成运放输入毫伏级信号,也会超出线性放大的范围,使输出电压不再随输入电压线性增长,而达到其饱和,工作在非线性区。所以要使集成运放工作在线性区,通常要引入深度负反馈。

2. 理想集成运放及其传输特性

为了简化分析过程,同时又满足工程的实际需要,通常把集成运放理想化。满足下列参数指标的集成运放可以视为理想集成运放。

- 开环电压放大倍数 $A_{od} \to \infty$;
- 输入电阻 $r_{id} \to \infty$;
- 输出电阻 $r_o \to 0$;
- 共模抑制比 $K_{CMRR} \to \infty$。

理想集成运放的电压传输特性如图 11.1.4(b)所示。工作于线性区和非线性区的理想集成运放具有不同的特性。

(1) 线性区

理想集成运放工作在线性区具有"虚短"和"虚断"特点。

理想集成运放工作在线性区时,满足 $u_o = A_{od}(u_+ - u_-)$,由于开环电压放大倍数 $A_{od} \to \infty$,而输出电压是一个有限值,因此

$$u_+ - u_- = \frac{u_o}{A_{od}} \approx 0, 即 u_+ \approx u_- \quad (11-3)$$

理想集成运放的同相输入端与反相输入端的电位相等,好像这两个输入端是短路一样,所以称为"虚短"。

由于理想集成运放的差模输入电阻 $r_{id} \to \infty$,所以同相输入端与反相输入端的电流都等于零,即

$$i_+ = i_- = 0 \quad (11-4)$$

理想集成运放的同相输入端与反相输入端的电流都等于零,好像这两个输入端内部被断路一样,所以称为"虚断"。

(2) 非线性区

理想集成运放工作在非线性区具有"电压比较"和"虚断"特点。

理想集成运放在开环或正反馈状态下工作于非线性区。$u_o \neq A_{od}(u_+ - u_-)$,即 $u_+ \neq u_-$(不满足虚短),u_o 具有两值性:当 $u_+ > u_-$ 时,$u_o = +U_{opp}$;当 $u_+ < u_-$ 时,$u_o = -U_{opp}$;而 $u_+ = u_-$ 为 $+U_{opp}$ 与 $-U_{opp}$ 的转折点。

由于理想集成运放的差模输入电阻 $r_{id} \to \infty$,所以 $i_+ = i_- = 0$(满足虚断)。

11.2 放大电路中的反馈

集成运放工作于线性区时,通常要引入负反馈。在实际工程中,为改善放大电路的性能,放大电路总要引入反馈,因此掌握反馈的基本概念与判断方法是研究集成运放电路的基础。

11.2.1 反馈的基本概念

所谓反馈,就是将放大电路输出量(电压或电流)的部分或全部通过反馈网络反向送给输

入端,与原输入信号相加或相减再作用到基本放大电路的输入端,并对放大电路造成影响。

反馈网络通常由纯电阻或串、并联电容无源网络构成,也可以由有源网络构成,其功能是将取自输出回路的电量变换成与原输入相同量纲的电量,并送达输入回路。

引入反馈后的放大电路称为闭环放大电路,未引入反馈的放大电路则称为开环放大电路。闭环放大电路组成框图如图 11.2.1 所示。其中,X_i 表示输入信号、X_d 表示净输入信号、X_o 表示输出信号、X_f 表示反馈信号,它们可以是电压、电流信号。

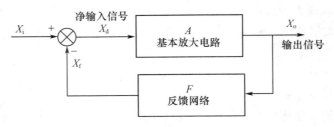

图 11.2.1　闭环放大电路组成框图

根据反馈信号的交、直流性质,反馈可分为直流反馈和交流反馈。如果反馈信号中只有直流分量,则称为直流反馈;如果反馈信号中只有交流分量,则称为交流反馈。

放大电路中的反馈按照极性的不同,可分为负反馈和正反馈。若反馈信号削弱了放大电路的输入信号,使净输入信号减小,导致放大电路的闭环放大倍数降低,称为负反馈;反之,若反馈信号使基本放大电路的净输入信号增强,导致放大电路的闭环放大倍数增大,则称为正反馈。

如果图 11.2.1 中引入的是负反馈,则基本放大电路的净输入信号为 $X_d = X_i - X_f$,基本放大电路的开环放大倍数为 $A = \dfrac{X_o}{X_d}$,反馈网络的反馈系数为 $F = \dfrac{X_f}{X_o}$,引入负反馈后的闭环放大倍数为 $A_f = \dfrac{X_o}{X_i}$,推导可得

$$A_f = \frac{A}{1+AF} \tag{11-5}$$

式(11-5)是分析反馈放大电路的基本关系式。式中,$1+AF$ 称为反馈深度,是衡量放大电路信号反馈强弱的一个重要指标。

若 $AF \gg 1$,称为深度负反馈,则

$$A_f \approx \frac{1}{F} \tag{11-6}$$

11.2.2　反馈的基本类型及判断方法

1. 有无反馈的判别

若放大电路中存在将输出信号反送回输入端的通路,并影响基本放大电路的净输入信号,则说明电路引入了反馈。

例 11-1　电路如图 11.2.2 所示,试判断电路中有无反馈。

解:在图 11.2.2(a)电路中,只有信号的正向传送通路,所以没有反馈。

在图 11.2.2(b)电路中,电阻 R_2 将输出信号反送到输入端,与输入信号一起共同作用于基本放大电路输入端,所以有反馈。

在图 11.2.2(c)电路中,由于电阻 R_1 接地,输出端的信号没有送回到输入端,所以没有反馈。

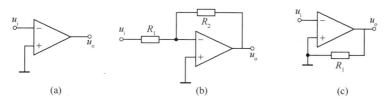

图 11.2.2 例 11-1 的电路图

2. 反馈极性的判别

反馈极性的判断方法是瞬时极性法:首先规定输入信号在某一时刻的极性,然后逐级判断电路中各个相关点的电流流向与电位的极性,从而得到输出信号的极性;再根据输出信号的极性判断出反馈信号的极性。若反馈信号使净输入信号增加,就是正反馈;若反馈信号使净输入信号减小,就是负反馈。

例 11-2 电路如图 11.2.3 所示,试判断电路中反馈的极性。

解:在图 11.2.3(a)电路中,先假设输入电压 u_i 的瞬时极性为正,则集成运放的输出电压极性为正,产生的电流流过 R_2 和 R_1,此时 R_1 上反馈电压 u_f 的极性如图 11.2.3(a)所示。由于 $u_d = u_i - u_f$,u_f 与 u_i 同极性,所以 $u_d < u_i$,净输入信号减小,说明该电路引入了负反馈。

在图 11.2.3(b)电路中,先假设输入电压 u_i 的瞬时极性为正,则集成运放的输出电压极性为负,产生的电流流过 R_2 和 R_1,此时 R_1 上反馈电压 u_f 的极性如图 11.2.3(b)所示。由于 $u_d = u_i - u_f$,u_f 与 u_i 极性相反,所以 $u_d > u_i$,净输入信号增大,说明该电路引入了正反馈。

在图 11.2.3(c)电路中,先假设 i_i 的瞬时方向是流入集成运放的反相输入端 u_-,相当于在集成运放的反相输入端加入了正极性的信号,则集成运放输出电压极性为负,集成运放输出的负极性电压使流过 R_2 的电流 i_f 的方向是从 u_- 节点流出。由于 $i_d = i_i - i_f$,所以 $i_i > i_d$,就是说净输入电流比输入电流小,所以电路引入了负反馈。

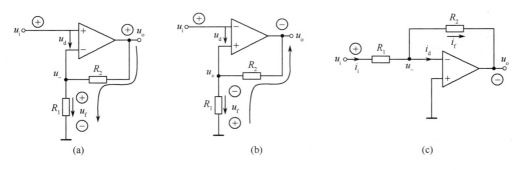

图 11.2.3 例 11-2 的电路图

3. 电压反馈与电流反馈

从放大电路的输出端看,按照反馈网络在输出端的取样不同,可分为电压反馈和电流反馈。若反馈量取自输出电压,并与之成比例,称为电压反馈;若反馈量取自输出电流,并与之成比例,称为电流反馈。

电压反馈与电流反馈的判断方法是虚拟短路法,即将放大电路输出端的负载短路,若反馈信号不存在,就说明反馈信号和输出电压成正比,为电压反馈;否则就是电流反馈。

例 11-3 如图 11.2.4 所示电路,试判断电路中反馈是电压反馈还是电流反馈?

解:在图 11.2.4(a)电路中,如果把负载 R_L 短路,则输出电压 u_o 等于 0,这时反馈信号 i_f 就不存在了,因此是电压反馈。

在图 11.2.4(b)电路中,若把负载 R_L 短路,反馈电压 u_f 仍然存在,因此是电流反馈。

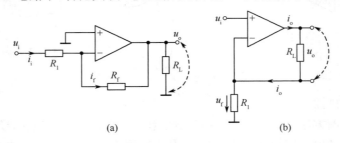

图 11.2.4 例 11-3 的电路图

4. 串联反馈与并联反馈

从放大电路的输入端看,按照反馈信号与输入信号的连接方式的不同,可分为串联反馈和并联反馈。若放大电路的两个信号是串联在一个回路中,输入电压 u_i 是净输入电压 u_d 与反馈电压 u_f 之和,则为串联反馈;若放大电路的两个信号是连接在一个节点上,输入电流 i_i 是净输入电流 i_d 与反馈电流 i_f 之和,则为并联反馈。

串联反馈与并联反馈的判断方法是相加法,即从输入端看,若反馈信号与放大电路的输入信号以电压加减的形式出现,则为串联反馈;若反馈信号与放大电路的输入信号以电流加减的形式出现,则为并联反馈。

11.2.3 负反馈的 4 种组态

1. 电压串联负反馈

电路如图 11.2.5 所示,首先从输出端来判断反馈信号的取样方式,将负载 R_L 短路,即相当于输出端接地,这时 $u_o=0$,反馈信号不存在,所以是电压反馈;然后从输入端来判断反馈信号与输入信号的连接方式,反馈信号未反送到原输入支路,而是反送到集成运放的另一端,所以是串联反馈;再用瞬时极性法判断反馈的极性,各瞬时极性如图 11.2.5 所示,原输入信号要减去一个正的反馈信号,故净输入信号减小,所以是负反馈。所以该电路的反馈组态是电压串联负反馈。

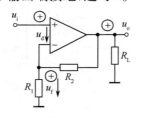

图 11.2.5 电压串联负反馈

2. 电流串联负反馈

电路如图 11.2.6 所示,首先从输出端来判断反馈信号的取样方式,将负载 R_L 短路,这时反馈信号并不为零,所以是电流反馈;然后从输入端来判断反馈信号与输入信号的连接方式,反馈信号未反送到原输入支路,而是反送到集成运放的另一端,所以是串联反馈;再用瞬时极性法判断反馈的极性,各瞬时极性如图 11.2.6 所示,原输入信号要减去一个正的反馈信号,故净输入信号减小,所以是负反馈。所以该电路的反馈组态是电流串联负反馈。

3. 电压并联负反馈

电路如图 11.2.7 所示,首先从输出端来判断反馈信号的取样方式,将负载 R_L 短路,即相当于输出端接地,这时 $u_o=0$,反馈信号不存在,所以是电压反馈;然后从输入端来判断反馈信号与输入信号的连接方式,反馈信号反送到原输入支路,所以是并联反馈;再用瞬时极性法判断反馈的极性,各瞬时极性如图 11.2.7 所示,原输入信号要减去一个正的反馈信号,故净输入信号减小,所以是负反馈。所以该电路的反馈组态是电压并联负反馈。

4. 电流并联负反馈

电路如图 11.2.8 所示,首先从输出端来判断反馈信号的取样方式,将负载 R_L 短路,这时反馈信号并不为零,所以是电流反馈;然后从输入端来判断反馈信号与输入信号的连接方式,反馈信号反送到原输入支路,所以是并联反馈;再用瞬时极性法判断反馈的极性,各瞬时极性如图 11.2.8 所示,原输入信号要减去一个正的反馈信号,故净输入信号减小,所以是负反馈。所以该电路的反馈组态是电流并联负反馈。

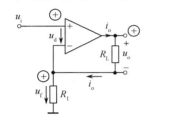
图 11.2.6 电流串联负反馈

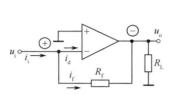
图 11.2.7 电压并联负反馈

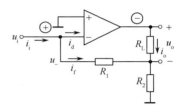
图 11.2.8 电流并联负反馈

例 11-4 电路如图 11.2.9 所示,判断电路分别引入何种类型的负反馈。

解:(1) 由图 11.2.9(a)可见,反馈信号取自输出电流 i_o,并与外加输入信号以电压形式求和,因此是电流串联负反馈。

(2) 由图 11.2.9(b)可见,反馈信号取自输出电压 u_o,并与外加输入信号以电流形式求和,因此是电压并联负反馈。

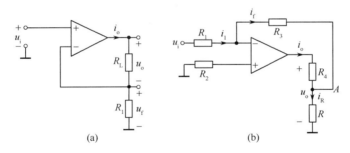

图 11.2.9 例 11-4 的电路图

11.2.4 负反馈对放大电路性能的影响

直流反馈一般用于稳定静态工作点,而交流反馈用于改善放大电路的性能,如提高放大电路放大倍数的稳定性、减小非线性失真、抑制干扰、降低电路内部噪声和扩展通频带等。

1. 提高闭环放大倍数的稳定性

对式(11-5)求微分,推导可得

$$\frac{dA_f}{A_f} = \frac{1}{1+AF} \frac{dA}{A} \tag{11-7}$$

式(11-7)表明,引入负反馈后,闭环放大倍数的相对变化量只有其开环放大倍数相对变化量的 $1/(1+AF)$。可见反馈越深,放大电路的放大倍数就越稳定。

2. 减小非线性失真

放大电路中由于元件或电路的非线性特性，或者输入信号幅度较大，会产生非线性失真，引入负反馈后，可以使非线性失真得到改善。

3. 扩展放大电路的通频带

引入负反馈后，上限频率提高，下限频率降低，所以通频带展宽。

4. 影响输入电阻和输出电阻

对输入电阻的影响仅与反馈网络和基本放大电路输入端的接法有关，即决定于是串联反馈还是并联反馈。串联负反馈使输入电阻 r_i 增大，并联负反馈使输入电阻 r_i 减小。

对输出电阻的影响仅与反馈网络和基本放大电路输出端的接法有关，即决定于是电压反馈还是电流反馈。电压负反馈使输出电阻 r_o 减小，电流负反馈使输出电阻 r_o 增大。

11.3 集成运放的线性应用

当集成运放外加深度负反馈使其闭环并工作在线性区时，可以构成各种基本运算电路。理想集成运放工作在线性区时的两个特点，即"虚短"和"虚断"是分析运算电路的基本出发点。

11.3.1 比例运算电路

1. 反相比例运算电路

电路如图 11.3.1 所示，由于集成运放的同相输入端经电阻 R_2 接地。根据"虚断"，可知 $u_+ = 0$，由"虚短"可知，同相输入端与反相输入端的电位差近似为零，所以反相输入端也相当于接地，由于没有实际接地，所以称为"虚地"。

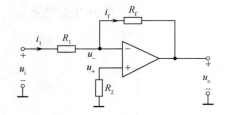

图 11.3.1 反相比例运算电路

由"虚断"概念，可知 $i_1 = i_f$，由"虚地"概念，可知 $u_+ = u_- = 0$，根据欧姆定律，得 $i_1 = \dfrac{u_i - u_-}{R_1} = \dfrac{u_i}{R_1}$，$i_f = \dfrac{u_- - u_o}{R_f} = -\dfrac{u_o}{R_f}$，整理得

$$u_o = -\frac{R_f}{R_1} u_i \tag{11-8}$$

式(11-8)表明，输出电压和输入电压相位相反，比例系数的数值取决于 R_f 和 R_1，而与集成运放的内部参数无关。若取 $R_f = R_1$，则 $u_o = -u_i$，输出电压 u_o 与输入电压 u_i 大小相等、相位相反，此时电路称为反相器。

为了使集成运放两输入端的外接电阻对称，同相输入端所接电阻 R_2 等于反相输入端对地的等效电阻，即 $R_2 = R_1 // R_f$，称为平衡电阻。

2. 同相比例运算电路

电路如图 11.3.2(a)所示，输入信号经 R_2 接至同相输入端。由"虚断"概念，可知 $i_1 = i_f$，由"虚短"概念，可知 $u_+ = u_- = u_i$，根据欧姆定律，得

$$i_1 = \frac{0 - u_-}{R_1} = -\frac{u_i}{R_1}, \quad i_f = \frac{u_- - u_o}{R_f} = \frac{u_i - u_o}{R_f}$$

整理得

$$u_o = \left(1 + \frac{R_f}{R_1}\right) u_i \tag{11-9}$$

同理，R_2 也是为输入对称而设置的平衡电阻，$R_2 = R_1 // R_f$。若 $R_1 = \infty$，$R_f = 0$，此时电路如图 11.3.2(b)所示，则 $u_o = u_i$，即输出电压跟随输入电压同步变化，该电路称为电压跟随器。

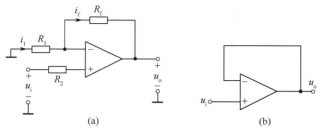

图 11.3.2 同相比例运算电路

例 11-5 试用集成运放设计实现 $u_o = 0.5 u_i$ 的运算电路，要求画出电路图。

解：一级同相比例运算电路的比例系数是大于 1 的，不满足题目要求。一级反相比例运算电路的比例系数是负的，所以可以用两级反相比例运算电路的级联来实现，设计的电路如图 11.3.3 所示。

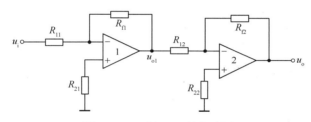

图 11.3.3 例 11-5 的电路图

图 11.3.3 中，第一级集成运放实现 $u_{o1} = -0.5 u_i$ 的运算关系，第二级集成运放实现 $u_o = -u_{o1}$ 的运算关系，得到 $u_o = -u_{o1} = -(-0.5 u_i) = 0.5 u_i$。电阻值分别为 $R_{11} = 10\text{k}\Omega$，$R_{f1} = 5\text{k}\Omega$，$R_{21} = \frac{10 \times 5}{10 + 5} = 3.33\text{k}\Omega$，$R_{12} = 10\text{k}\Omega$，$R_{f2} = 10\text{k}\Omega$，$R_{22} = \frac{10 \times 10}{10 + 10} = 5\text{k}\Omega$。

11.3.2 加法与减法运算电路

1. 加法运算电路

反相加法运算电路如图 11.3.4 所示，两个输入信号均加在集成运放的反相输入端。由"虚断"得 $i_1 + i_2 = i_f$，由"虚短"得 $u_+ = u_- = 0$，根据欧姆定律，有

$$i_1 = \frac{u_{i1}}{R_1}, \quad i_2 = \frac{u_{i2}}{R_2}, \quad i_f = -\frac{u_o}{R_f}$$

所以有

$$u_o = -\left(\frac{R_f}{R_1} u_{i1} + \frac{R_f}{R_2} u_{i2}\right) \tag{11-10}$$

若 $R_1 = R_2 = R_f$，则有

$$u_o = -(u_{i1} + u_{i2}) \tag{11-11}$$

图中 R 是平衡电阻，应保证 $R = R_1 // R_2 // R_f$。

2. 减法运算电路

减法运算电路如图 11.3.5 所示。由"虚断"可知，$i_2 = i_3$，$i_1 = i_f$，根据欧姆定律，有

$$\frac{u_{i2} - u_+}{R_2} = \frac{u_+}{R_3}, \quad \frac{u_{i1} - u_-}{R_1} = \frac{u_- - u_o}{R_f}$$

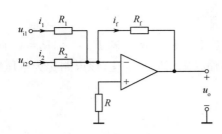 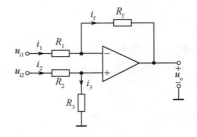

图 11.3.4　反相加法运算电路　　　　图 11.3.5　减法运算电路

由"虚短"可知,$u_- = u_+$,所以

$$u_o = \left(1 + \frac{R_f}{R_1}\right)\frac{R_3}{R_2 + R_3}u_{i2} - \frac{R_f}{R_1}u_{i1} \tag{11-12}$$

当 $R_1 = R_2 = R_3 = R_f$ 时,则有

$$u_o = u_{i2} - u_{i1} = -(u_{i1} - u_{i2}) \tag{11-13}$$

例 11-6　在图 11.3.6 所示电路中,已知 $R_f = 5R_1$,求 u_o 与 u_{i1} 和 u_{i2} 的关系式。

解:前一级集成运放构成的是电压跟随器,$u_{o1} = u_{i1}$,后一级集成运放构成的是减法运算电路,有

$$u_o = \left(1 + \frac{R_f}{R_1}\right)u_{i2} - \frac{R_f}{R_1}u_{o1} = 6u_{i2} - 5u_{o1} = 6u_{i2} - 5u_{i1}$$

11.3.3　微分与积分运算电路

1. 微分运算电路

反相微分运算电路如图 11.3.7 所示。根据"虚短"和"虚断"的概念,可知 $u_C = u_i$,$i_f = i_C = C\dfrac{du_i}{dt}$,输出电压 u_o 为

$$u_o = -i_f R_f = -R_f C\frac{du_i}{dt} \tag{11-14}$$

式(11-14)表明:输出电压 u_o 与输入电压 u_i 对时间的一次微分成正比。

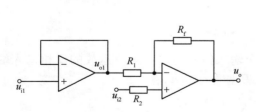 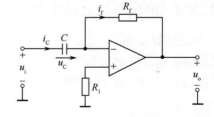

图 11.3.6　例 11-6 的电路图　　　　图 11.3.7　反相微分运算电路

2. 积分运算电路

反相积分运算电路如图 11.3.8 所示。根据"虚短"和"虚断"的概念,有 $i_1 = i_f = \dfrac{u_i}{R_1}$。设电容的初始电压为零,所以有

$$u_o = -u_C = -\frac{1}{C_f}\int i_f dt = -\frac{1}{R_1 C_f}\int u_i dt \tag{11-15}$$

式(11-15)表明:输出电压 u_o 与输入电压 u_i 的积分成比例,$R_1 C_f$ 为积分时间常数。

例 11-7 试求如图 11.3.9 所示电路中 u_o 与 u_i 的关系式。

解：反相输入信号 u_i 作用在 R_1 端为反相比例运算，作用在 C_1 端为微分运算，两者运算结果叠加称为比例和微分运算。根据 $u_- \approx 0$，可得 $u_o = -R_f i_f$。因为

$$i_f = i_R + i_C = \frac{u_i}{R_1} + C_1 \frac{du_i}{dt}$$

所以

$$u_o = -\left(\frac{R_f}{R_1} u_i + R_f C_1 \frac{du_i}{dt}\right)$$

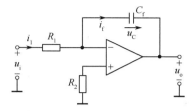
图 11.3.8 反相积分运算电路

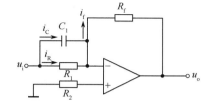
图 11.3.9 例 11-7 的电路图

11.4 集成运放的非线性应用

11.4.1 电压比较器

电压比较器是一种模拟信号处理电路，其作用是将输入端的模拟信号的电平进行比较，在输出端显示出比较的结果。它是利用集成运放工作在非线性区的特性，所以属于集成运放的非线性应用。集成运放不加反馈或加正反馈可以构成基本电压比较器、滞回电压比较器等多种电压比较器。

1. 基本电压比较器

如图 11.4.1(a) 电路，输入信号 u_i 加在集成运放的同相输入端，参考电压 U_{REF} 加在集成运放的反相输入端。集成运放处于开环工作状态，工作在非线性区。根据集成运放非线性区的分析依据，可知当 $u_i > U_{REF}$ 时，$u_o = +U_{opp}$，就是输出为正饱和值；当 $u_i < U_{REF}$ 时，$u_o = -U_{opp}$，就是输出为负饱和值。

图 11.4.1(b) 是图 11.4.1(a) 所示基本电压比较器的电压传输特性。通常，在电压比较器的电压传输特性上，输出电压由某一个状态转换到另一种状态时相应的输入电压值称为阈值电压，或称为门限电压。显然，图 11.4.1(a) 所示基本电压比较器的门限电压就是 U_{REF}。如果令上述电路中的参考电压 U_{REF} 为零，则输入信号每次经过零时，输出电压就要产生翻转，这种比较器称为过零比较器。

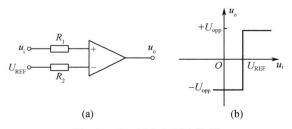

图 11.4.1 基本电压比较器

2. 滞回电压比较器

基本电压比较器的优点是电路简单,灵敏度高,但是抗干扰能力较差,当输入信号中伴有干扰(在门限电压值上下波动),电压比较器就会反复动作。为了克服这一缺点,实际工作中常使用滞回电压比较器。

从反相端输入的滞回电压比较器电路如图11.4.2(a)所示,滞回电压比较器中引入了正反馈。由集成运放输出端的限幅电路可以看出 $u_o = \pm U_Z$,集成运放反相输入端的电位为 u_i,同相输入端的电位为 $u_+ = \pm \dfrac{R_1}{R_1+R_2} U_Z$,令 $u_- = u_+$,可求出门限电压

$$U_{T1} = \frac{R_1}{R_1+R_2}(-U_Z) \tag{11-16}$$

$$U_{T2} = \frac{R_1}{R_1+R_2}(+U_Z) \tag{11-17}$$

当输入电压 u_i 小于 U_{T1} 时,则 $u_- < u_+$,所以 $u_o = +U_Z$,$u_+ = U_{T2}$。当输入电压 u_i 增加并达到 U_{T2} 后,若再继续增加,输出电压就会从 $+U_Z$ 向 $-U_Z$ 跃变,所以 $u_o = -U_Z$,$u_+ = U_{T1}$。当输入电压 u_i 减小并达到 U_{T1} 后,若再继续减小,输出电压就又会从 $-U_Z$ 向 $+U_Z$ 跃变,此时 $u_o = +U_Z$,$u_+ = U_{T2}$。该电路的传输特性如图11.4.2(b)所示。其中,U_{T1} 称为下门限电压,U_{T2} 称为上门限电压,两者之差所得门限宽度 $U_{T2} - U_{T1}$ 称为回差电压。

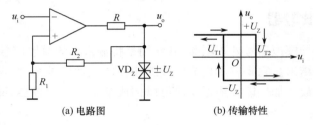

图 11.4.2 滞回电压比较器

若将电阻 R_1 的接地端接参考电压 U_{REF},如图11.4.3(a)所示。根据叠加定理,可得同相输入端电压

$$u_+ = \frac{R_2}{R_1+R_2} U_{REF} \pm \frac{R_1}{R_1+R_2} U_Z$$

令 $u_- = u_+$,求出的 u_i 就是门限电压,因此得出

$$U_{T1} = \frac{R_2}{R_1+R_2} U_{REF} - \frac{R_1}{R_1+R_2} U_Z \tag{11-18}$$

$$U_{T2} = \frac{R_2}{R_1+R_2} U_{REF} + \frac{R_1}{R_1+R_2} U_Z \tag{11-19}$$

该电路的传输特性如图11.4.3(b)所示。

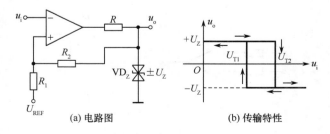

图 11.4.3 具有参考电压的滞回电压比较器

例 11-8 如图 11.4.4(a)所示电路,已知集成运放的最大输出电压 $U_{opp}=9V$,$u_i=8\sin\omega t\,V$,$U_{REF}=3V$,$R_2=1k\Omega$,$R_f=5k\Omega$。试求:(1)电路的上、下门限电压;(2)回差电压;(3)画出输入电压 u_i 和输出电压 u_o 的波形。

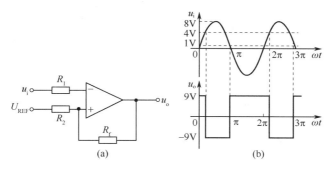

图 11.4.4 例 11-8 的电路图和波形

解:(1)当输出电压 $u_o=U_{opp}$ 时,上门限电压为

$$U_{T2}=\frac{R_f}{R_2+R_f}U_{REF}+\frac{R_2}{R_2+R_f}U_{opp}=\frac{5}{1+5}\times 3+\frac{1}{1+5}\times 9=4V$$

当输出电压 $u_o=-U_{opp}$ 时,下门限电压为

$$U_{T1}=\frac{R_f}{R_2+R_f}U_{REF}-\frac{R_2}{R_2+R_f}U_{opp}=\frac{5}{1+5}\times 3-\frac{1}{1+5}\times 9=1V$$

(2)回差电压 $\Delta U=U_{T2}-U_{T1}=4-1=3V$

(3)输入电压 u_i 和输出电压 u_o 的波形如图 11.4.4(b)所示。

11.4.2 方波发生器

方波发生器是能够直接产生方波信号的非正弦波发生器。由滞回电压比较器和 RC 积分电路组成的方波发生器如图 11.4.5(a)所示,图 11.4.5(b)为双向限幅的方波发生器。

在图 11.4.5(b)中,集成运放和 R_1、R_2 构成滞回电压比较器,双向稳压管用来限制输出电压的幅度,稳压值为 $\pm U_Z$。滞回电压比较器的输出电压由电容上的电压 u_C 和 u_o 在电阻 R_2 上的分压 u_{R2} 决定。当 $u_C>u_{R2}$ 时,$u_o=-U_Z$;当 $u_C<u_{R2}$ 时,$u_o=+U_Z$,其中 $u_{R2}=\frac{R_2}{R_1+R_2}u_o$。

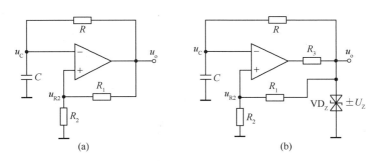

图 11.4.5 方波发生器

方波发生器的工作原理如图 11.4.6 所示。假设接通电源瞬间,$u_o=+U_Z$,$u_C=0$,那么有 $u_{R2}=\frac{R_2}{R_1+R_2}U_Z$,电容沿图 11.4.6(a)所示方向充电,$u_C$ 上升。当 $u_C=\frac{R_2}{R_1+R_2}U_Z=K_1$ 时,u_o

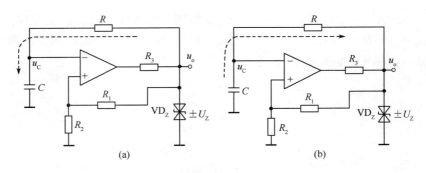

图 11.4.6 方波发生器工作原理图

变为 $-U_Z$，$u_{R2}=-\dfrac{R_2}{R_1+R_2}U_Z$，充电过程结束。接着，由于 u_o 由 $+U_Z$ 变为 $-U_Z$，电容开始放电，放电方向如图 11.4.6(b)所示，同时 u_C 下降。当下降到 $u_C=-\dfrac{R_2}{R_1+R_2}U_Z=K_2$ 时，u_o 由 $-U_Z$ 变为 $+U_Z$，重复上述过程。工作过程波形图如图 11.4.7 所示。

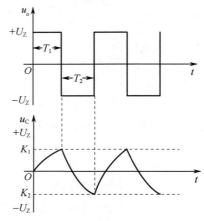

图 11.4.7 方波发生器工作波形图

综上所述，方波发生器电路利用正反馈，使集成运放的输出在两种状态之间反复翻转，RC 电路是它的定时元件，决定着方波在正、负半周的时间 T_1 和 T_2。由于该电路充放电时间常数相等，即

$$T_1=T_2=RC\ln\left(1+\dfrac{2R_2}{R_1}\right)$$

方波的周期为

$$T=T_1+T_2=2RC\ln\left(1+\dfrac{2R_2}{R_1}\right) \tag{11-20}$$

方波的频率为

$$f=\dfrac{1}{T}=\dfrac{1}{2RC\ln\left(1+\dfrac{2R_2}{R_1}\right)} \tag{11-21}$$

可见，改变电阻 R 或电容 C 及改变比值 R_2/R_1 的大小，均能改变振荡频率 f，而振荡幅度的调整则应通过选择限幅电路中稳压管的稳压值 U_Z 来达到。

11.5 正弦波振荡器

正弦波振荡器又称自激振荡器,它可以产生1Hz到几百MHz的正弦信号。多数的正弦波振荡器都是建立在放大反馈的基础上的,因此又称为反馈振荡器。要想产生等幅持续的振荡信号,振荡器必须满足保证从无到有地建立起振荡的起振条件,以及保证进入平衡状态、输出等幅信号的平衡条件。

11.5.1 自激振荡

放大电路在输入端无外接信号的前提下,利用反馈电压作为输入电压,使输出端仍有一定频率和一定幅值的信号输出,这种现象称为自激振荡。振荡器电路的组成框图如图 11.5.1 所示。

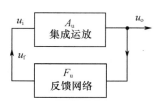

图 11.5.1 振荡器电路和组成框图

放大电路引入反馈后,在一定条件下可能产生自激振荡,失去放大作用,不能正常工作,因此必须消除这种振荡。但是在另一些情况下,要有意识地利用自激振荡现象,引入正反馈,以便产生各种高频和低频的正弦波信号。

1. 自激振荡的条件

当振荡器电路与电源接通时,电路中激起一个微小的扰动信号,这就是振荡器电路起振的信号源。它是一个非正弦信号,含有一系列频率不同的正弦分量。为了增大信号,振荡器电路中必须有放大和正反馈环节;同时,为了得到同一频率的正弦输出信号,电路中必须有选频环节;为了不让信号无限增长而逐渐趋于稳定,电路中还必须有稳幅环节。所以,放大电路、正反馈电路、选频电路、稳幅电路是正弦波振荡器电路必有的 4 个环节。

可见,产生自激振荡必须满足

$$|A_uF_u|=1, \varphi_A+\varphi_F=\pm 2n\pi \quad (n=0,1,2,\cdots) \tag{11-22}$$

振荡器电路要维持稳定地振荡,必须同时满足幅度条件和相位条件。正反馈是产生振荡的本质条件,当满足幅值条件,而不满足相位条件,则不能产生自激振荡;但是,如果仅满足相位条件,而 $|A_uF_u|\neq 1$,则振荡不能稳定维持下去。如果 $|A_uF_u|<1$,称为减幅振荡,电路的输出信号幅度会越来越小直至停振;如果 $|A_uF_u|>1$,则输出信号幅度会越来越大,称为增幅振荡。一般情况下,振荡器电路起振时必须使 $|A_uF_u|>1$。故起振条件应为

$$|A_uF_u|>1, \varphi_A+\varphi_F=\pm 2n\pi \quad (n=0,1,2,\cdots) \tag{11-23}$$

2. RC 选频网络

根据选频网络的不同,正弦波振荡器分为 RC 振荡器、LC 振荡器和石英晶体振荡器。RC 振荡器产生的频率在 10Hz~1MHz 的低频范围内;LC 振荡器则产生几千赫兹到几百兆赫兹较高的正弦波信号;而对于石英晶体振荡器,则广泛应用于频率较低且频率稳定的场合,如石英表、计算机时钟脉冲等。

如图 11.5.2 所示为 RC 串并联选频网络的电路结构图,其频率特性曲线如图 11.5.3 所示。可见,当频率 $\omega=\omega_0=\dfrac{1}{RC}\left(f_0=\dfrac{1}{2\pi RC}\right)$ 时,传递函数的幅值为最大值,即 $H(\omega_0)=\dfrac{1}{3}$,且输出电压与输入电压同相,即 $\varphi(\omega_0)=0°$。

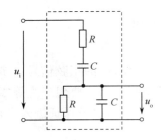

图 11.5.2 RC 串并联选频网络的电路结构图

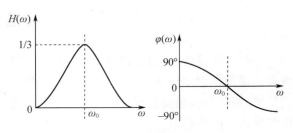

图 11.5.3 频率特性曲线

11.5.2 文氏电桥振荡器

文氏电桥振荡器电路如图 11.5.4 所示。为保证起振的相位条件,须引入正反馈。RC 串并联电路既是正反馈电路,又是选频电路。输出电压 u_o 经 RC 串并联电路分压后,得到反馈电压 u_f,加在集成运放的同相输入端,作为它的输入电压,故放大电路是同相比例运算电路。

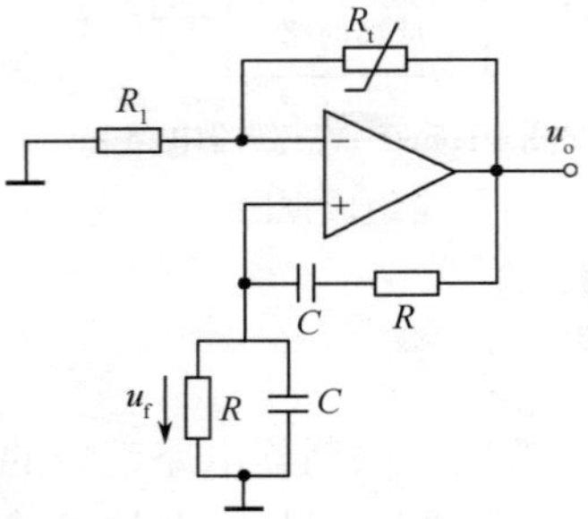

由 RC 选频网络的幅频特性可知:$\omega=\omega_0=\dfrac{1}{RC}$ 时,$F_u=\dfrac{1}{3}$,为满足起振条件,应有 $|A_uF_u|>1$,所以 $|A_u|>3$。同相放大器的 $A_u=1+\dfrac{R_t}{R_1}$,因此有 $R_t>2R_1$。

为稳定输出幅度,放大电路中用热敏电阻 R_t 和 R_1 构成具有稳幅作用的非线性环节,形成电压串联负反馈。R_t 是具有负温度特性的热敏电阻,加在它上面的电压越大,温度越高,它的

图 11.5.4 文氏电桥振荡器电路

阻值就越小。刚起振时,振荡电压的振幅很小,R_t 的温度低,阻值大,负反馈强度弱,集成运放的增益大,满足 $|A_u|>3$,保证振荡器能够起振。随着振幅的增大,R_t 上的电压增大,温度上升,阻值减小,负反馈强度加深,使集成运放的增益下降,保证了放大器在线性工作条件下实现稳幅。

可见,在满足深度负反馈时,振荡器的起振条件仅取决于负反馈支路中电阻的比值,而与集成运放的开环增益无关。因此,振荡器的性能稳定。

习 题

11-1 集成运放为什么有两个输入端?为什么称为同相输入端和反相输入端?

11-2 理想集成运放工作在线性区和非线性区各有何特点?

11-3 什么是正反馈和负反馈?如何判别电路是正反馈还是负反馈?

11-4 为了实现下列要求,在交流放大电路中应引入哪种类型的负反馈?

(1) 要求输出电压基本稳定,并能减小输入电阻;

(2) 要求输出电流基本稳定,并能提高输入电阻。

11-5 (1) 希望运算电路的函数关系是 $y=a_1x_1+a_2x_2+a_3x_3$(其中 a_1、a_2 和 a_3 是常数,且均为负值),应选用什么运算电路?

(2) 希望运算电路的函数关系是 $y=b_1x_1+b_2x_2-b_3x_3$(其中 b_1、b_2 和 b_3 是常数,且均为正

值），应选用什么运算电路？

11-6 电压比较器有几种？哪种抗干扰能力强？

11-7 试分析过零比较器的电压传输特性，当输入电压为正弦波时，试画出输出电压的波形。

11-8 正弦波振荡器由哪几部分电路组成？各起什么作用？

11-9 电路如题 11-9 图所示，输出端接有量程为 $5V, 500\mu A$ 的电压表。当电压表指示为 3V 时，被测电阻 R_X 的阻值是多少？

11-10 电路如题 11-10 图所示，已知 $R_1=10\text{k}\Omega$，$R_f=100\text{k}\Omega$。集成运放的最大输出电压为 $\pm 14V$，求当输入电压分别为 0.2V、0.8V 和 1.5V 时的输出电压 u_o，并求平衡电阻 R_2 的值。

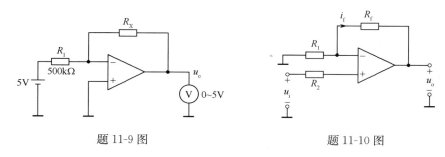

题 11-9 图　　　　　　　　　题 11-10 图

11-11 如题 11-11 图所示为集成运放构成的反相加法运算电路，求输出电压 u_o 的表达式。

11-12 同相输入加法运算电路如题 11-12 图所示，求输出电压 u_o 的表达式，并与反相加法运算电路进行比较，又当 $R_1=R_2=R_3=R_f$ 时，u_o 等于多少？

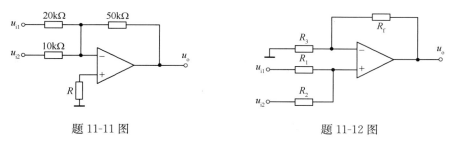

题 11-11 图　　　　　　　　　题 11-12 图

11-13 试按照下列运算关系式设计运算电路。

(1) $u_o=5u_i$　　(2) $u_o=3u_{i1}+2u_{i2}+u_{i3}$　　(3) $u_o=2u_{i1}-u_{i2}$

11-14 如题 11-14 图所示电路。(1) 试指出第一级和第二级运算电路的名称；(2) 求输出电压 U_{o1} 和 U_{o2}。

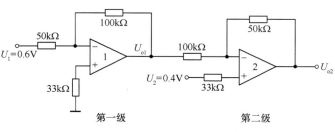

题 11-14 图

11-15 电路如题 11-15 图所示，写出输出电压 u_o 和 u_i 的表达式。

11-16 电路如题 11-16 图所示，求：(1) u_{o1}、u_{o2}、u_{o3} 及 u_o 的表达式；(2) 当 $R_1=R_2=R_3=R$ 时 u_o 的值。

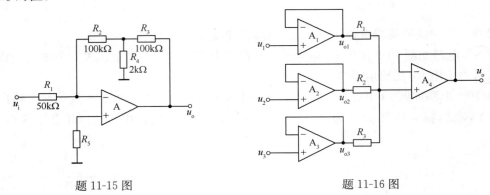

题 11-15 图　　　　　　　　题 11-16 图

11-17 电路如题 11-17 图所示。设集成运放是理想的，已知 $U_1=2V$，$U_2=1V$，求输出电压 U_{o1}、U_{o2} 和 U_{o3}。

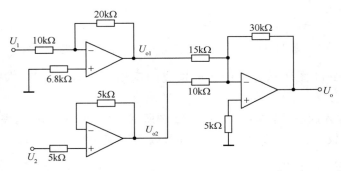

题 11-17 图

11-18 试画出如题 11-18 图所示电路的输出电压 u_o 波形。

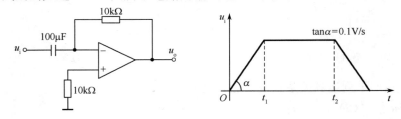

题 11-18 图

11-19 如题 11-19 图所示电路，集成运放的最大输出电压为 $\pm 12V$，稳压管的稳定电压 $U_Z=5V$，正向压降 $U_D=0.7V$，试画出电压传输特性。

11-20 如题 11-20 图所示电路，设集成运放的最大输出电压为 $\pm 12V$，稳压管的稳定电压为 $U_Z=\pm 6V$，输入电压 u_i 是幅值为 $\pm 3V$ 的对称三角波。试分别画出 U_{REF} 为 $+2V$、$0V$、$-2V$ 情况下的电压传输特性和输出电压 u_o 波形。

11-21 如题 11-21 图所示是监控报警装置。若需对某一参数（如温度、压力等）进行监控，可由传感器取得监控信号 u_i，U_{REF} 是参考电压。当超过正常值时，报警灯亮，试说明其工作原理，二极管 VD 和电阻 R_3 在此起何作用？

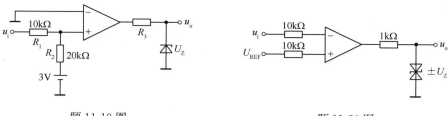

题 11-19 图　　　　　　　　　题 11-20 图

11-22　在如题 11-22 图所示 RC 正弦波振荡电路中，$R=1\text{k}\Omega$，$C=10\mu\text{F}$，$R_1=2\text{k}\Omega$，$R_2=0.5\text{k}\Omega$，试分析：(1) 为了满足自激振荡的相位条件，开关 S 应合向哪一端(合向某一端时，另一端接地)？(2) 为了满足自激振荡的幅度条件，R_f 应等于多少？(3) 为了满足自激振荡的起振条件，R_f 应等于多少？(4) 振荡频率是多少？

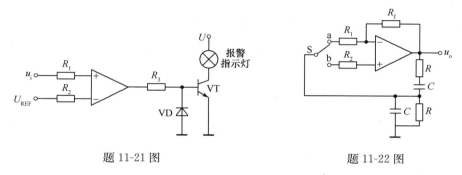

题 11-21 图　　　　　　　　　题 11-22 图

第 12 章　直流稳压电源

在电子电路及电子设备中,一般都需要由稳定的直流电源供电。本章所介绍的直流稳压电源为单相小功率电源,它将频率为 50Hz、有效值为 220V 的交流电压转换为幅值稳定、输出电流为几十安以下的直流电压。

12.1　直流稳压电源的组成

直流稳压电源由电源变压器、整流电路、滤波电路和稳压电路 4 部分组成,其方框图及各电路的输出电压波形如图 12.1.1 所示。

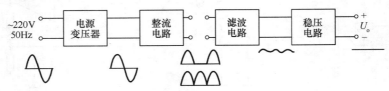

图 12.1.1　直流稳压电源的组成

直流电源的输入为 220V 的电网电压,一般情况下,所需直流电压的数值和电网电压的有效值相差较大,因而需要通过电源变压器降压后,再对交流电压进行处理。变压器副边电压的有效值决定于后面电路的需要。

变压器副边电压通过整流电路从交流电压转换为直流电压,即将正弦波电压转换为单一方向的脉动电压,半波整流和全波整流电路的输出波形如图 12.1.1 所示。可以看出,它们均含有较大的交流分量,会影响负载电路的正常工作。

为了减小电压的脉动,需通过低通滤波电路滤波,使输出电压平滑。理想情况下,应将交流分量全部滤掉,使滤波电路的输出电压仅为直流电压。然而,由于滤波电路为无源电路,所以接入负载后势必影响其滤波效果。对于稳定性要求不高的电子电路,整流、滤波后的直流电压可以作为供电电源。

交流电压通过整流、滤波后,虽然变为交流分量小的直流电压,但是当电网电压波动或者负载变化时,其平均值也将随之变化。稳压电路的功能是使输出直流电压基本不受电网电压波动和负载变化的影响,从而获得足够高的稳定性。

12.2　整 流 电 路

在分析整流电路时,为了突出重点,简化分析过程,一般均假定负载为纯电阻性;整流二极管是理想二极管,即导通时正向压降为零,截止时反向电流为零;变压器无损耗,内部压降为零等。

12.2.1 单相半波整流电路

整流电路的作用是将交流电压变成单方向脉动的直流电压,常用的整流元件是二极管,常用的整流电路有半波、全波和桥式整流电路3种。单相半波整流电路如图12.2.1所示。

1. 工作原理

当 u_2 处于正半周时,其极性为上正下负,即 A 点为正、B 点为负,此时二极管外加正向电压,处于导通状态,电流方向是从 A 点经过二极管 VD、负载电阻 R_L 回到 B 点。

当 u_2 处于负半周时,其极性为下正上负,即 B 点为正、A 点为负,此时二极管外加反向电压,处于截止状态,电流基本上为零。所以在负载电阻 R_L 两端得到的电压 u_o 的极性是单方向的。波形如图12.2.2所示。

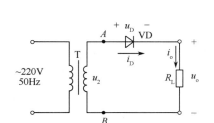

图 12.2.1 单相半波整流电路

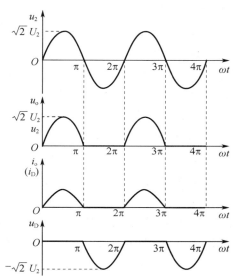

图 12.2.2 单相半波整流电路的波形图

2. 单相半波整流电路的主要参数

用于描述整流电路性能好坏的主要参数有:输出电压平均值、输出电流平均值、脉动系数和二极管承受的最大反向电压。

(1) 输出电压平均值

输出电压平均值是指输出电压在一个周期内的平均值,即

$$U_{o(AV)} = \frac{1}{2\pi}\int_0^\pi \sqrt{2}U_2\sin(\omega t)\mathrm{d}(\omega t) = \frac{\sqrt{2}U_2}{\pi} \approx 0.45U_2 \qquad (12\text{-}1)$$

(2) 输出电流平均值

输出电流平均值是指输出电流在一个周期内的平均值,即

$$I_{o(AV)} = \frac{U_{o(AV)}}{R_L} \approx \frac{0.45U_2}{R_L} \qquad (12\text{-}2)$$

(3) 脉动系数

脉动系数是用于衡量整流电路输出电压平滑程度的参数,其定义为整流输出电压的基波峰值与输出电压平均值之比,即

$$S = \frac{U_{\text{o1m}}}{U_{\text{o(AV)}}} = \frac{\frac{\sqrt{2}U_2}{2}}{\frac{\sqrt{2}U_2}{\pi}} \approx 1.57 \tag{12-3}$$

(4) 二极管承受的最大反向电压

$$U_{\text{DRM}} = \sqrt{2}U_2 \tag{12-4}$$

12.2.2 单相桥式整流电路

为了克服单相半波整流电路的缺点,在实用电路中多采用单相全波整流电路,最常用的是单相桥式整流电路。

1. 电路的组成

单相桥式整流电路由 4 只二极管组成,其组成原则就是保证在变压器副边电压 U_2 的整个周期内,负载上的电压和电流方向始终不变。为达到这一目的,就要在 U_2 的正、负半周内正确引导流向负载的电流。设变压器副边两端分别为 A 和 B,则 A 为"+"、B 为"−"时应有电流流出 A 点,A 为"−"、B 为"+"时应有电流流入 A 点;相反,A 为"+"、B 为"−"时应有电流流入 B 点,A 为"−"、B 为"+"时应有电流流出 B 点。因而,A 和 B 点均应分别接两只二极管的阳极和阴极,以引导电流,如图 12.2.3 所示。

2. 工作原理

设变压器副边电压 $u_2 = \sqrt{2}U_2 \sin\omega t$,$U_2$ 为其有效值。当 u_2 处于正半周时,A 点电位高于 B 点电位,这时二极管 VD_1、VD_3 正偏导通,VD_2、VD_4 反偏截止,电流从 A 点通过 VD_1、R_L、VD_3 到 B 点形成回路(图中实线箭头所示,)并在负载 R_L 两端产生一上正下负的直流电压等于变压器副边电压,即 $u_o = u_2$。当 u_2 处于负半周时,B 点电位高于 A 点电位,这时二极管 VD_1、VD_3 反偏截止,VD_2、VD_4 正偏导通,电流从 B 点通过 VD_2、R_L、VD_4 到 A 点形成回路,并在负载 R_L 两端产生上正下负的直流电压 $u_o = -u_2$。整流后的电压波形与全波整流波形完全相同。桥式整流电路在交流电的一个周期内,负载上始终有方向不变的直流电压,但每只二极管只工作半个周期,其工作波形如图 12.2.4 所示。

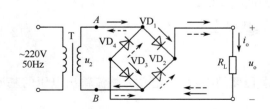

图 12.2.3 单相桥式整流电路

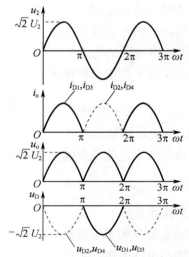

图 12.2.4 单相桥式整流电路的波形图

3. 桥式整流电路的主要参数

(1) 输出电压平均值

输出电压平均值是指输出电压在一个周期内的平均值,即

$$U_{o(AV)} = \frac{1}{\pi}\int_0^\pi \sqrt{2}U_2\sin(\omega t)\mathrm{d}(\omega t) = \frac{2\sqrt{2}U_2}{\pi} \approx 0.9U_2 \qquad (12\text{-}5)$$

由于桥式整流电路实现了全波整流,它将 u_2 的负半周期也利用起来,所以在变压器副边电压有效值相同的情况下,输出电压的平均值是半波整流电路的 2 倍。

(2) 输出电流平均值(即负载电阻中的电流平均值)

$$I_{o(AV)} = \frac{U_{o(AV)}}{R_L} \approx \frac{0.9U_2}{R_L} \qquad (12\text{-}6)$$

在变压器副边电压相同且负载也相同的情况下,输出电流的平均值也是半波整流电路的 2 倍。

(3) 脉动系数

$$S = \frac{U_{o1m}}{U_{o(AV)}} = \frac{2}{3} \approx 0.67 \qquad (12\text{-}7)$$

与半波整流电路相比,输出电压的脉动减小很多。

(4) 二极管的平均电流

在单相桥式整流电路中,因为每只二极管只在变压器副边电压的半个周期内通过电流,所以每只二极管的平均电流只有负载电阻上电流平均值的一半,即

$$I_{D(AV)} = \frac{I_{o(AV)}}{2} \approx \frac{0.45U_2}{R_L} \qquad (12\text{-}8)$$

(5) 二极管承受的最大反向电压

$$U_{DRM} = \sqrt{2}U_2 \qquad (12\text{-}9)$$

4. 整流二极管的选择

考虑到电网电压的波动范围为 $\pm 10\%$,在实际选用整流二极管时,应至少有 10% 的余量,因此选择最大整流电流 I_F 和最大反向电压 U_{DRM} 分别为

$$I_F > \frac{1.1 I_{o(AV)}}{2} = 1.1 \frac{\sqrt{2}U_2}{\pi R_L} \qquad (12\text{-}10)$$

$$U_{DRM} > 1.1\sqrt{2}U_2 \qquad (12\text{-}11)$$

单相桥式整流电路与半波整流电路相比,在相同的变压器副边电压下,对二极管的参数要求是一致的,并且还具有输出电压高、变压器利用率高、脉动小等优点,因此得到相当广泛的应用。

例 12-1 在图 12.2.3 所示单相桥式整流电路中,已知变压器副边电压有效值 $U_2 = 30\text{V}$,负载电阻 $R_L = 100\Omega$。试问:

(1) 输出电压和输出电流平均值各为多少?

(2) 当电网电压波动范围为 $\pm 10\%$,二极管最大整流电流 I_F 和最大反向电压 U_{DRM} 分别至少应选取多少?

解:(1) 输出电压平均值 $U_{o(AV)} \approx 0.9U_2 = 0.9 \times 30 = 27\text{V}$

输出电流平均值 $I_{o(AV)} = \dfrac{U_{o(AV)}}{R_L} \approx \dfrac{0.9U_2}{R_L} = \dfrac{27}{100} = 0.27\text{A}$

(2) 二极管最大整流电流 I_F 和最大反向电压 U_{DRM}

$$I_F > \frac{1.1 I_{o(AV)}}{2} = 1.1 \frac{\sqrt{2} U_2}{\pi R_L} \approx \frac{1.1 \times 0.27}{2} \approx 0.149 \text{A}$$

$$U_{DRM} > 1.1 \sqrt{2} U_2 = 1.1 \sqrt{2} \times 30 \approx 46.7 \text{V}$$

12.2.3 单相半波可控整流电路

1. 电路组成

单相半波可控整流电路如图 12.2.5(a)所示。它与单相半波整流电路相比较,所不同的只是用晶闸管代替了整流二极管。

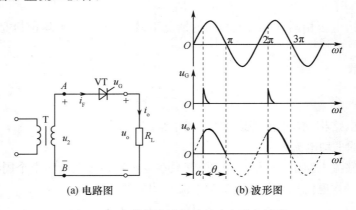

(a) 电路图　　　　(b) 波形图

图 12.2.5　单相半波可控整流电路与波形

2. 工作原理

接上电源,在电压 u_2 正半周开始时,如电路中 A 点为正、B 点为负,对应在图 12.2.5(b) 的 α 角范围内。此时晶闸管 VT 两端具有正向电压,但是由于晶闸管的控制极上没有触发电压 u_G,因此晶闸管不能导通。

经过 α 角度后,在晶闸管的控制极上加上触发电压 u_G,如图 12.2.5(b)所示。晶闸管 VT 被触发导通,负载电阻中开始有电流通过,在负载两端出现电压 u_o,见图 12.2.5(b)。在 VT 导通期间,晶闸管压降近似为零。

α 角称为控制角(又称移相角),是晶闸管阳极从开始承受正向电压起到加触发电压 u_G 使其导通为止的这一期间所对应的角度。改变 α 角度,就能调节输出平均电压的大小。α 角的变化范围称为移相范围,通常要求移相范围越大越好。

经过 π 以后,u_2 进入负半周,此时电路 A 点为负、B 点为正,晶闸管 VT 两端承受反向电压而截止,所以 $i_o = 0$,$u_o = 0$。

在第二个周期出现时,重复以上过程。晶闸管导通的角度称为导通角,用 θ 表示。由图 12.2.5(b)可知,$\theta = \pi - \alpha$。

3. 输出平均电压

当变压器副边电压为 $u_2 = \sqrt{2} U_2 \sin \omega t$ 时,负载电阻 R_L 上的直流平均电压可以用控制角 α 表示,即

$$U_o = \frac{1}{2\pi} \int_\alpha^\pi \sqrt{2} U_2 \sin(\omega t) \mathrm{d}(\omega t) = \frac{\sqrt{2}}{2\pi} U_2 (1 + \cos \alpha)$$

$$= 0.45U_2 \cdot \frac{1+\cos\alpha}{2} \tag{12-12}$$

从式(12-12)可以看出,当 $\alpha=0(\theta=\pi)$ 时,晶闸管在正半周全导通,$U_o=0.45U_2$,输出电压最高,相当于二极管单相半波整流电压。若 $\alpha=\pi$,$U_o=0$,这时 $\theta=0$,晶闸管全关断。

根据欧姆定律,通过负载电阻 R_L 的直流平均电流为

$$I_o = \frac{U_o}{R_L} = 0.45 \frac{U_2}{R_L} \cdot \frac{1+\cos\alpha}{2} \tag{12-13}$$

此电流即为通过晶闸管的平均电流。

晶闸管虽然具有体积小、效率高、动作迅速、操作方便等优点,但其过载能力差,短时间的过电压或过电流都可能将其损坏,所以在各种晶闸管装置中串入快速熔断器,起过电流保护作用。对晶闸管过电压的保护措施主要是阻容保护。

例 12-2 在单相半波可控整流电路中,负载电阻为 8Ω,交流电压有效值 $U_2=220$V,控制角 α 的调节范围为 $60°\sim180°$,求:

(1) 直流输出电压的调节范围。
(2) 晶闸管的正向平均电流。
(3) 晶闸管两端出现的峰值电压。

解: (1) 控制角为 60°时,由式(12-12)得出直流输出电压最大值为

$$U_o = 0.45U_2 \cdot \frac{1+\cos\alpha}{2} = 0.45 \times 220 \times \frac{1+\cos 60°}{2} = 74.25\text{V}$$

控制角为 180°时,直流输出电压为零。

所以控制角 α 在 $60°\sim180°$ 范围变化时,对应的直流输出电压在 $74.25\sim0$V 之间调节。

(2) 晶闸管的正向平均电流与负载电阻的直流平均电流相等,由式(12-13)得

$$I_F = I_o = \frac{U_o}{R_L} = \frac{74.25}{8} = 9.28\text{A}$$

(3) 晶闸管两端出现的峰值电压为变压器副边电压的最大值,即

$$U_{FRM} = U_{RRM} = \sqrt{2}U_2 = \sqrt{2} \times 220 = 311\text{V}$$

再考虑到安全系数 $2\sim3$ 倍,所以选择额定电压为 600V 以上的晶闸管。

12.2.4 单相桥式半控整流电路

1. 电路组成

单相桥式半控整流电路如图 12.2.6(a)所示。其主电路与单相桥式整流电路相比,其中两个桥臂中的二极管被晶闸管 VT_1、VT_2 所取代。

2. 工作原理

接上交流电源后,在变压器副边电压 u_2 正半周时(A 点为正、B 点为负),VT_1、VD_1 处于正向电压作用下,当 $\omega t=\alpha$ 时,控制极引入的触发脉冲 u_G 使 VT_1 导通,电流的通路为: $A\to VT_1\to R_L\to VD_1\to B$,这时 VT_2 和 VD_2 均承受反向电压而阻断。在电源电压 u_2 过零时,VT_1 阻断,电流为零。同理在 u_2 的负半周(A 点为负、B 点为正),VT_2、VD_2 处于正向电压作用下,当 $\omega t=\pi+\alpha$ 时,控制极引入的触发脉冲 u_G 使 VT_2 导通,电流的通路为:$B\to VT_2\to R_L\to VD_2\to A$,这时 VT_1、VD_1 承受反向电压而阻断。当 u_2 由负值过零时,VT_2 阻断。可见,无论 u_2 在正半周或负半周内,流过负载 R_L 的电流方向是相同的,其负载两端的电压波形如图 12.2.6(b)所示。

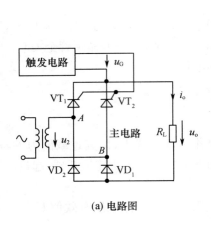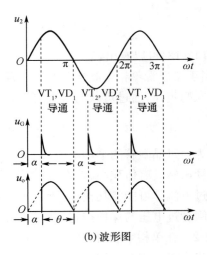

(a) 电路图　　　　　　　　　　(b) 波形图

图 12.2.6　单相桥式半控整流电路与波形

由图 12.2.6(b)可知，输出电压平均值比单相半波可控整流电路大一倍，即

$$U_o = 0.9U_2 \cdot \frac{1+\cos\alpha}{2} \tag{12-14}$$

从式(12-14)可以看出，当 $\alpha=0(\theta=\pi)$ 时，晶闸管在半周内全导通，$U_o=0.9U_2$，输出电压最高，相当于不可控二极管单相桥式整流电压。若 $\alpha=\pi$，$U_o=0$，这时 $\theta=0$，晶闸管全关断。

根据欧姆定律，通过负载电阻 R_L 的直流平均电流为

$$I_o = \frac{U_o}{R_L} = 0.9 \frac{U_2}{R_L} \cdot \frac{1+\cos\alpha}{2} \tag{12-15}$$

流经晶闸管和二极管的平均电流为

$$I_T = I_D = \frac{1}{2} I_o \tag{12-16}$$

晶闸管和二极管承受的最大反向电压均为 $\sqrt{2}U_2$。

综上所述，可控整流电路是通过改变控制角的大小实现调节输出电压大小的目的，因此，也称为相控整流电路。

12.3　滤波电路

整流电路的输出电压虽然是单一方向的，但是含有较大的交流成分，不能适应大多数电子电路及电子设备的需要。因此，一般在整流后，还需利用滤波电路将脉动的直流电压变为平滑的直流电压。

12.3.1　电容滤波电路

电容滤波电路是最常见也是最简单的滤波电路，在整流电路的输出端(即负载电阻两端)并联一个电容即构成电容滤波电路，如图 12.3.1 所示。滤波电容容量较大，因而一般采用电解电容，在接线时要注意电解电容的正、负极。电容滤波电路利用电容的充放电作用，使输出电压趋于平滑。

1. 工作原理

当变压器副边电压 u_2 处于正半周并且数值大于电容两端电压 u_C 时，二极管 VD_1、VD_3 导

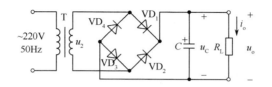

图 12.3.1 单相桥式整流滤波电路

通,电流一路流经负载电阻 R_L,另一路对电容 C 充电。在理想情况下,变压器副边无损耗,二极管导通电压为零,所以电容两端电压 $u_C(u_o)$ 与 u_2 相等,见图 12.3.2 中曲线的 ab 段。当 u_2 上升到峰值后开始下降,电容通过负载电阻 R_L 放电,其电压 u_C 也开始下降,趋势与 u_2 基本相同,见图 12.3.2 中曲线的 bc 段。但是由于电容按指数规律放电,所以 u_2 下降到一定数值后,u_C 的下降速度小于 u_2 的下降速度,使 u_C 大于 u_2 从而导致 VD_1、VD_3 反偏而变为截止。此后,电容 C 继续通过 R_L 放电,u_C 按指数规律缓慢下降,见图 12.3.2 中曲线的 cd 段。

当 u_2 的负半周幅值变化到恰好大于 u_C 时,VD_2、VD_4 因加正向电压变为导通状态,u_2 再次对 C 充电,u_C 上升到 u_2 的峰值后又开始下降;下降到一定数值时,VD_2、VD_4 变为截止,C 对 R_L 放电,u_C 按指数规律缓慢下降;放电到一定数值时,VD_1、VD_3 变为导通,重复上述过程。

从图 12.3.2 所示波形可以看出,经滤波后的输出电压不仅变得平滑,而且平均值也得到提高。若考虑变压器内阻和二极管的导通内阻,则 u_o 的波形如图 12.3.3 所示,阴影部分为整流电路内阻上的压降。

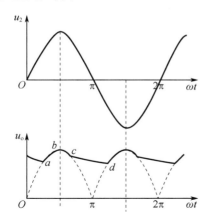

图 12.3.2 单相桥式整流滤波电路理想情况下的波形　　图 12.3.3 考虑整流电路内阻时的波形

2. 滤波电容的选择和输出直流电压的估算

电容滤波电路中,电容放电的时间常数 $\tau = R_L C$ 越大,放电过程越慢,则输出直流电压越高,同时脉动成分也越小。当 $R_L C = \infty$ 时,输出直流电压平均值 $U_{o(AV)} = \sqrt{2} U_2$,脉动系数 $S = 0$。

在实际工作中,为了得到比较好的滤波效果,常常根据下式来选择滤波电容的容量

$$R_L C \geqslant (3 \sim 5) \frac{T}{2} \tag{12-17}$$

式中,T 为电网交流电压的周期。由于电容值比较大,一般为几十至几千微法,通常可选用电解电容器。电容器的耐压应大于 $\sqrt{2} U_2$。连接时注意电容的极性不要接反。

当滤波电容的电容值满足式(12-17)时，可认为输出直流电压平均值近似为
$$U_{o(AV)} \approx 1.2 U_2 \tag{12-18}$$

总之，电容滤波电路简单易行，输出电压平均值高，适用于负载电流较小且其变化也较小的场合。

例 12-3 在单相桥式整流电容滤波电路中，已知交流电源的频率 $f=50\text{Hz}$，要求输出直流电压为 30V，输出电流为 0.3A。试求：

(1) 变压器副边电压有效值。
(2) 选择整流二极管。
(3) 选择滤波电容。

解：(1) 变压器副边电压有效值为
$$U_2 = \frac{U_{o(AV)}}{1.2} = \frac{30}{1.2} = 25\text{V}$$

(2) 流过二极管电流的平均值为
$$I_{D(AV)} = \frac{1}{2} I_{o(AV)} = \frac{0.3}{2} = 0.15\text{A}$$

二极管承受的最大反向电压为
$$U_{DRM} = \sqrt{2} U_2 = \sqrt{2} \times 25 \approx 35.4\text{V}$$

(3) 选择滤波电容
$$R_L = \frac{U_{o(AV)}}{I_{o(AV)}} = \frac{30}{0.3} = 100\Omega$$

$$T = \frac{1}{f} = \frac{1}{50} = 0.02\text{s}$$

因为 $R_L C \geq (3 \sim 5)\dfrac{T}{2}$ 时，$U_{o(AV)} \approx 1.2 U_2$，所以取

$$R_L C = 5 \times \frac{T}{2} = 5 \times 0.01 = 0.05\text{s}$$

$$C = \frac{0.05}{100} = 500\mu\text{F}$$

滤波电容所承受的最高电压为
$$\sqrt{2} U_2 = \sqrt{2} \times 30 = 35.5\text{V}$$

因此可选择 $500\mu\text{F}/50\text{V}$ 的电解电容器。

12.3.2 其他形式的滤波电路

1. 电感滤波电路

在大电流负载情况下，由于负载电阻 R_L 很小，若采用电容滤波电路，则电容容量势必很大，而且整流二极管的冲击电流也很大，这就使得整流二极管和电容器的选择变得很困难，甚至不大可能，在此情况下应当采用电感滤波。在整流电路与负载电阻之间串联一个电感线圈 L，就构成电感滤波电路，如图 12.3.4 所示。由于电感线圈的电感量要足够大，所以一般需要采用有铁心的线圈。

电感滤波是利用电感的直流电阻小、交流电阻大（即隔交通直）的特性进行滤波的。工作原理如下：当整流电路输出脉动直流电压时，负载电流将随着增加或减少。当负载电流增加

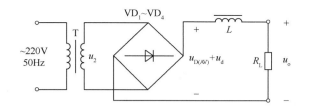

图 12.3.4 单相桥式整流电感滤波电路

时,电感线圈中将产生与电流方向相反的感应电动势,阻止电流的增加;而当负载电流减少时,电感线圈中将产生与电流方向相同的感应电动势,使得负载电流的脉动程度减少了,在负载上也就可以得到一个较平滑的直流输出电压。电感量越大,滤波效果越好。

2. 复式滤波电路

复式滤波电路是由电感和电容或电阻和电容组合起来的滤波电路,工作原理与电容滤波电路和电感滤波电路相同,只不过是经过两次以上的滤波,使得输出波形更加平滑,负载上得到近乎于干电池电源电压的效果。如图 12.3.5(a)所示为 LC 滤波电路,图(b)、(c)为两种 π 型滤波电路。

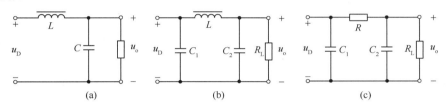

图 12.3.5 复式滤波电路

12.4 稳 压 电 路

虽然整流滤波电路能将正弦交流电压变换成较为平滑的直流电压,但是,由于输出电压平均值取决于变压器副边电压有效值,所以当电网电压波动时,输出电压平均值将随之产生相应的波动。为了获得稳定性好的直流电压,需要在整流滤波电路的后面再加上稳压电路。本节将对并联型、串联型稳压电路的组成、工作原理和电路参数的选择一一加以介绍。

12.4.1 并联型稳压电路

1. 电路组成

由稳压管 VD_Z 和限流电阻 R 所组成的电路是一种最简单的稳压电路,如图 12.4.1 虚线框内所示。其输入电压 U_i 是整流滤波后的电压,输出电压 U_o 就是稳压管的稳定电压 U_Z,R_L 是负载电阻。

从稳压管稳压电路可得两个基本关系

$$U_i = U_R + U_o \tag{12-19}$$

$$I_R = I_{DZ} + I_L \tag{12-20}$$

从图 12.4.2 所示稳压管的伏安特性中可以看出,在稳压管稳压电路中,只要能使稳压管始终工作在稳压区,即保证稳压管的电流 $I_Z \leqslant I_{DZ} \leqslant I_{Zmax}$,输出电压 U_o 就基本稳定。

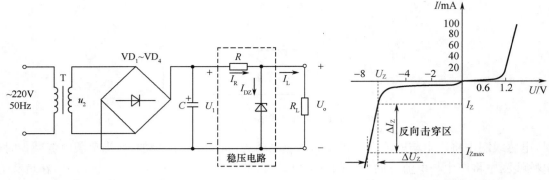

图 12.4.1 稳压管组成的稳压电路　　　　图 12.4.2 稳压管的伏安特性

2. 稳压原理

当交流电源电压增加而使输入电压 U_i 增加时,负载电压 U_o 也将增加,即稳压管两端的电压 U_Z 增加,由于 U_Z 稍有增加,通过稳压管的电流 I_{DZ} 就会急剧增加,根据式(12-20),I_R 必然随着 I_{DZ} 急剧增加,因此电阻 R 上的压降急剧增大;根据式(12-19),电阻 R 上的压降增大必将使负载电压 U_o 减小。因此,只要参数选择合适,R 上的电压增量就可以与 U_i 的增量近似相等,从而使负载电压 U_o($U_o = U_i - U_R$)基本不变。

反之,当电源电压降低时,通过稳压管的电流 I_{DZ} 减小,电阻 R 上的压降减小,使负载电压 U_o 基本不变。

当电源电压不变而负载电流 I_L 增大时,由式(12-20)知 I_R 随着 I_L 增加,电阻 R 上的压降增大,负载电压 U_o 随之降低。但是,只要 U_o 稍有下降,稳压管电流就会显著减小,使通过电阻 R 的电流和电阻 R 上的压降基本不变,负载电压 U_o 也基本不变。当负载电流减小时,稳压过程与此相反。

3. 电路参数的选择

设计一个稳压管稳压电路,就是合理地选择电路元件的有关参数。在选择元件时,应首先知道负载要求的输出电压 U_o、负载电流 I_L 的最小值 I_{Lmin} 和最大值 I_{Lmax}、输入电压 U_i 的波动范围(±10%)。

(1) 稳压电路输入电压 U_i 的选择

根据经验,一般选取

$$U_i = (2 \sim 3) U_o \tag{12-21}$$

U_i 确定后,就可以根据此值选择整流滤波电路的元件参数。

(2) 稳压管的选择

在稳压管稳压电路中,$U_o = U_Z$;当负载电流 I_L 变化时,稳压管的电流将产生一个与之相反的变化,即 $\Delta I_{DZ} \approx -\Delta I_L$,所以稳压管工作在稳压区所允许的电流变化范围应大于负载电流的变化范围,即 $I_{Zmax} - I_{Zmin} > I_{Lmax} - I_{Lmin}$。选择稳压管时,应满足

$$\begin{cases} U_Z = U_o \\ I_{Zmax} - I_{Zmin} > I_{Lmax} - I_{Lmin} \end{cases} \tag{12-22}$$

(3) 限流电阻 R 的选择

R 的选择必须满足两个条件:一是流过稳压管的最小电流 I_{DZmin} 应大于稳压管的最小稳压电流 I_{Zmin}(即手册中的 I_Z);二是流过稳压管的最大电流 I_{DZmax} 应小于稳压管的最大稳压电流 I_{Zmax}(即手册中的 I_{ZM})。即

$$I_{Z\min} \leqslant I_{DZ} \leqslant I_{Z\max} \tag{12-23}$$

从图 12.3.1 所示电路可以看出

$$I_R = \frac{U_i - U_Z}{R} \tag{12-24}$$

$$I_{DZ} = I_R - I_L \tag{12-25}$$

当电网电压最低（即 U_i 最低）且负载电流最大时，流过稳压管的电流最小，根据上式可写成表达式

$$I_{DZ\min} = I_{R\min} - I_{L\max} = \frac{U_{i\min} - U_Z}{R} - I_{L\max} \geqslant I_Z \tag{12-26}$$

由此得出限流电阻的上限值为

$$R_{\max} = \frac{U_{i\min} - U_Z}{I_Z + I_{L\max}} \tag{12-27}$$

式中，$I_{L\max} = \dfrac{U_Z}{R_{L\min}}$。

当电网电压最高（即 U_i 最高）且负载电流最小时，流过稳压管的电流最大，根据式(12-25)可写成表达式

$$I_{DZ\max} = I_{R\max} - I_{L\min} = \frac{U_{i\max} - U_Z}{R} - I_{L\min} \leqslant I_{ZM} \tag{12-28}$$

由此得出限流电阻的下限值为

$$R_{\min} = \frac{U_{i\max} - U_Z}{I_{ZM} + I_{L\min}} \tag{12-29}$$

式中，$I_{L\min} = \dfrac{U_Z}{R_{L\max}}$。

R 的阻值一旦确定，根据它的电流即可算出其功率。

例 12-4 在如图 12.4.1 所示电路中，已知 $U_i = 12V$，电网电压允许波动范围为 $\pm 10\%$；稳压管的稳定电压 $U_Z = 5V$，最小稳定电流 $I_{Z\min} = 5\text{mA}$，最大稳定电流 $I_{Z\max} = 30\text{mA}$，负载电阻 R_L 为 $250 \sim 350\Omega$。试求解：

（1）R 的阻值范围。

（2）若限流电阻短路，将产生什么现象？

解：（1）首先求出负载电流的变化范围

$$I_{L\max} = \frac{U_Z}{R_{L\min}} = \frac{5}{250} = 0.02\text{A}$$

$$I_{L\min} = \frac{U_Z}{R_{L\max}} = \frac{5}{350} = 0.0143\text{A}$$

再求出 R 的最大值和最小值

$$R_{\max} = \frac{U_{i\min} - U_Z}{I_Z + I_{L\max}} = \frac{0.9 \times 12 - 5}{0.005 + 0.02} = 232\Omega$$

$$R_{\min} = \frac{U_{i\max} - U_Z}{I_{ZM} + I_{L\min}} = \frac{1.1 \times 12 - 5}{0.03 + 0.0143} \approx 185\Omega$$

所以，R 的取值范围为 $185 \sim 232\Omega$。

(2) 若限流电阻短路,则 U_i 全部加在稳压管上,使之因电流过大而烧坏。

稳压管稳压电路的优点是电路简单,所用元件数量少;但是,因为受稳压管自身参数的限制,其输出电流较小,输出电压不可调节,因此只适用于负载电流较小、负载电压不变的场合。

12.4.2 串联型稳压电路

为了克服稳压管稳压电路输出电压不易调节及不能适应输出电压波动大和负载电流波动大的缺点,通常可采用串联型稳压电路。串联型稳压电路克服了并联型稳压电源输出电流小、输出电压不能调节的缺点,因而在电子设备中得到了广泛的应用。同时这种稳压电路也是集成稳压电路的基本组成部分。

1. 电路组成

串联型稳压电路的原理图如图 12.4.3 所示,电路包括 4 个组成部分:采样电阻、放大电路、基准电压和调整管。采样电阻由 R_1、R_2 和 R_3 组成,当输出电压发生变化时,采样电阻对变化量进行采样,并传送到放大电路的反相输入端。放大电路的作用是将采样电阻送来的变化量进行放大,然后传送到调整管 VT 的基极。基准电压由稳压管 VD_Z 提供,接在放大电路的同相输入端。采样电压与基准电压进行比较,得到的差值再由放大电路进行放大。调整管 VT 接在输入直流电压 U_i 与输出负载 R_L 之间,当输出电压 U_o 发生波动时,调整管的集电极电压产生相应的变化,使输出电压基本保持稳定。

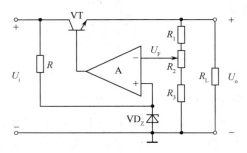

图 12.4.3 串联型稳压电路的原理图

2. 稳压原理

由于某种原因(如电网电压波动或负载电阻的变化等)使输出电压 U_o 升高或 I_L 减小时而导致输出电压 U_o 增大,则通过采样以后反馈到放大电路反相输入端的电压 U_F 也按比例地增大,但同相输入端的电压 U_Z 保持不变,故放大电路的差模输入电压 $U_{id}=U_Z-U_F$ 将减小,则调整管的集电极电流 I_C 随之减小,同时集电极电压 U_{CE} 增大,最后使输出电压 U_o 保持基本不变。

可见,串联型稳压电路稳压的过程,实质上是通过电压负反馈使输出电压保持基本稳定的过程。

3. 输出电压的可调范围

在理想集成运放条件下,可以认为其两个输入端"虚短",即 $U_+=U_-$,在本电路中,$U_+=U_Z$,$U_-=U_F$,故 $U_Z=U_F$。当电位器 R_2 的滑动端在最上端时,输出电压最小,为

$$U_{omin}=\frac{R_1+R_2+R_3}{R_2+R_3}U_Z \tag{12-30}$$

当电位器 R_2 的滑动端在最下端时,输出电压最大,为

$$U_{omax} = \frac{R_1 + R_2 + R_3}{R_3} U_Z \tag{12-31}$$

若 $R_1 = R_2 = R_3 = 300\Omega$,$U_Z = 6V$,则输出电压 $9V \leqslant U_o \leqslant 18V$。

12.4.3 线性集成稳压电源

分立元件组装的线性直流稳压电源的体积大,成本高,功能单一,使用不方便。随着集成技术的不断发展,已将直流线性稳压电源中的电源调整管、比较放大电路、基准电压电路、取样电路和过压保护电路等集成在一块芯片上,制成稳压器。

目前国内外生产的线性集成稳压器多达数千种,产品主要包括两类:固定输出式和可调输出式。在线性集成稳压器中,最常用的是三端集成稳压器。三端集成稳压器有 3 个引脚:输入端、输出端和公共端。

1. 三端固定输出式稳压器

三端固定输出式稳压器有 W7800 和 W7900 两个系列。W7800 系列集成稳压器的外形和符号如图 12.4.4 所示。W7800 系列集成稳压器能够输出正电压,分别可输出 5V、6V、9V、12V、15V、18V、24V 这 7 种电压,型号后面的两位数字表示输出电压的数值。

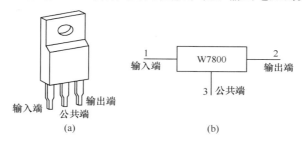

图 12.4.4 W7800 系列集成稳压器的外形和符号

三端固定输出式稳压器的输出电流分为 1.5A、0.5A 和 0.1A 三挡,按照输出电流的不同,又可分为 W7800、W78M00、W78L00 这 3 个系列。W7800 系列的输出电流为 1.5A,W78M00 系列的输出电流为 0.5A,W78L00 系列的输出电流为 0.1A。如 W7805 型号的三端固定输出式稳压器的输出电压为 +5V,输出电流为 1.5A。

2. W7800 的应用

(1) 基本应用电路

W7800 的基本应用电路如图 12.4.5 所示,输出电压和最大输出电流取决于所选的三端集成稳压器。图中电容 C_i 用于抵消输入线较长时的电感效应,以防止电路产生自激振荡,其容量较小,一般小于 $1\mu F$。电容 C_o 用于消除输出电压中的高频噪声,可取小于 $1\mu F$ 的电容,也可以取几微法甚至几十微法的电容,以便输出较大的脉冲电流。

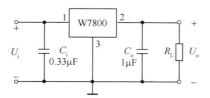

图 12.4.5 W7800 的基本应用电路

习 题

12-1 在题 12-1 图所示整流电路中,已知电网电压波动范围是 ±10%,变压器副边电压有效值 $U_2 = 30V$,负载电阻 $R_L = 100\Omega$,试问:

(1) 负载电阻 R_L 上的电压平均值和电流平均值各为多少?

(2) 二极管承受的最大反向电压和流过的最大电流平均值各为多少?

(3) 若不小心将输出端短路,则会出现什么现象?

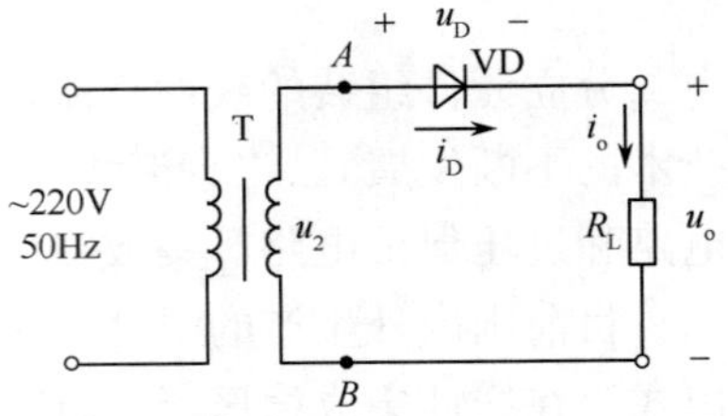

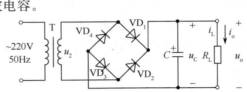

题 12-1 图

12-2 在如题 12-2 图所示电路中,已知电网电压的波动范围为 ±10%,$U_{o(AV)} \approx 1.2 U_2$。要求输出电压平均值 $U_{o(AV)} = 15V$,负载电流平均值 $I_{L(AV)} = 100mA$,试选择适合的滤波电容。

题 12-2 图

12-3 在如题 12-3 图所示的桥式整流、电容滤波电路中,$U_2 = 20V$(有效值),$R_L = 40\Omega$,$C = 1000\mu F$。试问:

(1) 正常时 $U_{o(AV)} \approx$?

(2) 如果电路中有一个二极管开路,$U_{o(AV)}$ 值是否为正常的一半?

(3) 如果测得 $U_{o(AV)}$ 为下列数值,可能出了什么故障?

(a) $U_{o(AV)} = 18V$ (b) $U_{o(AV)} = 28V$ (c) $U_{o(AV)} = 9V$

12-4 如题 12-4 图所示稳压电路中,已知稳压管的稳定电压 U_Z 为 6V,最小稳定电流 I_{Zmin} 为 5mA,最大稳定电流 I_{Zmax} 为 40mA;输入电压 U_i 为 15V,波动范围为 ±10%;限流电阻 R 为 200Ω。

(1) 电路是否能空载? 为什么?

(2) 作为稳压电路的指标,负载电流 I_L 的范围为多少?

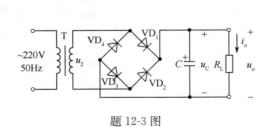

题 12-3 图

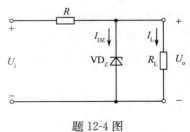

题 12-4 图

12-5 在如题 12-5 图所示的串联型稳压电路中,假设输入电压 U_i 一定,负载电阻 R_L 减小,使得输出电压 U_o 减小,试分析该稳压电路的稳压原理。

12-6 串联型稳压电路如题 12-6 图所示。已知 $R_1 = 1k\Omega$,$R_2 = 2k\Omega$,$R_3 = 1k\Omega$,R_L

100Ω，$U_Z=6V$，$U_i=15V$，试求输出电压的可调范围以及输出电压为最小时调整管 VT 所承受的功耗。

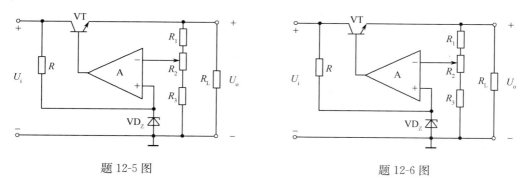

题 12-5 图　　　　　　　　　　　　题 12-6 图

12-7　试分析如题 12-7 图所示桥式整流电路中负载电压 u_o 的波形。若二极管 VD_2 断开，u_o 的波形如何？如果 VD_2 接反，结果如何？如果 VD_2 被短路，结果又如何？

12-8　已知电路如题 12-8 图所示，U_1 是 220V、频率 50Hz 的交流电源，要求输出直流电压 $U_o=30V$，负载直流电流 $I_o=50mA$。试求电源变压器副边电压 u_2 的有效值 U_2，并选择整流二极管及滤波电容。

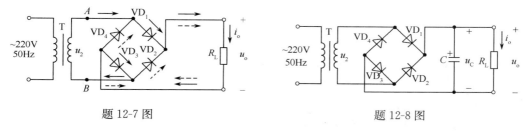

题 12-7 图　　　　　　　　　　　　题 12-8 图

第 13 章 实 验

13.1 常用电工电子仪器

1. 实验目的

(1) 熟练掌握示波器和波形发生器的使用。
(2) 熟练掌握交流毫伏表的使用。
(3) 学习使用万用表及实验箱。

2. 示波器

示波器是一种综合性的电信号测量仪器,它不仅能显示电信号的波形,而且还可以测量电信号的幅度、周期、频率、相位等。示波器的种类很多,实验室中常用双踪数字示波器。WON EDS072E 双踪数字示波器的面板及功能如图 13.1.1 所示。

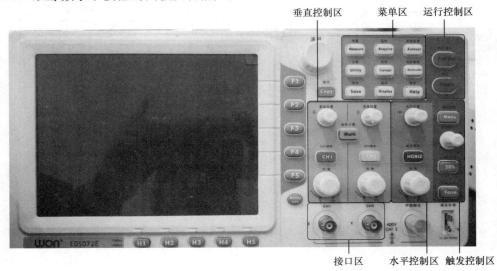

图 13.1.1 WON EDS072E 双踪数字示波器的面板及功能

从图 13.1.1 可以看出,双踪数字示波器的面板分为左、右两大部分,左边是显示屏,右边是接口和操作控制区。显示屏的下侧及右侧均有 5 个按钮,为菜单选择按钮(下侧自左向右定义为 H1～H5,右侧自上而下定义为 F1～F5)。双踪数字示波器的主要功能键见表 13-1。

表 13-1 双踪数字示波器的主要功能键

	中文名	英文名	功　　能
菜单区	测量	Measure	控制双踪数字示波器与电压相关的 20 种参数的自动测量
	采样	Acquire	控制双踪数字示波器采样方式的设置
	功能	Utility	控制双踪数字示波器接口、声音、频率、语言、通过测试、波形录制、自校正、自测试的设置

续表

	中文名	英文名	功能
	光标	Cursor	控制双踪数字示波器光标测量模式的设置
	保存	Save	控制双踪数字示波器波形和设置参数的保存及调出
	显示	Display	控制双踪数字示波器显示方式的设置
	自动设置	Autoset	会根据被测信号的频率和幅值设置合适的时间轴和幅值轴的刻度
	自动量程	Autoscale	控制双踪数字示波器的量程,将波形稳定的显示在屏幕上
运行控制区	运行/停止	Run/Stop	双踪数字示波器开始采样或停止采样,保留波形在屏幕上
	单次	Single	双踪数字示波器触发一次只扫描一次,必须通过手工的方法将扫描系统重启,才能产生下一次触发
垂直控制区	垂直位置旋钮		旋转该旋钮,调节所选通道波形的垂直位置
	CH1 菜单	CH1	开启/关闭 CH1 通道,开启后,按键灯亮起
	CH2 菜单	CH2	开启/关闭 CH2 通道,开启后,按键灯亮起
	波形计算	Math	对来自 CH1 通道、CH2 通道的信号 A、B 进行运算
	幅度(伏/格)		调节双踪数字示波器显示纵向每格所代表的幅值,可以使波形在幅度上放大或缩小
水平控制区	水平位置旋钮		旋转该旋钮,调节所选通道波形的水平位置
	秒/格		调节双踪数字示波器显示横向每格所代表的幅值,可以使波形在时间轴上展开或缩小
触发控制区	菜单	Menu	触发方式设置,有边沿触发、视频触发、脉宽触发
	触发电平		触发电平设定触发点对应的信号电压
	设置为 50%	50%	设置电平在触发信号幅值的垂直位置
	强制触发	Force	强制产生一个触发信号,用于触发方式中的"普通"和"单次"模式
接口区	1 通道	X	待测信号输入接口
	2 通道	Y	待测信号输入接口

下面以测量正弦信号为例,观测电路中的输入或输出正弦信号,迅速显示测量信号的频率、周期和峰峰值等。要显示该信号,按如下步骤操作:

(1) 将电路的输入或输出信号,通过信号电缆接到 CH1 的 X 通道(以 CH1 通道为例,也可以接 CH2 的 Y 通道)。

(2) 按下 Autoset(自动设置)按键。示波器将自动设置使波形显示达到最佳状态。在此基础上,可以进一步调节垂直位置、水平位置,直到波形的显示符合要求。

(3) 测量频率:按下 Measure 按键,以显示自动测量菜单;按下 H1 键,显示添加测量菜单;按下 F2 键,选择信号源为 CH1;按下 F1 键,屏幕左侧显示出类型选项,旋转"通用"旋钮选用频率选项;按下 F4 键,添加测量,频率选项添加完成。

重复步骤(3),添加周期和峰峰值。最后,在屏幕左下方会自动显示出频率、周期和峰峰值。

3. 波形发生器

双通道任意波形发生器是双通道多功能信号发生器,采用 DDS 直接数字频率合成技术,可生成稳定、精确、纯净的输出信号。WON AG1022 任意波形发生器的面板及功能如图 13.1.2 所示。

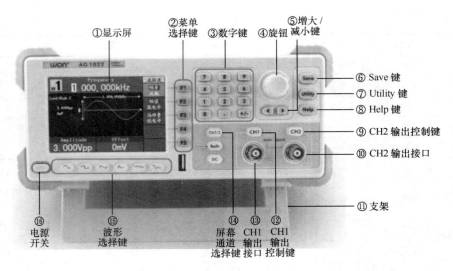

图 13.1.2　WON AG1022 任意波形发生器的面板及功能

波形发生器是一种常用的信号源,能够产生正弦波、矩形波、锯齿波、脉冲波、噪声、任意波,广泛应用于电子电路、自动控制系统和教学实验等领域。其主要功能见表 13-2。

表 13-2　波形发生器的主要功能

序　号	名　称	功　能
①	显示屏	显示用户界面
②	菜单选择键	包括 5 个按键:F1~F5,激活对应的菜单
④	旋钮	改变当前选中数值,也用于选择文件位置或文件名输入时软键盘的字符
⑨	CH2 输出控制键	开启/关闭 CH2 通道的输出,打开输出时,按键灯亮起
⑩	CH2 输出接口	输出 CH2 通道信号
⑭	屏幕通道选择键	使屏幕显示的通道在 CH1 和 CH2 间切换
⑮	波形选择键	正弦波、矩形波、锯齿波、脉冲波、噪声、任意波
⑯	电源开关	打开/关闭信号发生器

(1) 波形设置

可通过选择波形选择键⑮,选择正弦波、矩形波、锯齿波、脉冲波、噪声、任意波。选中某波形时,对应按键灯亮起;选择与波形对应的选择键,进入波形设置界面。波形不同,可设置的参数也不同。

(2) 正弦波设置

按 ⌒ 键进入正弦波设置界面。在正弦波显示界面的右侧包括:频率|周期、幅值|高电平、偏移量|低电平,如图 13.1.3 所示。

① 设置频率|周期

按菜单选择键 F1,可设置频率|周期,且当前被选中的菜单项以高亮显示,在参数 1 中显示对应的参数项。再按菜单选择键 F1,可在频率与周期之间进行切换。

② 设置幅值|高电平

按菜单选择键 F2,可设置幅值|高电平,且当前被选中的菜单项以高亮显示。再按菜单选择键 F2,可在幅值与高电平之间进行切换。

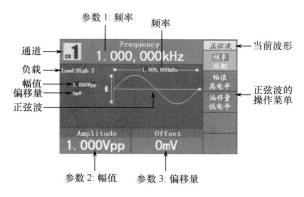

图 13.1.3　正弦波的设置

③ 设置偏移量|低电平

按菜单选择键 F3,可设置偏移量|低电平,且当前被选中的菜单项以高亮显示。再按菜单选择键 F3,可在偏移量与低电平之间进行切换。

4. 交流毫伏表

交流毫伏表与普通交流电压表相比,具有较宽的工作频率和较高的灵敏度,可用来测量正弦电压的有效值。PF2171A 是一款高性能指针式双通道交流毫伏表,如图 13.1.4 所示,表头为一双指针表头,黑指针对应 CH1 输入,红指针对应 CH2 输入。

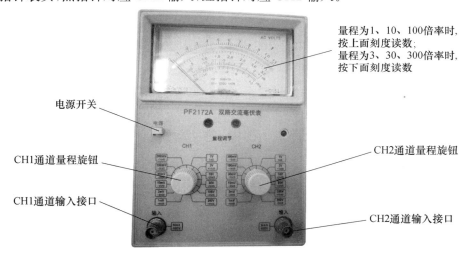

图 13.1.4　PF2171A 交流毫伏表

（1）主要技术指标

PF2171A 交流毫伏表的电压测量范围为 1mV～300V,分为 12 挡:1mV、3mV、10mV、30mV、100mV、300mV、1V、3V、10V、30V、100V、300V。

dB 测量也分 12 挡:－60～＋50dB,每挡 10dB,与电压挡对应。

（2）使用注意事项

① 为了防止因过载而损坏,测量前一般先把量程开关置于量程较大位置上,然后在测量中逐渐减小量程。

② 由于仪表的输入阻抗较高,量程开关在低量程位置时,测量端开路会使感应信号引入而导致表针晃动或指向满刻度,输入端短路时可使其回位。

· 237 ·

5. 数字式万用表

万用表是最常用的测量仪表,有数字式和指针式两种。万用表主要实现电流、电压、电阻等的测量功能。数字式万用表是把电信号转换成电压信号,以不连续的数字形式实现的;而指针式万用表的指针偏转是随被测电信号连续变化的。数字式万用表测量数据较直观,而指针式万用表可以观察到测量过程中参数的变化。因此,可以根据具体使用需求选用数字式或指针式万用表。VC9081A 数字式万用表面板及功能如图 13.1.5 所示。

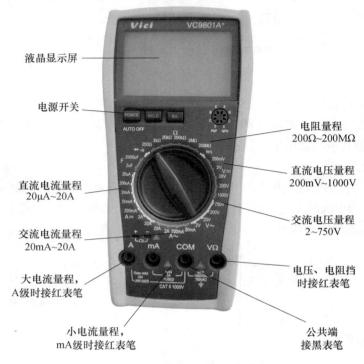

图 13.1.5　VC9081A 数字式万用表

(1) 电压测量

万用表在测量电压时,呈现出较高的内阻,因此测量时只可与被测电路并联,不可串联。当测量交流电压时选择"V～"挡,测量直流电压时选择"V—"挡。

(2) 电流测量

万用表在测量电流时,呈现出较低的内阻,因此测量时只可与被测电流回路串联,而不能与带有电位差的任意两点的电路并联,否则将损坏万用表。测量交流电流时,选择"A～"或"mA～"挡;测量直流电流时,选择"A—"或"mA—"。万用表的电流量程挡位较多,为防止挡位选择不当损坏仪表,对于大量程(安培级 A)和小量程(毫安级 mA)通常还需要改变表笔的接线端。

(3) 电阻测量

万用表在测量电阻时,首先与该电阻连接的电路不能带电,否则将影响测量甚至损坏万用表。另外,该电阻不应与电路中的其他元件有并联的关系,否则会使测量结果不准确。电阻有 200Ω、2kΩ、20kΩ、200kΩ、2MΩ、200MΩ 这 6 挡。测量前,一般先把量程开关置于量程较大位置上,然后再根据测量数值选择合适量程。

(4) 其他测量

数字式万用表除能进行电压、电流、电阻测量外,还可以测量二极管、晶体管等。

数字式万用表不需要进行调零即可直接读出电阻的测量值。超量程时,最高位显示"1",其余位无显示,可通过提高量程的挡位来重新测量。

6. 模拟电路实验箱

LH-3A 型模拟电路实验箱是集直流信号源、函数信号发生器、实验器件等于一身的实验装置,其面板如图 13.1.6 所示。

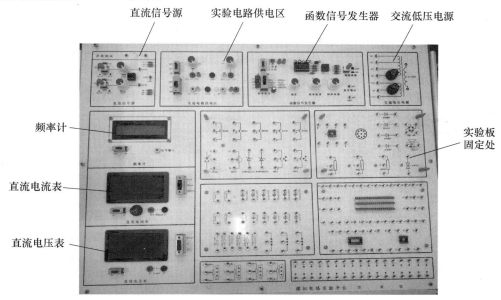

图 13.1.6　LH-3A 型模拟电路实验箱的面板

LH-3A 型模拟电路实验箱的面板主要功能说明如下。

（1）直流电源部分

直流电源部分如图 13.1.7 和图 13.1.8 所示。

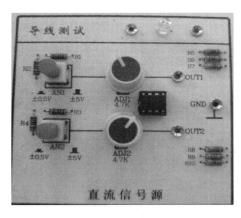 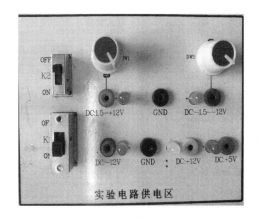

图 13.1.7　直流信号源　　　　　　图 13.1.8　实验电路供电区

直流信号源：OUT1 与 OUT2 可以输出±0.5V（按钮 AN1 按下时）和输出±5V（按钮 AN1 弹起时）两个量程。

实验电路供电区：1.5～12V、−1.5～−12V 两路可调直流电压,有短路保护自动恢复功能；±12V/0.5A,5V/0.5A 定值直流电压,有短路保护自动恢复功能。

· 239 ·

(2) 交流低压电源部分

交流低压电源部分如图 13.1.9 所示。

交流低压电源分为两路：(1) AC 0V、14V、16V、18V；(2) 带中心抽头双路 7.5V。

(3) 函数信号发生器部分

函数信号发生器如图 13.1.10 所示。

输出波形：方波、三角波、正弦波。

输出幅值：正弦波——0～10V(10V 为峰峰值，且正负对称)

　　　　　三角波——0～20V(20V 为峰峰值，且正负对称)

　　　　　方波——0～20V(20V 为峰峰值，且正负对称)

频率范围：分 4 挡，10～100Hz、100Hz～1kHz、1～10kHz、10～100kHz。

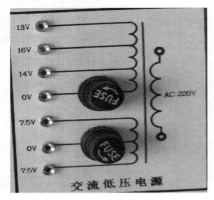 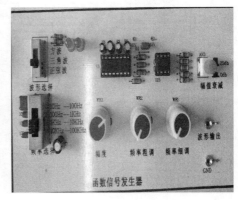

图 13.1.9　交流低压电源　　　　　　图 13.1.10　函数信号发生器

7. 数字电路实验箱

LH-D4 型数字电路实验箱是集直流信号源、函数信号发生器、实验器件等于一身的实验装置，其面板如图 13.1.11 所示。

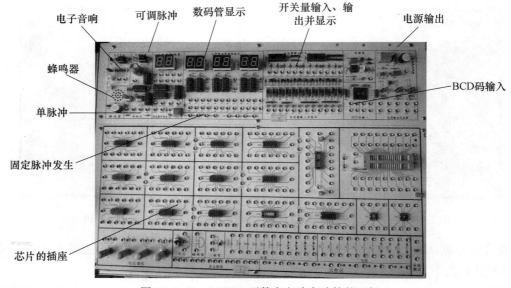

图 13.1.11　LH-D4 型数字电路实验箱的面板

13.2 叠加定理和基尔霍夫定律

1. 实验目的
（1）验证线性电路叠加定理和基尔霍夫定律的正确性，加深对线性电路叠加性的理解。
（2）学会用电流插头测量各支路电流的方法。

2. 原理说明
叠加定理可以描述为：在线性电路中，如果有多个独立电源同时作用，它们在任一支路中产生的电流（或电压）等于各个独立电源分别作用时产生的电流（或电压）的代数和。

基尔霍夫电流定律可以描述为：对电路中任何一个节点，任一瞬时流入某一节点的电流之和等于流出该节点的电流之和，即 $\sum I_{流入} = \sum I_{流出}$。

基尔霍夫电压定律可以描述为：在任一瞬时，沿任一闭合回路绕行一周，则在这个方向上电压升之和恒等于电压降之和，即 $\sum U_{电压升} = \sum U_{电压降}$。

3. 实验设备

序号	名称	型号与规格	数量	备注
1	可调直流稳压电源	0～30V	双路	
2	直流数字电压表	0～200V	1	
3	直流数字毫安表	0～2000mV	1	
4	基尔霍夫定律/叠加原理电路板		1	

4. 实验内容
（1）叠加定理部分
实验电路如图 13.2.1 所示，用挂箱的基尔夫定律/叠加原理电路板。

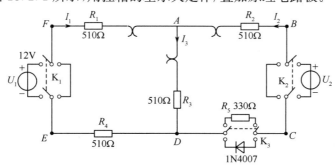

图 13.2.1 实验电路

① 将两路稳压电源的输出分别调节为 12V 和 6V，接入 U_1 和 U_2 处，开关 K_3 投向 R_5 侧。
② 令电源 U_1 单独作用（将开关 K_1 投向 U_1 侧，开关 K_2 投向短路侧）。用直流数字电压表和直流数字毫安表（接电流插头）测量各支路电流及各电阻元件两端的电压，记录在表 13-3 中。
③ 令电源 U_2 单独作用（将开关 K_1 投向短路侧，开关 K_2 投向 U_2 侧），重复实验步骤②的测量并记录。

表 13-3　基尔霍夫路定律各电压、电流的测定

测量项目＼实验内容	U_1/V	U_2/V	I_1/mA	I_2/mA	I_3/mA	U_{AB}/V	U_{CD}/V	U_{AD}/V	U_{DE}/V	U_{FA}/V
U_1 单独作用										
U_2 单独作用										
U_1、U_2 共同作用										
$2U_2$ 单独作用										

④ 令 U_1 和 U_2 共同作用（开关 K_1 和 K_2 分别投向 U_1 和 U_2 侧），重复上述的测量并记录。

⑤ 将 U_2 的数值调至 12V，重复实验步骤③的测量并记录。

⑥ 将 R_5（330Ω）换成二极管 1N4007（即将开关 K_3 投向二极管 1N4007 侧），重复实验步骤①～⑤的测量过程，记录在表 13-4 中。

表 13-4　二极管 IN4007 作用时各电压、电流的测定

测量项目＼实验内容	U_1/V	U_2/V	I_1/mA	I_2/mA	I_3/mA	U_{AB}/V	U_{CD}/V	U_{AD}/V	U_{DE}/V	U_{FA}/V
U_1 单独作用										
U_2 单独作用										
U_1、U_2 共同作用										
$2U_2$ 单独作用										

（2）基尔霍夫定律部分

根据实验内容（1）的步骤④，任取一节点将测量的电流数据填入表 13-5 中，任取一回路将测量的电压数据填入表 13-6 中，分别验证基尔霍夫电流定律和电压定律。

表 13-5　基尔霍夫电流定律数据

节　点	A	D
$\sum I$（计算值）		
$\sum I$（测量值）		
误差 ΔI		

表 13-6　基尔霍夫电压定律数据

回　路	ADEF	ABCD
$\sum U$（计算值）		
$\sum U$（测量值）		
误差 ΔU		

5. 思考题

（1）在进行叠加定理实验时，对不作用的电压源或者电流源应如何处理？

（2）根据测量的电流值，计算电阻 R_1 上消耗的功率，验证能否叠加。

6. 实验报告要求

（1）根据实验数据验证线性电路的叠加性。

（2）根据实验数据，验证基尔霍夫电流定律和基尔霍夫电压定律。

13.3　戴维南定理

1. 实验目的

（1）验证戴维南定理的正确性，加深对该定理的理解。

(2) 掌握测量有源二端网络等效参数的一般方法。

(3) 初步掌握电路的设计思想和方法。

2. 原理说明

戴维南定理指出：任何一个线性有源网络，总可以用一个电压源与一个电阻的串联来等效代替，此电压源的电压 U_S 等于这个有源二端网络的开路电压 U_{OC}，其等效内阻 R_0 等于该网络中所有独立源均置零（理想电压源视为短接，理想电流源视为开路）时的等效电阻。

3. 实验内容

(1) 用开路电压、短路电流法测定戴维南等效电路的 U_{OC}、R_0，按图 13.3.1(a) 接入稳压电源和恒流源 $U_S=12V$，$I_S=10mA$，不接入 R_L。测出 U_{OC} 和 I_{SC}，并计算出 R_0，填入表 13-7。

表 13-7 等效电阻的测定

U_{OC}/V	I_{SC}/mA	$R_0(=U_{OC}/I_{SC})/\Omega$

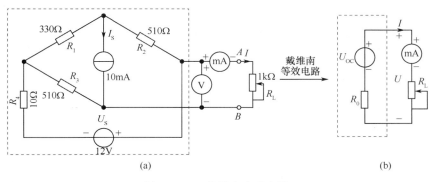

图 13.3.1 戴维南实验电路

(2) 负载实验：按图 13.3.1(a) 接入 R_L，改变 R_L 的阻值，测量有源二端网络的外特性曲线，将数据填入表 13-8 中。

表 13-8 有源二端网络的外特性曲线

U/V								
I/mA								

(3) 验证戴维南定理：从电阻箱上取得按步骤(1)所得的等效电阻 R_0 的值，然后令其与直流稳压电源（调到实验步骤(1)所测得的开路电压 U_{OC} 值）相串联，如图 13.3.1(b) 所示，仿照实验步骤(2)测其外特性，将数据填入表 13-9 中，对戴维南定理进行验证。

表 13-9 戴维南等效电路的外特性

U/V								
I/mA								

4. 思考题

(1) 有源二端网络的外特性是否与负载有关？

(2) 写出测量戴维南等效电阻的几种方法，并比较其优缺点。

5. 实验报告要求

(1) 根据实验步骤(2)、(3)分别绘出曲线，验证戴维南定理的正确性，并分析产生误差的原因。

(2) 归纳、总结实验结果。

13.4　RC 一阶电路响应

1. 实验目的
（1）测定 RC 一阶电路的零输入响应、零状态响应及完全响应。
（2）学习电路时间常数的测量方法。
（3）掌握有关微分电路和积分电路的概念。
（4）进一步学会用示波器观测波形。

2. 原理说明
动态网络的过渡过程是十分短暂的单次变化过程。要用普通双踪示波器观察过渡过程和测量有关的参数，就必须使这种单次变化的过程重复出现。为此，我们利用函数信号发生器输出的方波来模拟阶跃激励信号，即利用方波输出的上升沿作为零状态响应的正阶跃激励信号；利用方波的下降沿作为零输入响应的负阶跃激励信号。只要选择方波的重复周期远大于电路的时间常数 τ，那么电路在这样的方波序列脉冲信号的激励下，它的响应就和直流电接通与断开的过渡过程是基本相同的。

3. 实验设备

序号	名　称	型号与规格	数量	备注
1	函数信号发生器		1	
2	双踪示波器		1	自备
3	动态电路实验板		1	

4. 实验内容
动态电路实验板如图 13.4.1 所示，请认清 R、C 元件的布局及其标称值，各开关的通断位置等。

（1）从动态电路实验板上选 $R=10\text{k}\Omega$，$C=6800\text{pF}$ 组成如图 13.4.2 所示的积分电路。u_i 为函数信号发生器输出的 $U_m=3U_{P-P}$、$f=1\text{kHz}$ 的方波电压信号，通过两根同轴电缆线将激励 u_i 和响应 u_C 的信号分别连至双踪示波器的两个输入口 X(CH1) 和 Y(CH2)，这时可在双踪示波器的屏幕上观察到激励与响应的变化规律，测算时间常数 τ，并用方格纸按 1:1 的比例描绘波形。稍微改变电容值或电阻值，定性地观察对响应的影响，记录观察到的现象。

（2）令 $R=10\text{k}\Omega$，$C=0.1\mu\text{F}$，观察并描绘响应的波形，继续增大 C 的值，定性地观察对响应的影响。

（3）令 $C=0.01\mu\text{F}$，$R=100\Omega$，组成如图 13.4.3 所示的微分电路。在同样的方波激励信号（$U_m=3U_{P-P}$，$f=1\text{kHz}$）作用下，观测并描绘激励与响应的波形。

5. 思考题
（1）什么样的电信号可作为 RC 一阶电路零输入响应、零状态响应的激励电源？
（2）已知一阶 RC 电路，$R=10\text{k}\Omega$，$C=0.1\mu\text{F}$，试计算时间常数 τ，并根据 τ 值的物理意义，拟定测量 τ 的方案。

6. 实验报告要求
（1）根据实验观测结果，在方格纸上绘出 RC 一阶电路充放电时的变化曲线，由曲线测得时间常数 τ，并与参数值的计算结果进行比较，分析误差原因。
（2）根据实验观测结果，归纳、总结积分电路和微分电路的形成条件，阐明波形变换的特征。

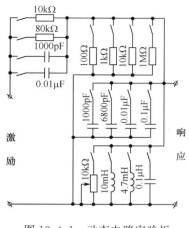

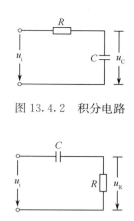

图 13.4.2 积分电路

图 13.4.1 动态电路实验板

图 13.4.3 微分电路

13.5 三相交流电路测量

1. 实验目的

(1) 掌握三相负载 Y 连接、△连接的方法,验证这两种接法下线电压、相电压及线电流、相电流之间的关系。

(2) 充分理解三相四线制供电系统中中线的作用。

2. 原理说明

(1) 三相负载可 Y 连接或△连接。当三相对称负载 Y 连接时,线电压 U_l 是相电压 U_p 的 $\sqrt{3}$ 倍,线电流 I_l 等于相电流 I_p,即

$$U_l = \sqrt{3} U_p, \quad I_l = I_p$$

在这种情况下,流过中线的电流 $I_0 = 0$,所以可以省去中线。

当对称三相负载△连接时,有

$$I_l = \sqrt{3} I_p, \quad U_l = U_p$$

(2) 不对称三相负载 Y 连接时,必须采用三相四线制接法,即 Y_0 接法。而且中线必须牢固连接,以保证三相不对称负载的每相电压维持对称不变。

(3) 当不对称负载△连接时,$I_l \neq \sqrt{3} I_p$,但只要电源的线电压 U_l 对称,加在三相负载上的电压仍是对称的,对各相负载工作没有影响。

3. 实验设备

序 号	名 称	型号与规格	数 量	备 注
1	可调三相交流电源	0~450V	1	
2	交流数字电压表	0~500V	1	
3	交流数字电流表	0~5A	1	
4	三相灯组负载	220V,15W 白炽灯	9	
5	电流插座		3	

4. 实验内容

(1) 三相负载 Y 连接(三相四线制供电)

按图 13.5.1 线路连接实验电路,即三相灯组负载经三相自耦调压器接通三相对称电源。将三相自耦调压器的旋柄置于输出为 0V 的位置(即逆时针旋到底)。经实验指导教师检查后,方可开启实验台上的三相电源开关,然后调节自耦调压器的输出,使输出的三相线电压为 380V,并按数据表格要求的内容完成各项实验,将所测得的数据记入表 13-10 中。

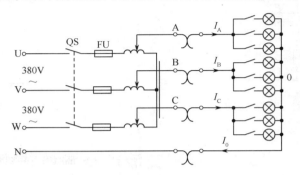

图 13.5.1 三相负载 Y 连接

表 13-10 三相负载 Y 连接电压、电流的测定

测量数据 负载情况	开灯盏数			线电流/A			线电压/V			相电压/V			中线电流 I_0 /A	中点电压 U_{N0} /V
	A相	B相	C相	I_A	I_B	I_C	U_{AB}	U_{BC}	U_{CA}	U_{A0}	U_{B0}	U_{C0}		
Y_0 接对称负载	3	3	3											
Y 接对称负载	3	3	3											
Y_0 接不对称负载	1	2	3											
Y 接不对称负载	1	2	3											
Y_0 接 B 相断开	1	断	3											
Y 接 B 相断开	1	断	3											
Y 接 B 相短路	1	短	3											

(2) 三相负载△连接(三相三线制供电)

按图 13.5.2 改接线路,经实验指导教师检查后接通三相电源,并调节自耦调压器,使其输出线电压为 380V,将数据填入表 13-11 中。

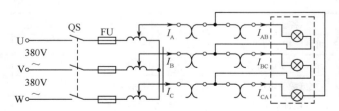

图 13.5.2 三相负载△连接

表 13-11　三相负载△连接电压、电流的测定

测量数据 负载情况	开灯盏数			线电压＝相电压/V			线电流/A			相电流/A		
	A-B相	B-C相	C-A相	U_{AB}	U_{BC}	U_{CA}	I_A	I_B	I_C	I_{AB}	I_{BC}	I_{CA}
三相对称	3	3	3									
三相不对称	1	2	3									

5. 思考题

（1）三相负载根据什么条件做 Y 连接或△连接？

（2）在三相交流电路中，试分析三相不对称负载 Y 连接，在无中线情况下，当某相负载开路或者短路会出现什么情况？

6. 实验报告要求

（1）用实验测得的数据验证对称三相电路中的 $\sqrt{3}$ 关系。

（2）用实验数据和观察到的现象，总结三相四线制供电系统中中线的作用。

（3）不对称△连接的负载，能否正常工作？实验是否能证明这一点？

13.6　三相异步电动机直接启动和正、反转

1. 实验目的

（1）掌握三相异步电动机自锁控制线路。

（2）掌握三相异步电动机正、反转的接线及控制。

（3）掌握实验中各个继电器的作用。

2. 实验方法

（1）电动机单向连续运转控制线路

在各种机械设备上，电动机最常见的一种工作状态是单向连续运转。如图 13.6.1 所示为电动机单向连续运转控制线路，SB1 为停止按钮，SB2 为启动按钮，FR 为热继电器，M 为三相异步电动机。

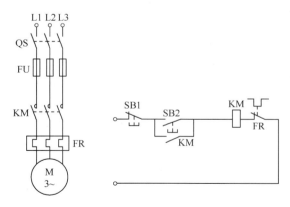

图 13.6.1　单向连续运转控制线路

（2）接触器联锁的正、反转控制线路

如图 13.6.2 所示为接触器联锁的正、反转控制线路。

必须指出，接触器 KM1 和 KM2 的主触头决不允许同时闭合，否则将造成两相电源短路事

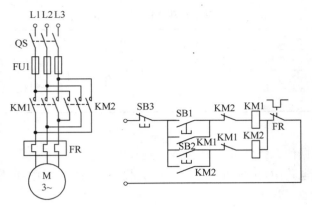

图 13.6.2 接触器联锁的正、反转控制线路

故。因此,设置实现联锁作用的动断辅助触头,称为联锁触头(或互锁触头)。停止时,按下停止按钮 SB3,控制电路失电,KM1(或 KM2)主触头分断,电动机 M 失电停止转动。

(3) 按钮、接触器双重联锁的正、反转控制线路

为克服接触器联锁正、反转控制线路的不足,在接触器联锁的基础上,又增加了按钮联锁,构成按钮、接触器双重联锁正、反转控制线路,如图 13.6.3 所示。

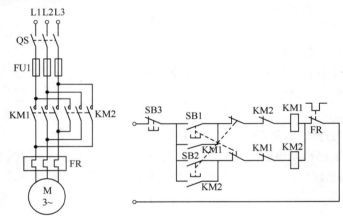

图 13.6.3 按钮、接触器双重联锁的正、反转控制线路

3. 思考题

(1) 为什么热继电器不能用于短路保护?为什么在三相主电路中只用 2 个(当然 3 个也可以)热元件就可以保护电动机?

(2) 在正、反转控制电路中,短路、过载保护功能是如何实现的?

4. 实验报告要求

(1) 总结实验中电动机正、反转的原理。

(2) 思考电动机正、反转在实际应用中的作用。

13.7 TTL 集成逻辑门的逻辑功能

1. 实验目的

(1) 掌握 TTL 集成与门、与非门、或门、异或门的逻辑功能。

(2) 掌握 TTL 器件的使用规则。

(3) 进一步熟悉数字电路实验装置的结构、基本功能和使用方法。

2. 实验原理

(1) 74LS08 两输入四与门,在一个芯片内含 4 个互相独立的与门,每个与门有 2 个输入端。其逻辑引脚排列如图 13.7.1 所示。

与门的逻辑功能是:当输入端中有一个或一个以上是低电平时,输出端为低电平;只有当输入端全部为高电平时,输出端才为高电平。其逻辑表达式为

$$Y = AB$$

(2) 74LS00 二输入四与非门,在一个芯片内含 4 个互相独立的与非门,每个与非门有 2 个输入端。其逻辑引脚排列如图 13.7.2 所示。

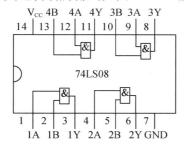
图 13.7.1　74LS08 引脚排列

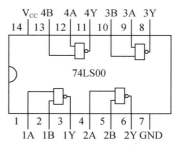
图 13.7.2　74LS00 引脚排列

与非门的逻辑功能是:当输入端中有一个或一个以上是低电平时,输出端为高电平;只有当输入端全部为高电平时,输出端才为低电平。其逻辑表达式为

$$Y = \overline{AB}$$

(3) 74LS32 二输入四或门,在一个芯片内含 4 个互相独立的或门,每个或门有 2 个输入端。其逻辑引脚排列如图 13.7.3 所示。

或门的逻辑功能是:当输入端中有一个或一个以上是高电平时,输出端为高电平;只有当输入端全部为低电平时,输出端才为低电平。其逻辑表达式为

$$Y = A + B$$

(4) 74LS86 二输入四异或门,在一个芯片内含有 4 个互相独立的异或门,每个异或门有 2 个输入端。其逻辑引脚排列如图 13.7.4 所示。

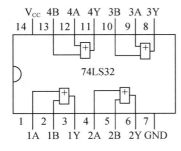
图 13.7.3　74LS32 引脚排列

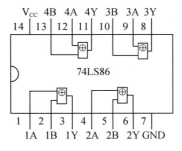
图 13.7.4　74LS86 引脚排列

异或门的逻辑功能是:当两个输入端相异时,输出端为高电平;当两个输入端相同时,输出端为低电平。其逻辑表达式为

$$Y = A\overline{B} + \overline{A}B$$

3. 实验设备与器件

（1）＋5V 直流电源

（2）逻辑电平开关

（3）逻辑电平显示器

（4）芯片 74LS00、74LS08、74LS32、74LS86

4. 实验内容

在合适的位置选取一个 14P 插座，按定位标记插好 74LS08 芯片。

（1）验证 TTL 集成与门 74LS08 的逻辑功能

取 74LS08 的一组与门，输入端接数字电路实验箱开关量输入并显示插口，以提供"0"与"1"电平信号。开关向上，输出逻辑"1"；开关向下，输出逻辑"0"。14 脚接 5V 电源的正极端，7 脚接电源地。与门的输出端接由 LED 发光二极管组成的开关量输出并显示插口，LED 亮为逻辑"1"，不亮为逻辑"0"，将测试结果填入表 13-12。

（2）验证 TTL 集成与非门 74LS00 的逻辑功能

取 74LS00 的一组与非门，输入端接数字电路实验箱开关量输入并显示插口，以提供"0"与"1"电平信号。开关向上，输出逻辑"1"；开关向下，输出逻辑"0"。14 脚接 5V 电源的正极端，7 脚接电源地。将测试结果填入表 13-13。

表 13-12 与门逻辑功能

输入		输出
1脚(A)	2脚(B)	3脚(Y)
0	0	
0	1	
1	0	
1	1	

表 13-13 与非门逻辑功能

输入		输出
1脚(A)	2脚(B)	3脚(Y)
0	0	
0	1	
1	0	
1	1	

（3）验证 TTL 集成或门 74LS32 的逻辑功能

取 74LS32 的一组或门，输入端接数字电路实验箱开关量输入并显示插口，以提供"0"与"1"电平信号。开关向上，输出逻辑"1"；开关向下，输出逻辑"0"。14 脚接 5V 电源的正极端，7 脚接电源地。将测试结果填入表 13-14。

（4）验证 TTL 集成异或门 74LS86 的逻辑功能

取 74LS86 的一组异或门，输入端接数字电路实验箱开关量输入并显示插口，以提供"0"与"1"电平信号。开关向上，输出逻辑"1"；开关向下，输出逻辑"0"。14 脚接 5V 电源的正极端，7 脚接电源地。将测试结果填入表 13-15。

表 13-14 或门逻辑功能

输入		输出
1脚(A)	2脚(B)	3脚(Y)
0	0	
0	1	
1	0	
1	1	

表 13-15 异或门逻辑功能

输入		输出
1脚(A)	2脚(B)	3脚(Y)
0	0	
0	1	
1	0	
1	1	

(5) 用与非门 74LS00 组成下列电路,并测试其逻辑功能。

① Y=$\overline{A+B}$,将测试结果填入表 13-16 中。

② Y=AB,将测试结果填入表 13-17 中。

表 13-16　**Y=$\overline{A+B}$ 的功能**

输入		输出
1(A)	2 脚(B)	3 脚(Y)
0	0	
0	1	
1	0	
1	1	

表 13-17　**Y=AB 的功能**

输入		输出
1(A)	2(B)	3 脚(Y)
0	0	
0	1	
1	0	
1	1	

5. 思考题

(1) TTL 与门悬空相当于输入高电平还是低电平？为什么？

(2) 如何将与非门、或非门做非门使用,它们的输入端应如何连接？

6. 实验报告要求

(1) 记录、整理实验结果,并对结果进行分析。

(2) 使用 TTL 集成芯片时应注意哪些问题？

13.8　组合逻辑电路的设计与测试

1. 实验目的

(1) 熟悉组合逻辑电路的特点。

(2) 掌握组合逻辑电路的设计与测试方法。

2. 实验原理

(1) 使用中、小规模集成电路来设计组合逻辑电路。

设计组合逻辑电路的一般步骤：根据设计任务的要求建立输入、输出变量,并列出真值表。然后用逻辑代数或卡诺图化简法求出简化的逻辑表达式,并按实际选用逻辑门的类型修改逻辑表达式。根据简化后的逻辑表达式,画出逻辑图,用标准器件构成逻辑电路。最后,用实验来验证设计的正确性。

(2) 组合逻辑电路设计举例

用与非门设计一个表决电路。当 4 个输入端中有 3 个或 4 个为"1"时,输出端才为"1"。

设计步骤：根据题意列出真值表,见表 13-18,再填入卡诺图(见表 13-19)中。

表 13-18　**表决电路的真值表**

D	0	0	0	0	0	0	0	0	1	1	1	1	1	1	1	1
A	0	0	0	0	1	1	1	1	0	0	0	0	1	1	1	1
B	0	0	1	1	0	0	1	1	0	0	1	1	0	0	1	1
C	0	1	0	1	0	1	0	1	0	1	0	1	0	1	0	1
Z	0	0	0	0	0	0	0	1	0	0	0	1	0	1	1	1

表 13-19　卡诺图

AB\CD	00	01	11	10
00				
01			1	
11		1	1	1
10			1	

由卡诺图得出逻辑表达式，并演化成与非的形式

$$Z = ABC + BCD + ACD + ABD = \overline{\overline{ABC} \cdot \overline{BCD} \cdot \overline{ACD} \cdot \overline{ABD}}$$

根据逻辑表达式画出用与非门构成的逻辑电路，如图 13.8.1 所示。

在实验装置适当位置选定 3 个 14P 插座，按照芯片定位标记插好芯片 74LS20（或 CC4012）。按图 13.8.1 接线，输入端 A、B、C、D 接至逻辑电平开关的输出插口，输出端 Z 接逻辑电平显示器的输入插口，按真值表要求，逐次改变输入变量，测量相应的输出值，验证逻辑功能，与表 13-18 进行比较，验证所设计的逻辑电路是否符合要求。

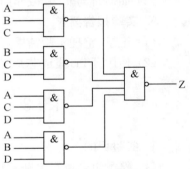

图 13.8.1　表决电路逻辑图

3. 实验设备与器件

（1）+5V 直流电源

（2）逻辑电平开关

（3）逻辑电平显示器

（4）直流数字电压表

（5）74LS00、74LS08、74LS32、74LS86、74LS20

4. 实验内容

（1）设计用与非门及用异或门、与门组成半加器电路。

（2）设计一个一位全加器，要求用异或门、与门、或门组成。

5. 思考题

（1）逻辑函数的化简对组合逻辑电路的设计有何实际意义？

（2）说明单输出组合逻辑电路和多输出组合逻辑电路在设计时的异同点。

6. 实验报告要求

（1）列写实验任务的设计过程，画出设计的电路图。

（2）对所设计的电路进行实验测试，记录测试结果。

（3）写出组合电路设计体会。

13.9　触发器功能测试及其应用

1. 实验目的

（1）掌握基本 JK、D 触发器的逻辑功能。

（2）掌握集成触发器的逻辑功能及使用方法。

（3）了解触发器的一些简单应用。

2. 实验原理

触发器具有两个稳定状态，用以表示逻辑状态"1"和"0"，在一定的外界信号作用下，可以

从一个稳定状态翻转到另一个稳定状态。触发器是一个具有记忆功能的二进制信息存储器件,是构成各种时序电路的最基本单元。

(1) JK 触发器

在输入信号为双端的情况下,JK 触发器是功能完善、使用灵活和通用性较强的一种触发器。本实验采用 74LS112 双 JK 触发器,是下降沿触发的边沿触发器。引脚功能及逻辑符号如图 13.9.1 所示。

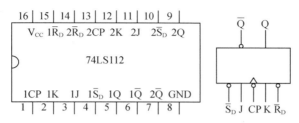

图 13.9.1　74LS112 双 JK 触发器引脚排列及逻辑符号

JK 触发器的状态方程为

$$Q^{n+1} = J\overline{Q}^n + \overline{K}Q^n$$

J 和 K 是数据输入端,是触发器状态更新的依据。若 J、K 有两个或两个以上输入端,则组成"与"的关系。Q 与 $\overline{Q}$ 为两个互补输出端。通常把 $Q=0, \overline{Q}=1$ 的状态定为触发器的"0"状态;而把 $Q=1, \overline{Q}=0$ 定为"1"状态。

下降沿触发的 JK 触发器的功能表见表 13-20。

表 13-20　**JK 触发器的功能表**

输入					输出	
$\overline{S}_D$	$\overline{R}_D$	CP	J	K	Q^{n+1}	$\overline{Q}^{n+1}$
0	1	×	×	×	1	0
1	0	×	×	×	0	1
1	1	↓	0	0	Q^n	$\overline{Q}^n$
1	1	↓	1	0	1	0
1	1	↓	0	1	0	1
1	1	↓	1	1	$\overline{Q}^n$	Q^n
1	1	↑	×	×	Q^n	$\overline{Q}^n$

(2) D 触发器

在输入信号为单端的情况下,D 触发器用起来最为方便,其状态方程为 $Q^{n+1}=D$,其输出状态的更新发生在 CP 脉冲的上升沿,故又称为上升沿触发的边沿触发器,触发器的状态只取决于时钟到来前 D 端的状态。如图 13.9.2 所示为双 D 触发器 74LS74 的引脚排列及逻辑符号,功能表见表 13-21。

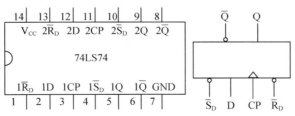

图 13.9.2　74LS74 引脚排列及逻辑符号

表 13-21　74LS74 的功能表

输入				输出	
$\overline{S}_D$	$\overline{R}_D$	CP	D	Q^{n+1}	$\overline{Q}^{n+1}$
0	1	×	×	1	0
1	0	×	×	0	1
1	1	↑	1	1	0
1	1	↑	0	0	1
1	1	↓	×	Q^n	$\overline{Q}^n$

(3) 用 D 触发器构成的异步二进制加法计数器

计数器是一个用以实现计数功能的时序部件,它不仅可用来计脉冲数,还常用作数字系统的定时、分频和执行数字运算及其他特定的逻辑功能。

如图 13.9.3 所示为用 4 个 D 触发器构成的 4 位二进制异步加法计数器,它的连接特点是将每个 D 触发器接成 T′触发器,再由低位触发器的 $\overline{Q}$ 端和高一位的 CP 端相连接。

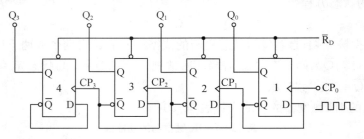

图 13.9.3　4 位二进制异步加法计数器

3. 实验设备与器件

(1) +5V 直流电源
(2) 双踪示波器
(3) 连续脉冲源
(4) 单次脉冲源
(5) 逻辑电平开关
(6) 逻辑电平显示器
(7) 74LS112(或 CC4027)、74LS00(或 CC4011)、74LS74(或 CC4013)

4. 实验内容

(1) 测试 JK 触发器的逻辑功能

按表 13-22 的要求改变 J、K、CP 端的状态,观察 Q、$\overline{Q}$ 端的状态变化,观察触发器状态更新是否发生在 CP 脉冲的下降沿(即 CP 由 1→0),并做好记录。

(2) 测试双 D 触发器 74LS74 的逻辑功能

按表 13-23 要求进行测试,并观察触发器状态更新是否发生在 CP 脉冲的上升沿(即由 0→1),并做好记录。

(3) 用 D 触发器构成异步二进制加减计数器

① 按图 13.9.3 接线,$\overline{R}_D$ 接至逻辑电平开关的输出插口,将低位 CP_0 端接单次脉冲源,输出端 Q_3、Q_2、Q_1、Q_0 接逻辑电平显示器的输入插口,各 $\overline{S}_D$ 接高电平"1"。

表 13-22　JK 触发器的逻辑功能

J	K	CP	Q^{n+1}	
			$Q^n=0$	$Q^n=1$
0	0	0→1		
		1→0		
0	1	0→1		
		1→0		
1	0	0→1		
		1→0		
1	1	0→1		
		1→0		

表 13-23　D 触发器的逻辑功能

D	CP	Q^{n+1}	
		$Q^n=0$	$Q^n=1$
0	0→1		
	1→0		
1	0→1		
	1→0		

② 清零后,逐个送入单次脉冲,观察并列表记录 $Q_3 \sim Q_0$ 的状态,画出状态转换图,判断是几进制计数器。

③ 将单次脉冲改为 1Hz 的连续脉冲,观察 $Q_3 \sim Q_0$ 的状态。

④ 将 1Hz 的连续脉冲改为 1kHz,用双踪示波器观察 CP、Q_3、Q_2、Q_1、Q_0 端的波形并描绘。

⑤ 将图 13.9.3 电路中的低位触发器的 $\overline{Q}$ 端与高一位的 CP 端相连接,构成减法计数器,按实验内容②,③,④进行实验,观察并列表记录 $Q_3 \sim Q_0$ 的状态。

5. 思考题

(1) JK 触发器和 D 触发器使用的时钟脉冲能否用逻辑电平提供?

(2) 如何连接成为 4 位二进制异步减法计数器?

6. 实验报告要求

(1) 列表整理各类触发器的逻辑功能。

(2) 总结观察到的波形,说明触发器的触发方式。

(3) 体会触发器的应用。

13.10　单级放大电路

1. **实验目的**

(1) 熟悉电子元器件和模拟电路实验箱的使用。

(2) 学会测量和调整放大电路静态工作点的方法,观察放大电路的非线性失真。

(3) 学习测定放大电路的电压放大倍数。

(4) 学习基本交、直流仪器仪表的使用方法。

2. **实验仪器**

(1) 示波器

(2) 函数信号发生器

(3) 万用表

3. **实验原理**

晶体管组成的基本放大电路有共发射极、共集电极、共基极 3 种接法,本实验采用的是稳定静态工作点的共发射极放大电路。根据放大电路的组成原则,晶体管应工作在放大区。静态工作点是指放大电路无交流信号输入时,在晶体管的输入和输出回路中所涉及的直流工作电压和工作电流。

电压放大倍数是小信号电压放大电路的主要性能指标,设输入 U_i 为正弦信号,输出 U_o 也为正弦信号,则电压放大倍数 $A_u = \dfrac{U_o}{U_i}$。输入电阻 R_i 是从放大电路输入端看进去的等效电阻,定义为输入电压和输入电流之比,即 $R_i = \dfrac{U_i}{I_i}$。任何放大电路的输出都可以等效成一个有内阻的电压源,从放大电路的输出端看进去的等效内阻称为输出电阻 R_o。

4. 实验内容及步骤

(1) 连接线路

按如图 13.10.1 所示连接好线路。

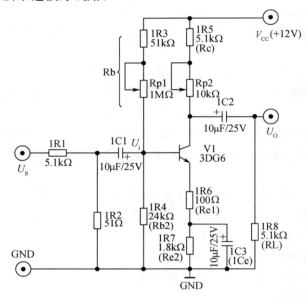

图 13.10.1 单级放大电路

(2) 调整静态工作点

将函数信号发生器的输出通过输出电缆线接至 U_s 端,调整函数信号发生器输出的正弦波信号,使 $f=1\text{kHz}, U_s=1\text{V}$。将示波器连接至放大电路输出端,$R_{P2}$ 调至最大值,然后调整基极电阻 R_{P1},在示波器上观察 U_o 的波形,将 U_o 调整到最大不失真输出。注意观察静态工作点的变化对输出波形的影响过程,观察何时出现饱和失真、截止失真,若出现双向失真应减小 U_i,直至不出现失真。调好静态工作点后,电位器 R_{P1} 不能再动。去掉正弦波输入信号,用万用表(直流)测量静态工作点,记录数据于表 13-24。

表 13-24 用万用表测量静态工作点

测量参数	I_b/mA	I_c/mA	$+V_{CC}$/V	U_c/V	U_b/V	U_e/V	R_b/kΩ
实测值							

表中,$R_b = R_{P1} + 1R3$。

(3) 测量放大电路的电压放大倍数

调节函数信号发生器输出为 $f=1\text{kHz}, U_s=1\text{V}$ 的正弦信号,用示波器观察放大器的输出波形。若波形不失真,用万用表测量放大器空载时的输出电压和带负载时的输出电压U_o;调节函数信号发生器输出$U_S=2V$,重复上述步骤,验证放大倍数的线性关系,填入表 13-25 中(测量信号输入电压U_S、输出电压U_o时,应使用晶体管毫伏表或示波器)。

表 13-25 数据记录表

测试项目	实 测 值		计 算 值
	$U_i=U_S/100$	U_o	A_u
空载			
加载			

注:实验电路中U_S经 100:1 衰减电阻 1R1 和 1R2,得到输入信号U_S衰减 100 倍的U_i。

(4) 测量放大电路的输入、输出电阻

① 输入电阻的测量:在信号源与放大电路之间的电阻 1R14=3kΩ,测量信号源两端电压U_S以及放大电路输入电压U_i,可求得放大电路的输入电阻R_i。如图 13.10.2 所示,测量结果记入表 13-26。

$$R_i = \frac{U_i * R_L}{U_S - U_i}$$

② 输出电阻的测量:在放大电路输出信号不失真的情况下,断开负载R_L,测量输出电压U_{o1};然后再接上R_L,测得U_{o2},可求得放大电路的输出阻抗。如图 13.10.3 所示,测量结果记入表 13-26。

$$R_o = \frac{R_L(U_{o1} - U_{o2})}{U_{o2}}$$

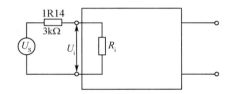

图 13.10.2 输入电阻测量

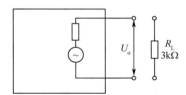

图 13.10.3 输出电阻测量

表 13-26 数据记录表

测输入电阻($R_L=3kΩ$)				测输出电阻($R_L=3kΩ$)			
实 测		测算	估算	实 测		测算	估算
U_S	U_i	R_i	R_i	U_o空载	U_o负载	R_o	R_o

5. **思考题**

(1) 测量静态工作点用何种仪表?测量U_i、U_o用何种仪表?
(2) 如何用万用表判断电路中晶体管的工作状态(放大、截止、饱和)?
(3) 如果放大电路无负载时出现饱和失真,加上负载后,情况会怎样?为什么?
(4) 放大电路的非线性失真在哪些情况下可能出现?

13.11 比例、求和运算电路

1. 实验目的
(1) 掌握用集成运算放大器组成的比例、求和电路的特点及性能。
(2) 学会上述电路的测试和分析方法。

2. 实验仪器
(1) 数字万用表
(2) 示波器
(3) 函数信号发生器

3. 实验原理

集成运算放大器是一种高增益的直接耦合放大电路,简称集成运放。它具有很高的开环放大倍数、高输入电阻、低输出电阻,并具有较宽的频带,因此,在模拟电子技术领域中得到了广泛的应用。集成运放的线性应用范围很广,基本的应用有比例运算电路、加减法电路、微分电路、积分电路等。

反相比例放大电路如图 13.11.1 所示,闭环电压放大倍数 $A_{uf}=\dfrac{U_o}{U_i}=-\dfrac{R_f}{R_1}$。同相比例放大电路如图 13.11.2 所示,闭环电压放大倍数 $A_{uf}=\dfrac{U_o}{U_i}=1+\dfrac{R_f}{R_1}$。若 $R_1=\infty$ 或 $R_f=0$,则 $U_o=U_i$,构成电压跟随器,如图 13.11.3 所示。

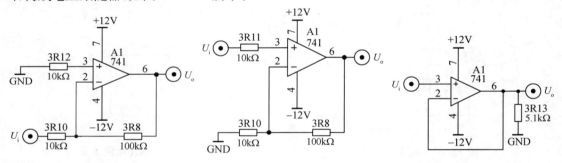

图 13.11.1 反相比例放大电路   图 13.11.2 同相比例放大电路   图 13.11.3 电压跟随器

4. 实验内容

(1) 电压跟随器

实验电路如图 13.11.3 所示,按表 13-27 内容实验并测量、记录。

(2) 反相比例放大电路

实验电路如图 13.11.1 所示,按表 13-28 内容实验并测量、记录。

(3) 同相比例放大电路

实验电路如图 13.11.2 所示,按表 13-29 内容实验并测量、记录。

表 13-27 数据记录表

	U_i/V	−2	−0.5	0	+0.5	1
U_o/V	$R_L=\infty$					
	$R_L(3R13)=5.1\text{k}\Omega$					

表 13-28 数据记录表

直流输入电压 U_i/mV		30	100	300	1000	3000
输出电压 U_o	理论估算值/mV					
	实测值/mV					
	误差					

表 13-29 数据记录表

直流输入电压 U_i/mV		30	100	300	1000
输出电压 U_o	理论估算值/mV				
	实测值/mV				
	误差				

（4）反相求和放大电路

实验电路如图 13.11.4 所示，按表 13-30 内容实验并测量、记录。

表 13-30 数据记录表

U_{i1}/V	0.3	−0.3
U_{i2}/V	0.2	0.2
U_o/V		

（5）双端输入求和放大电路

实验电路如图 13.11.5 所示，按表 13-31 内容实验并测量、记录。

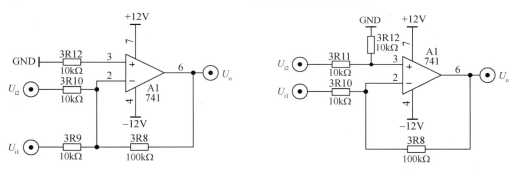

图 13.11.4 反相求和放大电路　　　图 13.11.5 双端输入求和放大电路

表 13-31 数据记录表

U_{i1}/V	1	2	0.2
U_{i2}/V	0.5	1.8	−0.2
U_o/V			

5. 思考题

（1）在反相比例运算电路中，若反馈电阻开路，会产生什么现象？

（2）为了不损坏集成芯片，实验中应注意什么问题？

6. 实验报告要求

（1）总结本实验中 5 种运算电路的特点及性能。

（2）分析理论估算值与实验结果产生误差的原因。

13.12　整流滤波与并联稳压电路

1. 实验目的
(1) 熟悉单相半波、全波、桥式整流电路。
(2) 观察了解电容的滤波作用。
(3) 熟悉稳压管稳压电路的组成及作用。

2. 实验仪器与材料
(1) 示波器
(2) 数字万用表

3. 实验原理
直流稳压电源的4个基本组成部分是：电源变压器、整流电路、滤波电路和稳压电路。电源变压器将220V交流电压变为所需要的电压值 U_2，通过整流电路变成脉动的直流电压，然后通过滤波电路加以滤除，得到平稳的直流电压，经过稳压电路后，输出电压 U_0 就成为稳定的直流电压。

4. 实验内容
(1) 半波整流、桥式整流电路

实验电路分别如图13.12.1和图13.12.2所示。

分别接两种电路，用示波器观察 U_1 及 U_L 的波形，并用万用表测量 U_1、U_L。

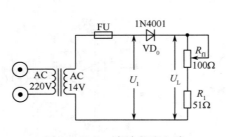
图13.12.1　半波整流电路

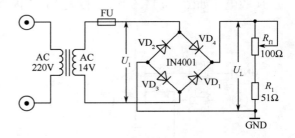
图13.12.2　桥式整流电路

(2) 电容滤波电路

实验电路如图13.12.3所示。

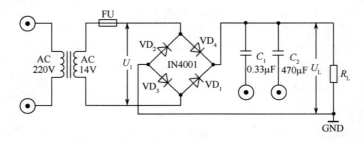
图13.12.3　电容滤波电路

① 分别将不同电容接入电路，R_L 不接，用示波器观察波形，用万用表测量 U_L 并记录。
② 接上 R_L，先用 $R_L=1\text{k}\Omega$（电路中取 $R=1\text{k}\Omega$），重复上述实验并记录。

③ 将 R_L 改为 150Ω(电路中取 R=150Ω),重复上述实验。

(3) 并联稳压电路

实验电路如图 13.12.4 所示。

① 电源输入电压不变,负载变化时电路的稳压性能。

改变负载电阻 R_L,使负载电流 I_L=1mA、5mA、10mA 时,分别测量 U_L、I_L、I_{R2},计算电路的输出电阻。

② 负载不变,电源电压变化时电路的稳压性能。

用可调的直流电压变化模拟 220V 电源电压变化,电路接入前将可调电源调到 5V,然后调到 8V、10V、12V,按表 13-32 内容测量填表。

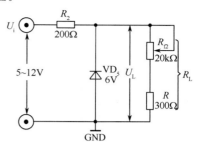

图 13.12.4 并联稳压电路

表 13-32 数据记录表

U_i/V	U_L/V	I_{R2}/mA	I_L/mA
5			
8			
10			
12			

5. 思考题

(1) 如果整流电路中发生某个二极管接反的故障,电路将出现什么现象?

(2) 滤波电路中滤波电容 C 的选取原则是什么?

6. 实验报告要求

(1) 整理实验数据并按实验内容计算。

(2) 图 13.12.4 所示电路能输出电流最大为多少?为获得更大电流,应如何选用电路元器件及参数?

参 考 文 献

[1] 秦曾煌. 电工学. 7 版. 北京:高等教育出版社,2010.
[2] 唐介. 电工学. 3 版. 北京:高等教育出版社,2009.
[3] 毕淑娥. 电工与电子技术. 北京:电子工业出版社,2011.
[4] 叶挺秀. 电工电子学. 北京:高等教育出版社,2008.
[5] 徐淑华. 电工电子技术. 北京:电子工业出版社,2008.
[6] 张卫,程勇. 电工电子技术. 北京:国防科技大学出版社,2012.
[7] 姚海彬. 电工技术. 北京:高等教育出版社,2009.
[8] 孙君曼. 电子技术. 北京:北京航空航天大学出版社,2010.
[9] 刘文豪. 电路与电子技术. 北京:科学出版社,2006.
[10] 蔡元宇. 电路与磁路. 3 版. 北京:高等教育出版社,2008.
[11] 梁贵书,董华英. 电路理论基础. 3 版. 北京:中国电力出版社,2009.
[12] 何琴芳. 电路分析基础. 北京:高等教育出版社,2009.
[13] 李华,吴建华,等. 电路原理. 北京:机械工业出版社,2016.
[14] 康华光. 电子技术基础. 北京:高等教育出版社,2006.
[15] 张虹,卜铁伟. 电子技术基础. 北京:电子工业出版社,2018.
[16] 阎石. 数字电子技术基础. 北京:高等教育出版社,2006.
[17] 高吉祥,丁文霞. 数字电子技术. 4 版. 北京:电子工业出版社,2016.
[18] 欧伟明. 实用数字电子技术. 北京:电子工业出版社,2014.
[19] 夏路易. 数字电子技术基础. 北京:科学出版社,2012.
[20] 周立求. 数字电子技术. 北京:中国电力出版社,2010.
[21] 童诗白,华成英. 模拟电子技术基础. 4 版. 北京:高等教育出版社,2006.
[22] 杨素行. 模拟电子技术基础简明教程. 3 版. 北京:高等教育出版社,2006.
[23] 黄丽亚,杨恒新,袁丰,等. 模拟电子技术基础. 3 版. 北京:机械工业出版社,2016.
[24] 韩学军,王义军. 模拟电子技术基础. 北京:中国电力出版社,2013.
[25] 汤蕴璆. 电机学. 北京:机械工业出版社,2008.
[26] 蔡金锭,李天友,邹阳. 输变电技术. 北京:机械工业出版社,2014.
[27] 李发海,王岩. 电机与拖动基础. 4 版. 北京:清华大学出版社,2012.
[28] 王暄,曹辉,马永华. 电机拖动及其控制技术. 北京:中国电力出版社,2010.
[29] 葛芸萍. 电机拖动与控制. 北京:化学工业出版社,2013.